编　委　会

高等院校软件专业方向系列教材

Android 程序设计

青岛东合信息技术有限公司　编著

電子工業出版社
Publishing House of Electronics Industry
北京・BEIJING

内 容 简 介

本书从 Android 应用出发，深入讲解了 Android 的基础知识以及特色开发。全书共 8 章，分别介绍了 Android 概念、活动（Activity）、用户界面设计、意图（Intent）、后台服务（Service）、数据存储、网络通信以及 Android 特色开发。本书的案例基于 Eclipse 平台，详细介绍了如何安装 ADT 插件和配置 Android SDK，以及如何创建和使用 AVD，并使用 DDMS 调试监视程序。

本书重点突出，偏重应用，结合对理论篇实例和实践篇贯穿案例进行讲解、剖析及实现。实践篇贯穿案例饭店点餐系统采用 Android 客户端程序和 Web 服务器端程序，结合了 Android 理论篇的技术知识点，并结合 Java Web 技术进行综合应用，使读者加深对 Android 技术的理解，并迅速掌握 Android 知识，全面提高动手能力。

本书适应面广，可作为本科计算机科学与技术、软件外包、高职高专计算机软件、计算机网络、计算机信息管理、电子商务和经济管理等专业的程序设计课程的教材。

图书在版编目（CIP）数据

Android 程序设计 / 青岛东合信息技术有限公司编著. —北京：电子工业出版社，2012.2
高等院校软件专业方向系列教材
ISBN 978-7-121-15496-6

Ⅰ. ①A… Ⅱ. ①青… Ⅲ. ①移动终端－应用程序－程序设计－高等学校－教材 Ⅳ. ①TN929.53

中国版本图书馆 CIP 数据核字（2011）第 264379 号

策划编辑：张月萍
责任编辑：李利健
印　　刷：北京天宇星印刷厂
装　　订：北京天宇星印刷厂
出版发行：电子工业出版社
北京市海淀区万寿路 173 信箱　　邮编：100036
开　　本：787×1092　1/16　　印张：24.25　　字数：620 千字
版　　次：2012 年 2 月第 1 版
印　　次：2016 年 2 月第 7 次印刷
定　　价：49.00 元

凡所购买电子工业出版社图书有缺损问题，请向购买书店调换。若书店售缺，请与本社发行部联系，联系及邮购电话：（010）88254888。
质量投诉请发邮件至 zlts@phei.com.cn，盗版侵权举报请发邮件到 dbqq@phei.com.cn。
服务热线：（010）88258888。

前　言

随着 IT 产业的迅猛发展，企业对应用型人才的需求越来越大。“全面贴近企业需求，无缝打造专业实用人才”是目前高校计算机专业教育的革新方向。

该系列教材是面向高等院校软件专业方向的标准化教材。教材研发充分结合软件企业的用人需求，经过了充分的调研和论证，并充分参照多所高校一线专家的意见，具有系统性、实用性等特点。旨在使读者在系统掌握软件开发知识的同时，着重培养其综合应用能力和解决问题的能力。

该系列教材具有如下几个特色。

1. 以应用型人才为导向来培养学生

强调实践：本系列教材以应用型软件及外包人才为培养目标，在原有体制教育的基础上对课程进行了改革，强化“应用型”技术的学习，使学生在经过系统、完整的学习后能够达到如下要求：

- 具备软件开发工作所需的理论知识和操作技能，能熟练进行编码工作，并掌握软件开发过程的规范；
- 具备一定的项目经验，包括代码的调试、文档编写、软件测试等内容；
- 相当于一年的软件开发经验。

2. 以实用技能为核心来组织教学

二八原则：遵循企业生产过程中的“二八原则”，即企业生产过程中 80%的时间在使用 20%的核心技术，强调核心教学，即学生在学校用 80%的学习时间来掌握企业中所用到的核心技术，从而保证对企业常用技术的掌握。教材内容精而专，同时配以知识拓展和拓展练习，以满足不同层次的教学和学习需求。

3. 以新颖的教材架构来引导学习

自成体系：本系列教材采用的教材架构打破了传统的以知识为标准编写教材的方法，采用“全真案例”和“任务驱动”的组织模式。

- **理论篇**：即最小教学集，包含了“二八原则”中提到的常用技术，以任务驱动引导知识点的学习，所选任务不但典型、实用，而且具有很强的趣味性和可操作性，引导学生循序渐进地理解和掌握这些知识和技能，培养学生的逻辑思维能力，掌握利用开发语言进行程序设计的必备知识和技巧。
- **实践篇**：多点于一线，以完整的具体案例贯穿始终，力求使学生在动手实践的过程中，加深课程内容的理解，培养学生独立思考和解决问题的能力，并配备相关知识的拓展讲解和拓展练习，拓宽学生的知识面。
- **结构灵活**：本系列教材在内容设置上借鉴了软件开发中“低耦合高内聚”的设计理念，组织架构上遵循软件开发中的 MVC 理念，即在课程的实施过程中各高校可根据自身的实际情况（课程配比、时间安排、学生水平、教学情况等），在保证最小教学集的前提下可对整个课程体系进行横向（章节内容）、纵向（章节）裁剪。

4. 提供全面的教辅产品来辅助教学实施

为充分体现“实境耦合”的教学模式，方便教学实施，另外还开发了可配套使用的项目实训教材和全套教辅产品，可供各院校选购。

项目篇：多线于一面，以辅助教材的形式，提供适应当前课程（及先行课程）的综合项目，遵循软件开发过程，进行讲解、分析、设计、指导，注重工作过程的系统性，培养学生解决实际问题的能力，是实施“实境”教学的关键环节。

立体配套：为适应教学模式和教学方法的改革，本系列教材提供完备的教辅产品，主要包括教学指导、实验指导、电子课件、习题集、实践案例等内容，并配以相应的网络教学资源。教学实施方面，提供全方位的解决方案（课程体系解决方案、实训解决方案、教师培训解决方案和就业指导解决方案等），以适应软件开发教学过程的特殊性。

本系列教材由青岛东合信息技术有限公司研制，历时两年，参与编著的有韩敬海、丁春强、赵克玲、高峰、张幼鹏、张旭平、孙更新、孙云彩、曹宝香、崔文善、王成端等。本书的特约策划人为吕蕾女士。参与本书编写工作的还有：青岛农业大学、潍坊学院、曲阜师范大学、济宁学院、济宁医学院等高校，期间得到了各合作院校专家及一线教师的大力支持和协作。在此技术丛书出版之际要特别感谢给予我们开发团队大力支持和帮助的领导及同事，感谢合作院校的师生给予我们的支持和鼓励，更要感谢开发团队每一位成员所付出的艰辛劳动。如有意见或建议，可访问我公司网站（http://www.dong-he.cn）或发邮件至 dh_iTeacher@126.com。

iTeacher@ 教研组
2011 年 7 月

目　录

第 1 章　Android 概述

本章目标

- 了解移动信息设备分类
- 了解 Android 的历史和未来
- 熟悉 Android 平台的体系架构
- 掌握 Android 应用程序结构
- 掌握 Android 应用程序的编写

学习导航

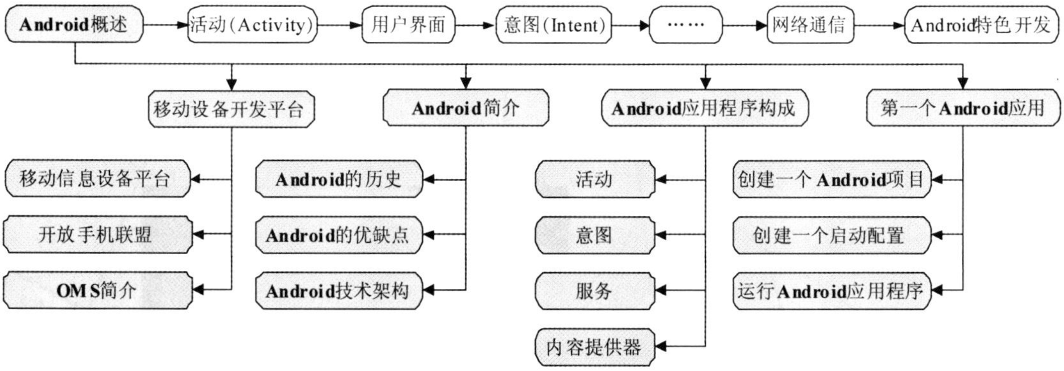

图搜索等多种功能于一体，其新颖的用户界面和丰富的服务资源吸引了众多的人加入到其用户的行列。iOS 的系统架构分为四个层次：核心操作系统层（the Core OS layer）、核心服务层（the Core Services layer）、媒体层（the Media layer）和可轻触层（the Cocoa Touch layer）。iPhone 手机如图 1-2 所示。

图 1–2　iPhone 手机

■ BlackBerry OS

BlackBerry OS 是 RIM（Research In Motion）公司专用的操作系统，是为其智能手机产品 BlackBerry 开发的专用操作系统。该操作系统具有多任务处理能力，并支持特定的输入装置（如滚轮、轨迹球、触摸板/屏等）。该平台支持移动式电子邮件、移动电话、文字短信、互联网传真、网页浏览及其他无线资讯服务。较新的型号也加入个人数码助理（PDA）功能以及电话簿、行事历、话音通信等功能。大部分 BlackBerry 设备附设小型但完全的 QWERTY 键盘，方便用户输入文字。BlackBerry 开发平台分为三部分，分别是：BlackBerry Browser Development（黑莓浏览器开发）、Rapid Application Development（快速应用开发）和 Java Application Development（Java 应用开发）。BlackBerry 既支持标准 Java ME 程序，也可以开发黑莓专用的 Java 程序。BlackBerry 手机如图 1-3 所示。

图 1–3　BlackBerry 手机

■ Android

网络巨头 Google 发布的基于 Linux 平台的开源手机操作系统 Android 的诞生，标志着移动信息设备的开发平台进入一个崭新的领域。该平台由操作系统、中间件、用户界面和应用软件组成，是首个为移动终端打造的真正开放和完整的移动软件开发平台。Android 上的应用程序开发使用 Java 语言，并提供了专门的 SDK。Android 手机如图 1-4 所示。

图 1–4　Android 手机

BlackBerry 和 iPhone 都提供了受欢迎的、高容量的移动平台，但是却分别针对两个不同的消费群体。BlackBerry 是企业业务用户的不二选择，但是，作为一种消费设备，BlackBerry 在应用程序的易用性和新奇性等方面难以和面向普通个人用户的 iPhone 抗衡。Android 则是一个年轻的、不断完善中的平台，它有潜力同时涵盖移动通信设备的两个不同消费群体，甚至缩小工作和娱乐之间的差别。

如图 1-5 所示为对 2010 年各种移动开发平台受开发者欢迎程度的调查，从中可看出：Android 已经成为最受欢迎的开发平台。

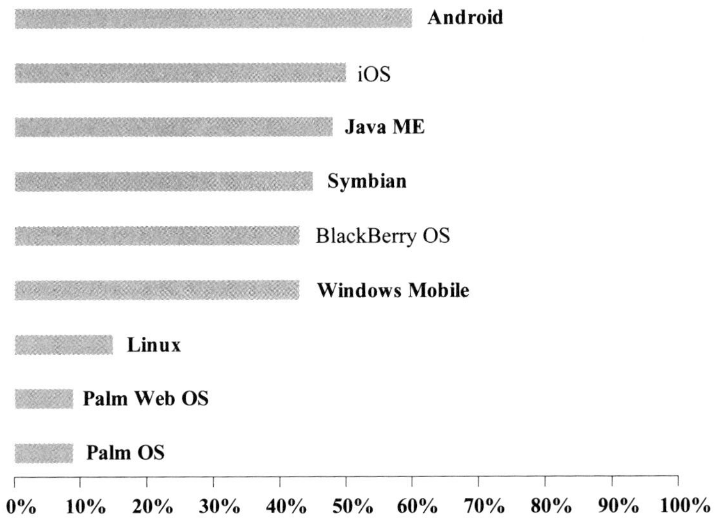

图 1-5　2010 年移动开发平台被开发受欢迎程度

1.1.2　开放手机联盟

开放手机联盟（Open Handset Alliance，OHA）由一群共同致力于构建更好的手持移动信息设备的公司组成，该组织由 Google 领导，包括移动运营商、手持设备制造商、零部件制造商、软件解决方案和平台提供商以及市场营销公司。Android 平台就是开放手机联盟的成果。目前，联盟成员数量已经达到了 34 家，包括 Google、中国移动、T-Mobile、宏达电（HTC）、摩托罗拉等，这些领军企业将通过开放手机联盟携手开发 Android 及其上的应用程序。开放手机联盟成员如表 1-1 所示。

表 1-1　开放手机联盟成员

成员分类	成员
手机制造商	台湾宏达国际电子（Palm 等多款智能手机的代工厂）
	摩托罗拉（美国最大的手机制造商）
	韩国三星电子（仅次于诺基亚的全球第二大手机制造商）
	韩国 LG 电子
移动运营商	中国移动（全球最大的移动运营商，7.03 亿用户）
	日本 KDDI（2900 万用户）
	日本 NTT DoCoMo（5200 万用户）
	美国 Sprint Nextel（美国第三大移动运营商，5400 万用户）

（续表）

成员分类	成员
	意大利电信（意大利主要的移动运营商，3400 万用户）
	西班牙 Telefónica（在欧洲和拉美有 1.5 亿用户）
	T-Mobile（德意志电信旗下公司，在美国和欧洲有 1.1 亿用户）
半导体公司	Audience Corp（声音处理器公司）
	Broadcom Corp（无线半导体主要提供商）
	英特尔（Intel）
	Marvell Technology Group
	Nvidia （图形处理器公司）
	SiRF（GPS 技术提供商）
	Synaptics（手机用户界面技术）
	德州仪器（Texas Instruments）
	高通（Qualcomm ）
	惠普 HP（Hewlett-Packard Development Company，L.P）
软件公司	Aplix
	Ascender
	eBay 的 Skype
	Esmertec
	Living Image
	NMS Communications
	Noser Engineering AG
	Nuance Communications
	PacketVideo
	SkyPop
	Sonix Network
	TAT-The Astonishing Tribe
	Wind River Systems

表 1-1 中的 34 家公司中并不包含把持 Symbian 的诺基亚，以及凭借着 iPhone 占有目前市场相当份额的苹果公司，当然，微软公司也没有加入，独树一帜的加拿大 RIM 和他们的 BlackBerry 也被挡在门外。

随着 Android 平台的发展，越来越多的相关企业加入开放手机联盟，最新的开放手机联盟成员名单可以在其官方网站（http://www.openhandsetalliance.com/oha_members.html）中查看到。像我国的电信、移动、联通这三大运营商，以及华为、中兴等通信设备制造商都已经加入。

开放手机联盟旨在开发多种技术，大幅削减移动设备及其服务的开发和推广成本。因为开放手机联盟中的厂商都将基于 Android 平台开发手机的新型业务，所以应用之间的通用性和互联性将在最大程度上得到保持。开放手机联盟表示，Android 平台可以促使移动设备的创新，让用户体验到最优越的移动服务，同时，开发商也将得到一个新的开放级别，更方便进行协同合作，从而保障新型移动设备的研发速度。随着越来越多的移动运营商和手机厂商推出 Android 手机，Android 平台的发展已进入一个全新的快速发展的阶段。

1.1.3 OMS 简介

OMS（Open Mobile System）操作系统是中国移动和 Google 合作联合开发的一款基于 Linux 内核 Android 平台构建的开放式手机操作系统，它在原有 Android 平台基础上针对中国市场做了特殊优化，加入了对中国移动运营的 3G 网络 TD-SCDMA 的支持，针对中国用户的中文录入、简体中文显示都进行了特殊的优化。OMS 系统有望成为中国移动“掌控移动互联网平台的入口”。

OMS 包括移动终端下层操作系统、上层应用软件、中间件、Java 虚拟机、硬件参考设计以及基于 WebKit 的各类应用，具有强大的兼容性、扩展性和安全性，以及简单易用、友好的人机界面等良好的用户体验，而且具有完全自主的知识产权。在此之上，OMS 拥有开放统一的 API 开发接口、完备的集成开发环境，极大地方便了移动应用的开发。

OMS 致力于成为世界主流的、开放的、安全的、便利的移动终端基础软件平台，目标是赶超现有终端软件平台（微软、苹果、诺基亚、RIM 等），力争为品牌厂商在 TD-SCDMA/GSM/EDGE 等不同的智能终端上提供差异化的竞争优势，并最终为广大移动终端用户提供尽可能多的面向移动互联网的应用与服务。OMS 的可移植性将使该软件平台在其他领域具有广泛的应用，如航空航天、军事、制造业等领域的应用。

1.2 Android 简介

Android 一词本意是指“机器人”，是 Google 公司推出的开源手机操作系统。Android 作为 Google 移动互联网战略的重要组成部分，推进“随时随地为每个人提供信息”这一企业目标的实现，完善企业移动发展战略：通过与全球各地的手机制造商和移动运营商成为合作伙伴，开发既实用又有吸引力的移动服务，并推广这些产品。

1.2.1 Android 的历史

Android 虽然出现时间不长，但作为移动信息设备的操作系统中的重量级一员，正吸引越来越多的追随者加入，包括开发者、设备生产商、软件开发商等。通过表 1-2 所示的 Android 发展历程中的大事记，可以看到 Android 迅猛发展的势头，其市场占有率正飞速攀升，带来的周边利益也越来越被从事相关产品开发的业界人士所关注和重视。

表 1-2　Android 发展历程大事记

时间	事件
2007 年 11 月 5 日	Google 公司宣布组建一个全球性的开放手机联盟，这一联盟将会支持 Google 发布的手机操作系统或者应用软件，共同开发名为 Android 的开放源代码的移动系统。开放手机联盟包括手机制造商、手机芯片厂商和移动运营商等。创建时，联盟成员数量已经达到了 34 家

（续表）

时间	事件
2008 年 9 月 22 日	美国运营商 T-Mobile 在纽约正式发布第一款 Google 手机：T-Mobile G1，该款手机为台湾宏达电（High Tech Computer Corporation，HTC）代工制造，是世界上第一部使用 Android 操作系统的手机，支持 WCDMA/HSPA 网络，理论下载速率 7.2Mb/s，并支持 WIFI
2009 年 1 月 1 日	Google 的 Android 应用程序市场（App Market）将在 2009 年初开始出售 Android 付费应用程序，标志着 Android Market 营收的开始
2009 年 11 月 25 日	AdMob 的调查显示，在美国，10 月份使用苹果 iPhone 操作系统所浏览的智能手机广告量占美国市场的 55%；第二位的是 Android 系统的 20%。至于全球市场，10 月份通过 iPhone 系统浏览的广告量，以市场占有率 50%居冠；其次是 Symbian 操作系统的 25%，接着是 Android 系统的 11%，居于第三位。作为一个智能手机平台的新成员来说，Android 系统的受欢迎程度正在快步上升
2009 年 12 月 9 日	宏达电将逐渐放弃 Windows Mobile 系统，继而转向 Android 系统
2009 年 12 月 23 日	Google 在中国大陆推出中文版 Android Market，国内已经有开发者推出针对国内用户的 Android Market，易联致远公司已经推出名为 eoeMarket 的专门针对国内用户的第三方 Android Market
2010 年 1 月 6 日	Google 正式发布首款自有品牌手机 Nexus One，该机采用 Android 2.1 操作系统
2010 年 2 月 24 日	全球瞩目的世界移动大会（Mobile World Congress 2010）召开，华为公司在此次大会上展出了 5 款 Android 终端，并创造性地把 Android 平台运用到家庭互联网终端上，首次发布了 SmaKit S7 Tablet
2010 年 3 月 3 日	运营商 AT&T 宣布本月即将推出首款 Android 手机
2010 年 3 月 10 日	网络分析公司 Quantcast 最新报告显示，2 月份，Google 和 RIM 移动互联网流量份额增长，而苹果 iPhone 份额则下滑。报告指出，Android 份额在过去一年中几乎翻番，RIM 份额增长 7.5%，iPhone 份额同期下滑 10.2%。但苹果仍是移动互联网流量份额的遥遥领先者，2 月份份额近 64%，其次是 Android，份额约 15%；RIM 份额约 9%
2010 年 5 月 20 日	Android 2.2 Froyo 发布
2010 年 12 月 7 日	Android 2.3 Ginerbread 发布
2011 年 5 月 7 日	Android 的市场份额已占有 43.7%，在智能手机中已位居第一

1.2.2 Android 的优缺点

Android 作为一个出现不久的移动信息设备开发平台，因为其具有一些巨大的先天优势，使其具有良好的发展前景。Android 的优势主要体现在以下几方面。

■ 系统的开放性和免费性

Android 最震撼人心之处在于 Android 手机系统的开放性和服务免费。Android 是一个对第三方软件完全开放的平台，开发者在为其开发程序时拥有更大的自由度，突破了 iPhone 等只能添加为数不多的固定软件的枷锁，同时与 Windows Mobile、Symbian 等操作系统不同，Android 操作系统免费向开发人员提供，这一点对开发者、厂商来说是最大的诱惑。

- 移动互联网的发展

  Android 采用 WebKit 浏览器引擎，具备触摸屏、高级图形显示和上网功能，用户能够在手机上查看电子邮件、搜索网址和观看视频节目等，比 iPhone 等其他手机更强调搜索功能，界面更强大，是一种融入全部 Web 应用的互联网络平台。顺应了移动互联网大潮流，有助于 Android 的推广及应用。

- 相关厂商的大力支持

  Android 目前正在从移动运营商、手机制造厂商、开发者和消费者那里获得大力支持。Google 移动平台主管安迪・鲁宾（Andy Rubin，Android 发明者）表示，与软件开发合作伙伴的密切接触正在进行中。从组建开放手机联盟开始，Google 一直向服务提供商、芯片厂商和手机销售商提供 Android 平台的技术支持。

但是 Android 也不是一个完美的系统，同样面临着许多挑战，具体如下。

- 技术的进一步完善

  目前，Android 系统在技术上仍有许多不足，例如：不支持桌面同步功能，还有自身系统的一些 Bug。这些都是 Android 需要继续完善的地方。

- 开放手机联盟模式的挑战

  Android 由开放手机联盟去开发、维护、完善，还有未来的创新。很多人会担心，最终的结局是否会像当年的 Linux 和 Windows 操作系统之争那样？这种开放式联盟的模式，对 Android 未来的发展、定位是否存在阻碍作用？这些未知的隐忧也会影响到一些开发者的信心。

- 其他技术的竞争

  智能手机与 PC 互相联动并实现无缝对接是一个发展趋势，在这方面，Android 和 Windows Mobile 相比就显得稍逊一筹，因为微软拥有 PC 操作系统市场最大、最牢不可破的占有率。此外，即使在智能手机自身的操作系统上，苹果公司的 iPhone 目前也占有相当的份额，还有 Nokia 公司的 Symbian 以及 RIM 的 BlackBerry 都会与 Android 展开激烈的竞争。

1.2.3 Android 平台的技术架构

Android 平台采用了软件栈（Software Stack），又名软件叠层的架构，如图 1-6 所示，由底到高分为四部分。

- Linux 内核层：该层是基础，包含各种驱动，并提供操作系统的基本功能；
- 中间层：包括程序库（Libraries）和 Android 运行时环境；
- 应用程序框架：该层是编写核心应用所使用的 API 框架，开发者可以使用这些框架来开发自己的应用，但必须遵守该框架的开发原则；

■ 应用层：该层是各种应用软件，包括通话、短信、日历、地图、浏览器等核心应用程序，这些应用程序都是使用 Java 编写的。

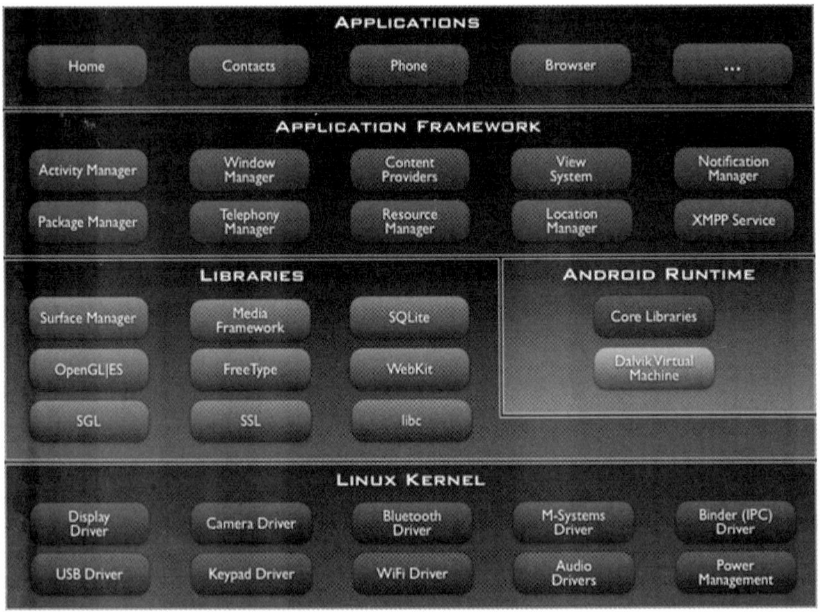

图 1–6　Android 平台的架构

1. Linux 内核

Android 核心系统服务依赖于 Linux 2.6 内核，包括安全性、内存管理、进程管理、网络协议栈和驱动模型等。Linux 内核也同时作为硬件和软件栈之间的抽象层。

2. 程序库

Android 包含一个能被 Android 系统中各种不同组件所使用的 C/C++库，该库通过 Android 应用程序框架为开发者提供服务，主要包括以下内容。

■ 系统 C 库：一个从 BSD 继承的标准 C 系统函数库，是专门为基于嵌入式 Linux 设备定制的；

■ 媒体库：基于 PacketVideo 的 OpenCORE，该库支持多种常用的音频、视频格式文件的回放和录制，同时支持静态图像文件，编码格式包括 MPEG4、H.264、MP3、AAC、AMR、JPG 和 PNG 等；

■ Surface Manager：管理显示子系统，并且为多个应用程序提供 2D 和 3D 图层的无缝融合；

■ SGL：底层的 2D 图形引擎；

■ 3D 库：基于 OpenGL ES 1.0 API 实现，该库可以使用 3D 硬件加速或者使用高度优化的 3D 软加速；

■ FreeType：用于位图和矢量字体显示；

■ WebKit：Web 浏览器引擎；

- SQLite 库：一个用于本地存储的、轻型关系型数据库引擎。

3. Android 运行时

Android 运行时环境由一个核心库和 Dalvik 虚拟机组成。核心库提供 Java 编程语言核心库的大多数功能。每一个 Android 应用程序都在自己的进程中运行，都拥有一个独立的 Dalvik 虚拟机实例。Dalvik 被设计成在一个设备中可以同时高效地运行多个虚拟系统，它依赖于 Linux 内核的一些功能，例如，线程机制和底层内存管理机制等。Dalvik 虚拟机执行.dex 类型的 Dalvik 可执行文件，该格式文件针对小内存的使用进行了优化，同时虚拟机是基于寄存器的。所有的类由 Java 编译器编译，然后通过 SDK 中的“dx”工具转化成.dex 格式，最后由 Dalvik 虚拟机执行。

4. 应用程序框架

开发者可以访问 Android 应用程序框架中的 API，该应用程序架构简化了组件的重用，任何一个应用程序都可以发布它的功能块，并且任何其他的应用程序都可以使用这些发布的功能块。同样，该应用程序的重用机制也使用户可以方便地替换程序组件。

Android 提供一系列的服务和管理器，其中包括以下内容。

- 丰富而又可扩展的视图（Views）：包括列表（Lists）、网格（Grids）、文本框（Text Boxes）、按钮（Buttons），甚至包括可嵌入的 Web 浏览器，这些视图可以用来构建应用程序；
- 内容提供器（Content Providers）：使得应用程序可以访问另一个应用程序的数据，例如，联系人数据库，或者可以共享它们自己的数据；
- 资源管理器（Resource Manager）：提供非代码资源的访问，例如本地字符串、图形和布局文件（Layout Files）等；
- 通知管理器（Notification Manager）：使得应用程序可以在状态栏中显示自定义的提示信息；
- 活动管理器（Activity Manager）：用来管理应用程序的生命周期，并且提供常用的导航回退功能。

5. 应用程序

Android 会附带一系列核心应用程序包，这些应用程序包包括 E-mail 客户端、SMS 短信程序、日历、地图、浏览器、联系人管理程序等。Android 中所有的应用程序都是使用 Java 语言编写的。

1.3 Android 应用程序构成

一个 Android 应用程序通常由 4 个组件构成：活动（Activity）、意图（Intent）、服务（Service）和内容提供器（Content Provider）。这 4 个组件是构成 Android 应用程序的基础，但并不是每个 Android 应用程序都必须包含这 4 个组件，除了 Activity 是必要部分之外，其余组件都是可选的，在某些应用程序中可能只需要其中部分组件即可。

1.3.1　活动（Activity）

活动（Activity）是最基本的 Android 应用程序组件。在应用程序中，一个活动通常就是一个单独的屏幕。每个活动都通过继承活动基类而被实现为一个独立的活动类，活动类将会显示由视图控件组成的用户接口，并对事件做出响应。

大多数的应用程序都是由多个屏幕显示组成的。例如，一个发送邮件的应用也许有一个显示发送邮件的联系人列表屏幕，第二个屏幕用来写邮件内容和选择收件人，第三个屏幕用于查看历史邮件或者邮件设置操作等。这里的每个屏幕都是一个活动，很容易实现从一个屏幕到另一个屏幕并且完成新的活动。因为 Android 会把每个从主菜单打开的程序保留在堆栈中，所以，当打开一个新屏幕时，之前的屏幕会被置为暂停状态并且压入历史堆栈中。用户可以通过回退操作退回到之前打开过的屏幕，也可以选择性地移去一些没有必要保留的屏幕。

1.3.2　意图（Intent）

Intent 用来描述应用程序的功能。它是利用消息实现应用程序间的交互机制，能够在程序运行的过程中连接两个不同的组件。Intent 描述了应用中一次操作的动作、数据以及附加数据，向 Android 表达某种请求或者意愿，Android 系统会根据 Intent 描述的内容选择适当的组件来响应，并将 Intent 传递给该组件，完成组件的调用。

与 Intent 相关的两个类是 IntentFilter 和 IntentReceiver。当 Intent 请求做某个动作时，IntentFilter 用于描述一个活动或者广播接收器能够操作哪些 Intent，而 IntentReceiver 可使应用程序对外部事件做出响应。

Intent 中两个最重要的部分是动作和动作对应的数据。典型的动作类型有活动的查看（View）、选取（Pick）、编辑（Edit）等，而动作对应的数据则以 URI 形式表示。

1.3.3　服务（Service）

服务是 Android 应用程序中具有较长的生命周期但是没有用户界面的程序。它在后台运行，并且可以与其他程序进行交互。Service 与 Activity 的级别差不多，但是不能独立运行，需要通过某一个 Activity 来调用。

Android 应用程序的生命周期是由 Android 系统来决定的，不由具体的应用程序线程来控制。如果应用程序要求在没有界面显示的情况还能正常运行（要求有后台线程，而且直到线程结束，后台线程才会被系统回收），此时就需要用到 Service。

Service 的典型例子是一个具有播放列表功能的媒体播放器。在媒体播放器应用中，可能会有一个或多个活动，让使用者可以选择并播放音乐。然而活动本身并不处理音乐播放功能，因为用户期望在切换到其他屏幕后，音乐应该还在后台继续播放，因此，使用 Service 是合适的方案。

1.3.4 内容提供器（Content Provider）

Android 应用程序可以使用文件或 SQLite 数据库来存储数据。Content Provider 提供了一种多应用间数据共享的方式。当某个应用程序的数据需要与其他应用程序共享时，内容提供器就会发挥作用。一个 Content Provider 类实现一组标准的方法，能够让其他的应用保存或读取此内容提供器处理的各种数据类型，即一个应用程序可以通过实现一个 Content Provider 的抽象接口将自己的数据暴露出去。外界根本看不到，也不用看到该应用程序暴露的数据是如何存储的，但是外界可以通过这一套标准及统一的接口和应用程序里的数据打交道，可以读取应用程序的数据，也可以删除应用程序的数据。

1.4 第一个 Android 应用

下述内容用于实现任务描述 1.D.1，使用 Eclipse 编写第一个 Android 应用程序。编写并运行 Android 的应用程序通常需要如下 3 个步骤：

01 创建一个新的 Android 项目。

02 创建一个启动配置。

03 运行 Android 应用程序。

1. 创建一个新的 Android 项目

ADT（Android Development Tools）是一个 Eclipse 插件，提供了 Android 工程向导，可以快速建立 Android 项目。单击 Eclipse 菜单栏中的“File→New→Project...”菜单，将显示如图 1-7 所示的新建项目向导对话框，在该对话框中展开 Android 文件夹，选择“Android Project”应用程序类型。

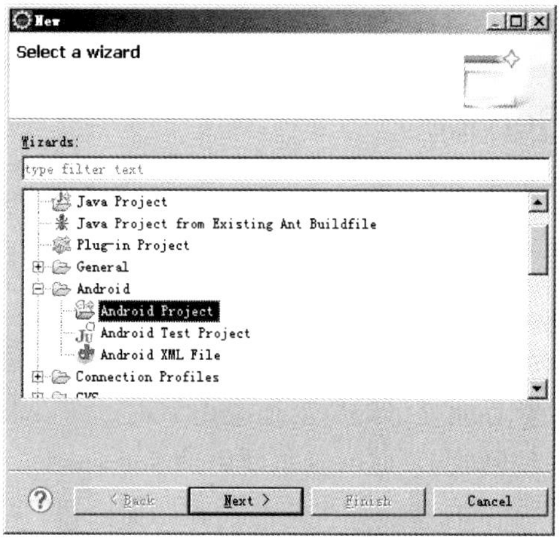

图 1-7 新建 Android 项目

单击“Next”按钮，将显示如图 1-8 所示的新建 Android 项目对话框，在该对话框的“Project Name”框中输入项目名称，在“Build Target”列表中选择要使用的目标设备版本，在“Properties”

框中设置应用程序的名称、项目中类的包名以及项目中 Activity 的名称。

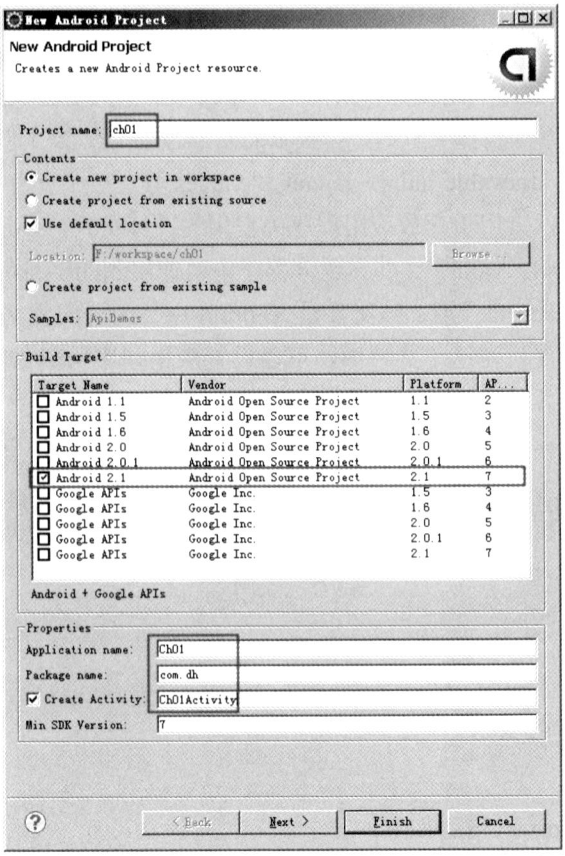

图 1-8　新建 Android 项目对话框

注意　本书均采用 Android 2.1 版本，对应最低 SDK 版本 7。

单击“Finish”按钮，完成 Android 项目的创建。在 Eclipse 的“Package Explorer”透视图中，可以看见新创建的 Android 项目的架构，如图 1-9 所示。

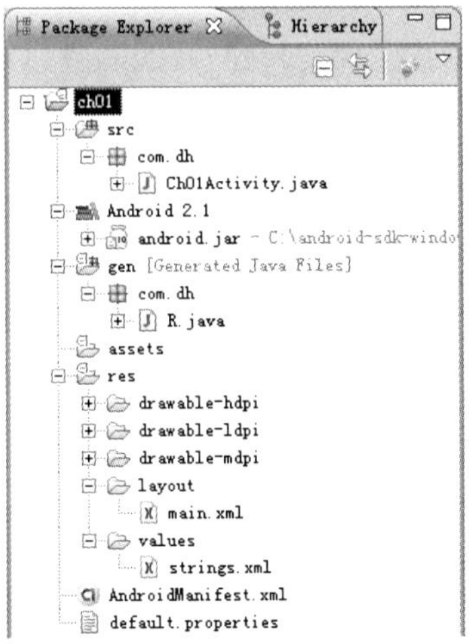

图 1-9　Android 项目架构

项目的根目录 ch01 中包含了一些自动生成的文件夹和文件，其主要功能及作用如下。

- src 文件夹：用来存放项目的源文件，项目刚创建时包含一个自动生成的 Activity 源文件，用户创建的所有源文件也都存放在该文件夹中。
- android.jar 文件：包含构建应用程序所需的 Android SDK 库。

- gen 文件夹：包含一个自动生成的 R.java 文件，该文件是只读模式的，不能手动更改。R.java 文件中包含很多静态类，这些静态类用来表示项目中所有资源的引用。
- assets 文件夹：用来存放应用程序需要使用的视频和音频文件。
- res 文件夹：该文件夹是资源目录，用于存放项目中的资源文件并将其编译进应用程序。向此目录添加资源文件时，会被 R.java 自动记录。该文件夹下有 drawable-hdpi、drawable-ldpi、drawable-mdpi、layout 和 values 等 5 个子文件夹。其中，以 drawable 开头的 3 个文件夹用于存放应用程序中使用的图标文件，layout 文件夹中包含界面布局文件 main.xml，values 文件夹包含程序中要使用到的字符串引用文件 strings.xml。
- AndroidManifest.xml 文件：该文件是 Android 项目的总配置文件，用来配置应用中所使用的各种组件。在这个文件中，可以设置应用程序所提供的功能以及应用程序使用到的服务和 Activity 等。
- default.properties 文件：记录项目中所需要的环境信息，如 Android 的版本信息等。

字符串引用文件 strings.xml 的内容如下。

【描述 1.D.1】strings.xml

```
<?xml version="1.0" encoding="utf-8"?>
<resources>
    <string name="hello">Hello World, Ch01Activity!</string>
    <string name="app_name">Ch01</string>
</resources>
```

界面布局文件 main.xml 内容如下。

【描述 1.D.1】main.xml

```
<?xml version="1.0" encoding="utf-8"?>
<LinearLayout xmlns:android="http://schemas.android.com/apk/res/android"
    android:orientation="vertical"
    android:layout_width="fill_parent"
    android:layout_height="fill_parent">
    <TextView
        android:layout_width="fill_parent"
        android:layout_height="wrap_content"
        android:text="@string/hello"/>
</LinearLayout>
```

上述代码中，<LinearLayout>是线性布局，通过设置 android:orientation 属性指明布局方向，其取值方式如下。

- vertical：代表从上到下垂直布局；
- horizontal：代表从左到右水平布局。

另外，在布局中还添加了一个 TextView 文本标签控件，通过操作其 android:text 属性来设置该控件要显示的文本内容，此处引用了@string 中的“hello”字符串，即 strings.xml 文件中名为 hello 的字符串资源。

注意　关于布局及控件的详细内容参见第 3 章“用户界面”。

资源引用文件 R.java 的内容如下。

【描述 1.D.1】R.java

```
public final class R {
    public static final class attr {
    }
    public static final class drawable {
        public static final int icon=0x7f020000;
    }
    public static final class layout {
        public static final int main=0x7f030000;
    }
    public static final class string {
        public static final int app_name=0x7f040001;
        public static final int hello=0x7f040000;
    }
}
```

上述代码中，针对不同资源定义了多个静态的内部类，在这些静态类中又定义了不同资源的指针，例如，main 属性代表指向 main.xml 布局文件的引用，这些引用可以在其他文件中使用。

源文件 Ch01Activity.java 中的代码如下。

【描述 1.D.1】Ch01Activity.java

```
public class Ch01Activity extends Activity {
    @Override
    public void onCreate(Bundle savedInstanceState) {
        super.onCreate(savedInstanceState);
        setContentView(R.layout.main);
    }
}
```

上述代码中，Ch01Activity 类继承 Android 提供的 android.app.Activity，并重写 onCreate()方法，在该方法中先调用父类中的 onCreate()方法，然后调用 setContentView()方法设置显示的布局文件，其中“R.layout.main”代表资源引用文件 R.java 中 layout 布局中的 main 属性（\layout\main.xml）。

注意　Activity 中的 onCreate()方法包含了一个 Bundle 类型的参数，可用于不同 Activity

之间的消息传递。在本章中只定义了一个 Activity，在第 2 章会详细介绍 Activity 之间的消息传递。

项目配置清单文件 AndroidManifest.xml 的配置信息如下。

【描述 1.D.1】AndroidManifest.xml

```
<?xml version="1.0" encoding="utf-8"?>
<manifest xmlns:android="http://schemas.android.com/apk/res/android"
    package="com.dh" android:versionCode="1" android:versionName="1.0">
    <application android:icon="@drawable/icon" android:label="@string/app_name">
        <activity android:name=".Ch01Activity" android:label="@string/app_name">
            <intent-filter>
                <action android:name="android.intent.action.MAIN" />
                <category android:name="android.intent.category.LAUNCHER" />
            </intent-filter>
        </activity>
    </application>
    <uses-sdk android:minSdkVersion="7" />
</manifest>
```

上述配置文件中的主要元素如下。

- <manifest>是根元素，该元素中指定了命名空间、包、版本代号及名称等信息；
- <application>元素设置应用程序的相关信息，该元素中的两个属性分别指定应用程序的图标和标题；
- <activity>元素设置活动信息，其中的两个属性表明 Activity 的类名和标题；
- <intent-filter>元素是找到该 Activity 的过滤器，此处的<action>子元素表明该 Activity 是程序的入口，<category>子元素表明在加载程序时运行；
- <uses-sdk>元素指明对应的 SDK 版本。

注意 Android 应用程序没有类似于 C 语言的 main()函数入口，Android 程序会以指定的 Activity 作为程序执行的入口点。

2. 创建一个启动配置

启动配置允许指定运行和调试应用程序时的选项，通过使用启动配置，可以指定以下内容。

- 要启动的项目和活动；
- 要使用的虚拟移动设备和模拟器选项；
- 输入和输出配置（包括默认的控制台）。

选择菜单栏中的“Run→Run Configurations...”菜单，弹出如图 1-10 所示的对话框，鼠标右键单击“Android Application”，在弹出的快捷菜单中选择“New”命令。

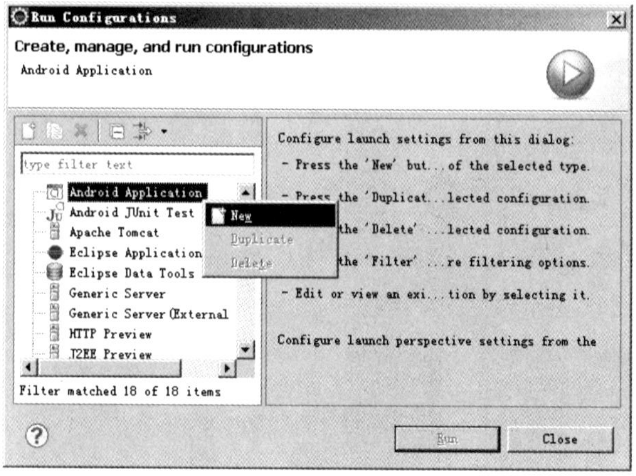

图 1-10　启动配置

输入配置名称，并在第一个 Android 选项卡中选择要启动的项目，如图 1-11 所示。

在 Target 选项卡中选择默认的虚拟设备，如图 1-12 所示。

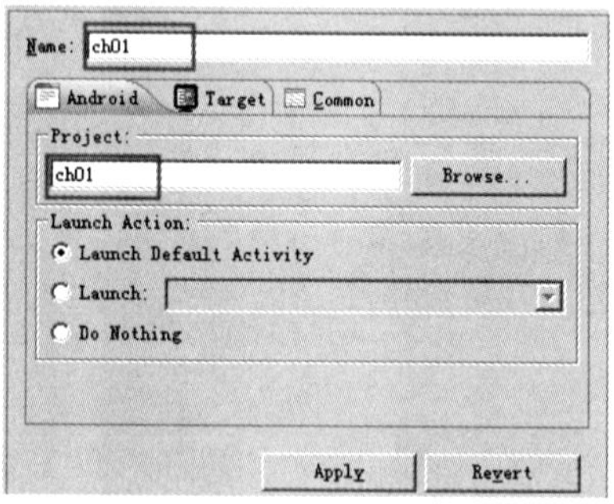

图 1-11　Android 选项卡

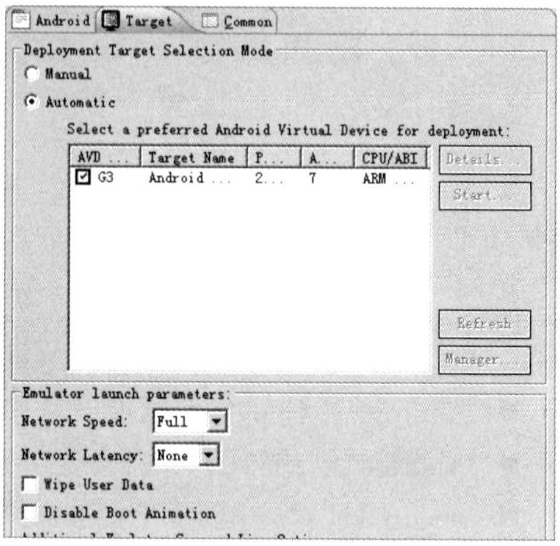

图 1-12　Target 选项卡

在 Common 选项卡中可以设置其他属性，最后单击“Apply”按钮保存启动配置。

注意　图 1-12 中的 G3 是已创建好的 AVD（Android Virtual Device，Android 虚拟设备），AVD 模拟了一套虚拟设备来运行 Android 程序，有关虚拟设备 AVD 的创建及设置参见本章实践篇 1.G.2。

3. 运行 Android 应用程序

用鼠标右键单击 ch01 项目，在弹出的菜单中选择“Run As→Android Application”命令，程序的运行结果如图 1-13 所示。

注意　关于 Android 开发环境的下载及安装，参见实践篇实践 1.G.1。

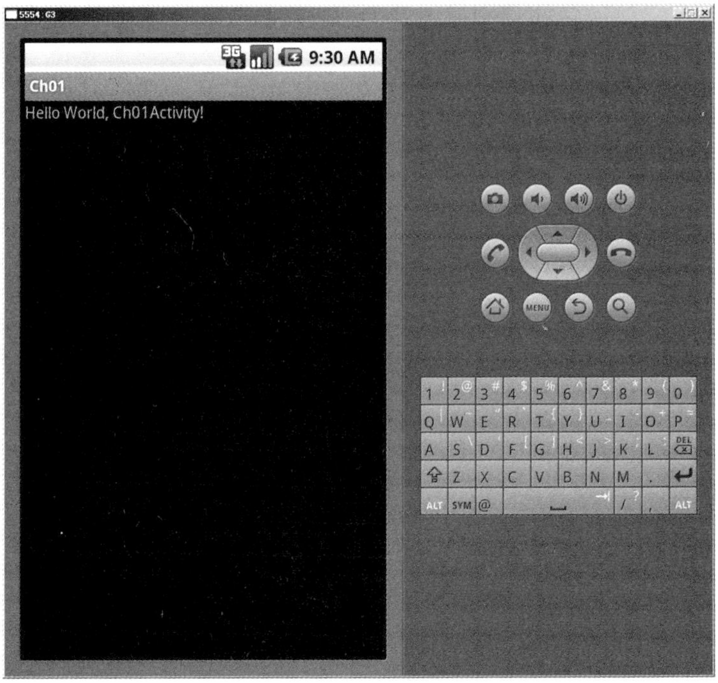

图 1-13　第一个 Android 应用运行结果

小结

通过本章的学习，读者应该能够了解：

- Android 是 Google 公司推出的开源手机操作系统；
- Android 上的应用程序开发使用 Java 语言；
- Android 平台采用了软件栈的架构，主要分为活动、意图、服务和内容提供器四部分；
- 活动（Activity）是最基本的 Android 应用程序组件；
- 意图（Intent）利用消息实现应用程序间的交互机制；
- 服务（Service）是 Android 应用程序中具有较长的生命周期但是没有用户界面的程序；
- 内容提供器（Content Provider）提供了一种多应用间数据共享的方式。

练习

1. 下列不属于移动设备操作系统的是______。
   A. Symbian
   B. iPhone OS
   C. Android
   D. Windows 7

2. 下列不属于 Android 平台的技术架构的是______。
   A. Linux 内核
   B. Android 运行时环境
   C. 应用程序框架
   D. Java 虚拟机 JVM
3. 下面______通常就是一个单独的屏幕。
   A. Activity
   B. Intent
   C. Service
   D. Content Provider
4. 简述 Android 的优势。
5. 编写一个 Android 的应用，在屏幕中显示“欢迎来到 Android 世界！”

第 2 章　活动（Activity）

本章目标

- 熟悉 Android 程序框架
- 理解 Activity 的生命周期及方法
- 掌握 Activity 的组织结构
- 熟悉 Android 中各种资源的使用

学习导航

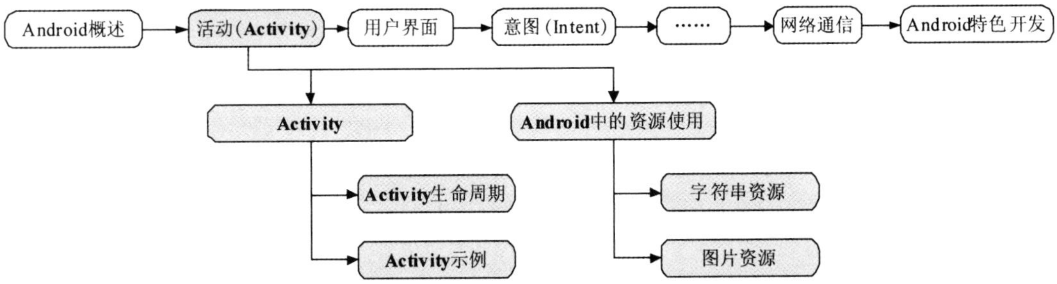

任务描述

【描述 2.D.1】

覆盖 Activity 的各个生命周期回调方法，测试生命周期事件。

【描述 2.D.2】

分别在程序代码和布局文件中使用字符串资源。

【描述 2.D.3】

使用图片资源设置 Activity 的背景。

2.1 Activity 概述

Activity（活动）是 Android 应用程序中最基本的组成单位。Activity 主要负责创建显示窗口，一个 Activity 对象通常就代表了一个单独的屏幕。Activity 是用户唯一可以看得到的组件，所以，几乎所有的 Activity 都是用来与用户进行交互的。对于熟悉 Windows 或者 Java ME 编程的读者来说，可以将 Activity 理解为 Windows 编程中的 WinForm 窗口类或者 Java ME 编程中的 Display 类。

在 Android 应用中，如果需要有显示的界面，则在应用中至少要包含一个 Activity 类。Activity 用于提供可视化的用户界面，是 Android 应用中使用频率最高的组件。在具体实现时，每个 Activity 都被定义为一个独立的类，并且继承 Android 提供的 android.app.Activity，例如：

```
import android.app.Activity;
import android.os.Bundle;
public class MyActivity extends Activity {
......
}
```

在这些 Activity 类中将使用 setContentView(View)方法来显示由视图控件组成的用户界面，并对用户通过这些视图控件所触发的事件做出响应。

大多数的应用程序根据功能的需要都是由多个屏幕显示组成的，因此，必须包含多个 Activity 类。这些 Activity 可以通过一个 Activity 栈来进行管理，当一个新的 Activity 启动的时候，它首先会被放置在 Activity 栈顶并成为运行状态的 Activity，而之前正在运行的 Activity 也在 Activity 栈中，但是它将被保存在这个新的 Activity 后边，只有当这个新的 Activity 退出以后，之前的 Activity 才能重新回到前台界面。默认情况下，Android 将会保留从主 Activity 到每一个应用的运行 Activity。

2.1.1 Activity 生命周期

Activity 具有生命周期，在整个生命周期中共有四种状态。

- 激活或者运行状态：此时 Activity 运行在屏幕的前台；
- 暂停状态：此时 Activity 失去了焦点，但是仍然对用户可见，例如，在该 Activity 上遮挡了一个透明的或者非全屏的 Activity；
- 停止状态：此时 Activity 被其他 Activity 覆盖；
- 终止状态：此时 Activity 将会被系统清理出内存。

注意 处于暂停状态和停止状态的 Activity 仍然保存了其所有的状态和成员信息，直到被系统终止。当被系统终止的 Activity 需要重新再显示的时候，它必须完全重新启动，并且将关闭之前的状态全部恢复回来。

Activity 从一个状态运行到另一个状态，状态改变时会执行相应的生命周期方法。Android 中的 android.app.Activity 类定义了 Activity 生命周期中所包含的全部方法，其具体定义的代码如下：

```
public class Activity extends ApplicationContext {
    protected void onCreate(Bundle icicle);
    protected void onStart();
    protected void onRestart();
    protected void onResume();
    protected void onFreeze(Bundle outIcicle);
    protected void onPause();
    protected void onStop();
    protected void onDestroy();
}
```

Activity 类中的这 8 个方法定义了 Activity 完整的生命周期，这些方法在生命周期中的作用以及其相互之间的转换关系如表 2-1 所示。

表 2-1　Activity 类中的方法功能

方法	功能描述	下一个方法
onCreate()	Activity 初次创建时被调用，在该方法中一般进行一些静态设置，如创建 View 视图、进行数据绑定等。如果 Activity 是首次创建，本方法后将会调用 onStart()，如果 Activity 是停止后重新显示，则调用 onRestart()	onStart()或 onRestart()
onStart()	当 Activity 对用户即将可见的时候调用	onRestart()或 onResume()
onRestart()	当 Activity 从停止状态重新启动时调用	onResume()
onResume()	当 Activity 将要与用户交互时调用此方法，此时 Activity 在 Activity 栈的栈顶，用户输入的信息可以传递给它。如果其他的 Activity 在它的上方恢复显示，则调用 onFreeze()	onFreeze()
onFreeze()	当 Activity 被暂停而其他的 Activity 恢复与用户交互的时候，该方法将会被调用，其后总是调用 onPause()	onPause()
onPause()	当系统要启动一个其他的 Activity 时（其他的 Activity 显示之前），这个方法将被调用，用于提交持久数据的改变、停止动画等	onResume()或 onStop()
onStop()	当另外一个 Activity 恢复并遮盖住当前的 Activity，导致其对用户不再可见时，这个方法将被调用	onStart()或 onDestroy()
onDestroy()	在 Activity 被销毁前所调用的最后一个方法	无

Activity 的生命周期状态转换如图 2-1 所示。

在图 2-1 所示的 Activity 生命周期状态转换图中，椭圆形表示的是 Activity 所处的状态，矩形框代表了生命周期中的回调方法，开发者可以重载这些方法，从而使自定义的 Activity 在状态改变时执行用户所期望的操作。当然这些方法不是要求必须都被实现的，一般情况下，所有的 Activity 都应该实现自己的 onCreate()方法来进行初始化设置，大部分还应该实现 onPause()方法来准备终止与用户的交互，至于其他的方法，则可以在需要时实现。

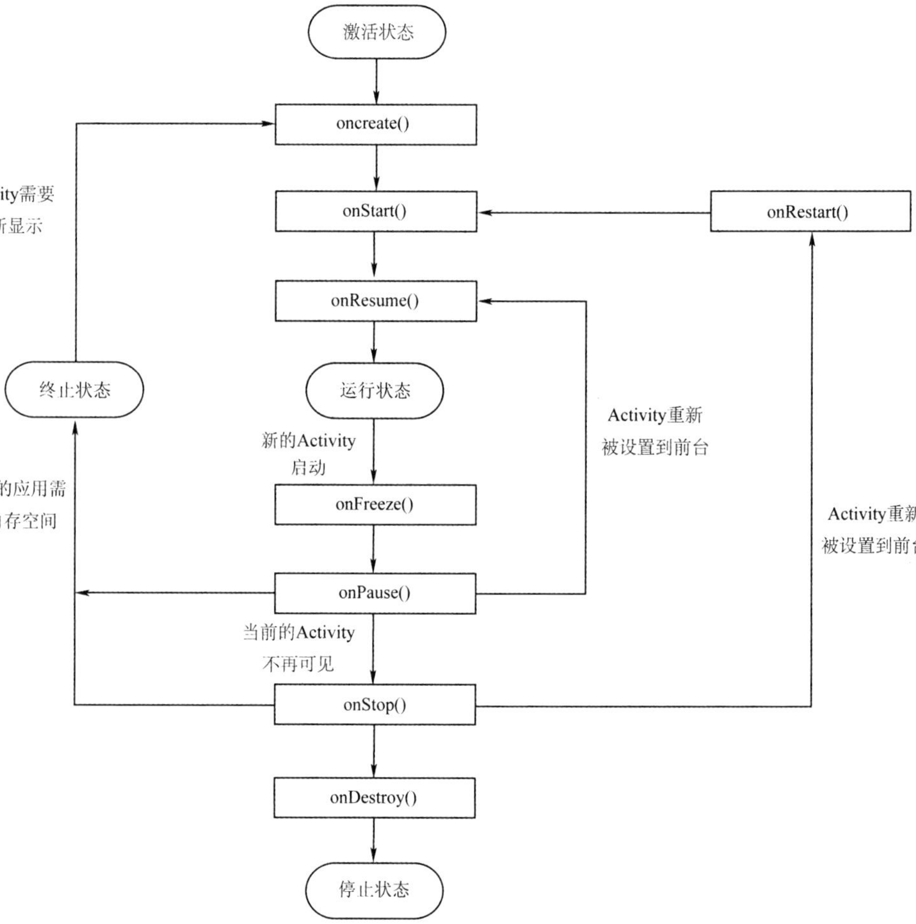

图 2-1　Activity 生命周期状态转换图

Activity 的生命周期还可以根据不同的标准分为完整生命周期、可见生命周期和前台生命周期。

- 完整生命期：从 Activity 最初调用 onCreate()方法到最终调用 onDestroy()方法的这个过程称为完整生命周期。Activity 会在 onCreate()方法中进行所有全局状态的设置，在 onDestroy()方法中释放其占据的所有资源。
- 可见生命周期：从 Activity 调用 onStart()方法开始，到调用对应的 onStop()方法为止的这个过程称为可见生命周期。在这段时间内，用户可以在屏幕上看到这个 Activity，尽管并不一定是在前台显示，也不一定可以与其交互。在这两种方法之间，用户可以维护 Activity 在显示时所需的资源。因为每当 Activity 显示或者隐藏时都会调用相应的方法，所以 onStart()方法和 onStop()方法在整个生命周期中可以多次被调用。
- 前台生命周期：从 Activity 调用 onResume()方法开始，到调用对应的 onPause()方法为止的这个过程称为前台生命周期。这段时间内，当前的 Activity 处于其他所有 Activity 的前面，且可以与用户交互。

2.1.2 Activity 示例

下述内容用于完成任务描述 2.D.1，覆盖 Activity 的各个生命周期的回调方法，测试生命周期事件。在 Eclipse 中新建 Android 项目 ch02_2D1，编写 Activity 代码如下：

【描述 2.D.1】MyActivity.java

```
public class MyActivity extends Activity {
    @Override
    public void onCreate(Bundle savedInstanceState) {
        super.onCreate(savedInstanceState);
        setContentView(R.layout.main);
        Log.d("MyActivity", "onCreate");
    }

    @Override
    protected void onStart() {
        super.onStart();
        Log.d("MyActivity", "onStart");
    }

    @Override
    protected void onRestart() {
        super.onRestart();
        Log.d("MyActivity", "onRestart");
    }

    @Override
    protected void onResume() {
        super.onResume();
        Log.d("MyActivity", "onResume");
    }

    @Override
    protected void onPause() {
        super.onPause();
        Log.d("MyActivity", "onPause");
    }

    @Override
    protected void onStop() {
        super.onStop();
        Log.d("MyActivity", "onStop");
    }

    @Override
```

```
    protected void onDestroy() {
        super.onDestroy();
        Log.d("MyActivity", "onDestroy");
    }
}
```

上述代码中，MyActivity 继承了 Activity，并覆盖了 onCreate()、onStart()、onRestart()、onResume()、onPause()、onStop()、onDestroy()方法，其中调用 Log 类的静态方法 d()输出调试日志，日志信息为当前方法名。

android.util.Log 类提供了日志功能，使用 Log 类的下列静态方法可以输出各种级别的日志信息，如表 2- 2 所示。

表 2- 2 Log 类常用的静态方法

静态方法	级别分类	功能说明
v()	verbose，对应 DDMS 的 Log Cat 视图中的Ⓥ	最低级别，所有信息
d()	debug，对应 DDMS 的 Log Cat 视图中的Ⓓ	调试信息
i()	info，对应 DDMS 的 Log Cat 视图中的Ⓘ	一般信息
w()	warn，对应 DDMS 的 Log Cat 视图中的Ⓦ	警告信息
e()	error，对应 DDMS 的 Log Cat 视图中的Ⓔ	错误信息

上述方法都至少有下列两种重载形式（以 d()为例）。

- public static int d (String tag, String msg)
- public static int d (String tag, String msg, Throwable tr)

其中：

- tag 为日志标记；
- msg 为日志信息；
- tr 为异常信息。

启动 Android 模拟器，在 Eclipse 中打开 Android LogCat 视图，将显示大量的日志信息，如图 2-2 所示。

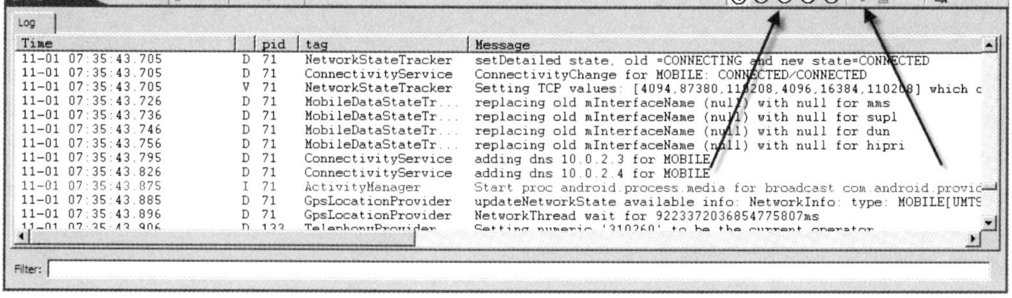

图 2-2 LogCat 视图输出的日志信息

单击图 2-2 中右上部的Ⓥ、Ⓓ、Ⓘ、Ⓦ、Ⓔ按钮，可以只显示对应级别以上的日志信息。单击“+”按钮可以创建过滤器，如图 2-3 所示。

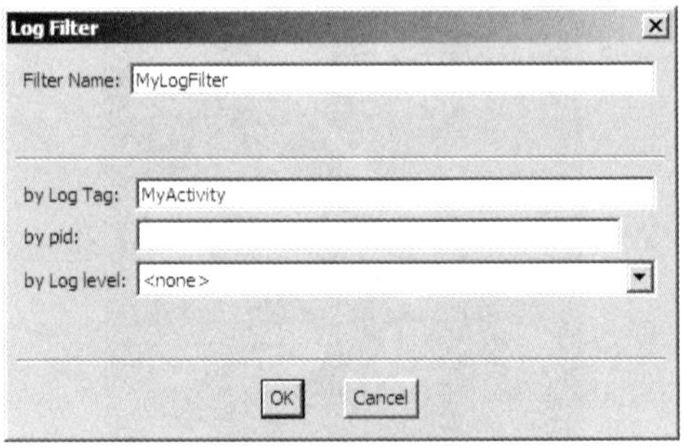

图 2-3 创建过滤器

在“by Log Tag”项中输入 MyActivity，单击“OK”按钮，则在 LogCat 视图中将只显示标记为 MyActivity 的日志信息。

运行 ch02_2D1 项目，LogCat 视图中将显示如下日志信息：

```
11-01 07:45:41.826: DEBUG/MyActivity(512): onCreate
11-01 07:45:41.826: DEBUG/MyActivity(512): onStart
11-01 07:45:41.836: DEBUG/MyActivity(512): onResume
```

由上述信息可知，当 Activity 启动时，调用了 onCreate()、onStart()、onResume()方法。

单击模拟器上的“Home”键，如图 2-4 所示。

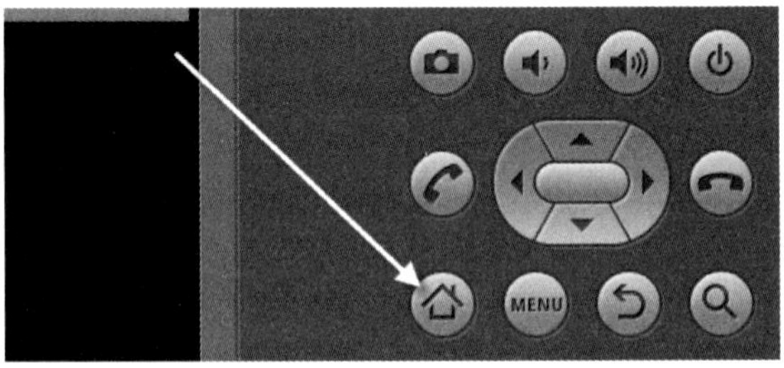

图 2-4 模拟器上的 Home 键

单击“Home”键后，将返回 Android 桌面，此时新增的日志输出如下。

```
11-01 07:53:53.074: DEBUG/MyActivity(512): onPause
11-01 07:53:55.305: DEBUG/MyActivity(512): onStop
```

由此可知，此时调用了 onPause()、onStop()方法，应用程序已停止。从应用程序中找到 ch02_2D1，如图 2-5 所示。

单击“运行”按钮，输出日志的信息如下。

```
11-01 08:00:07.095: DEBUG/MyActivity(512): onCreate
11-01 08:00:07.095: DEBUG/MyActivity(512): onStart
11-01 08:00:07.095: DEBUG/MyActivity(512): onResume
```

图 2-5　Android 应用程序列表

说明程序重新执行了 onCreate()、onStart()、onResume()方法。单击“返回”键，如图 2-6 所示。

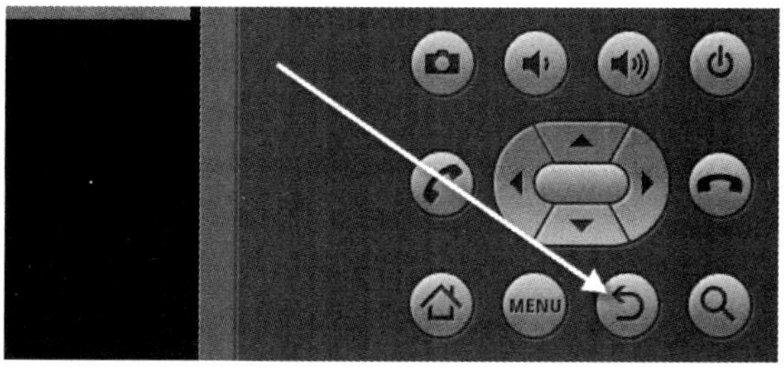

图 2-6　返回键

单击“返回”键后，新增的日志如下。

```
11-01 08:08:48.766: DEBUG/MyActivity(512): onPause
11-01 08:08:48.945: DEBUG/MyActivity(512): onStop
11-01 08:08:48.945: DEBUG/MyActivity(512): onDestroy
```

说明程序执行了 onPause()、onStop()、onDestroy()方法，Activity 已被系统销毁。

2.2　Android 中的资源使用

Android 中的资源是指非代码部分，是代码中使用的外部文件，如图片、音频、动画、字符串等，作为应用程序的一部分，这些文件将被编译到应用程序中。将资源与代码分离能够提高程序的可维护性，例如，通过字符串资源文件可以轻松实现国际化，而无须修改代码。

在 Android 工程中，资源文件分别存放在 res 和 assets 两个文件夹中。

- res 目录存放 Android 程序能通过 R 资源类直接访问的资源；

- assets 目录存放 Android 程序不能直接访问的资源（原生文件），如 MP3 文件，必须通过 AssetManager 类以二进制流的形式读取。

在 res 和 assets 目录中存放的资源文件如图 2-7 所示。

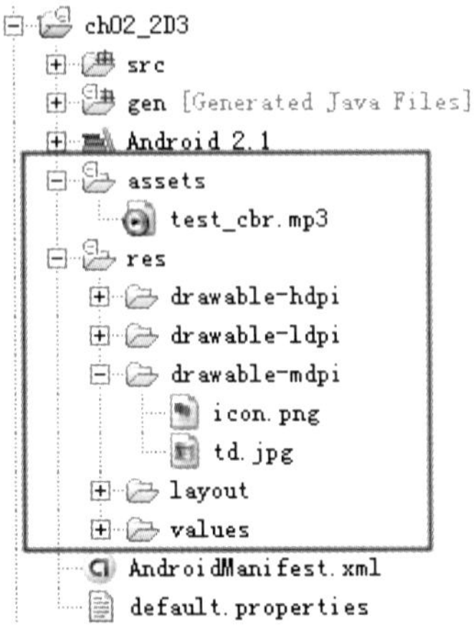

图 2-7　资源文件

Android 资源类型如表 2- 3 所示。

表 2- 3　Android 资源类型

目录结构	存放的资源类型
res/anim	动画文件
res/drawable	图片文件
res/layout	布局文件
res/values	各种 XML 资源文件如下。 • strings.xml：字符串文件 • arrays.xml：数组文件 • colors.xml：颜色文件 • dimenss.xml：尺寸文件 • styless.xml：样式文件
res/xml	任意的 XML 文件
res/raw	直接复制到设备中的原生文件
res/menu	菜单文件

当在项目中加入新的资源时，资源引用文件 R.java 中会自动生成对新资源的引用。

2.2.1　字符串资源

字符串是最简单的一种资源，程序用到的字符串资源需要在 res/values/strings.xml 文件中定义，在其他的资源文件中或代码中都可以访问字符串资源。

在其他资源文件中采用“@string/资源名称”的形式访问，例如：

```
<TextView
    ......
    android:text="@string/hello" />
```

上述代码中，TextView 控件的 text 属性值为“@string/hello”，即名称为 hello 的字符串资源的值。

在代码中可通过“R.string.资源名称”的形式访问，例如：

```
TextView tv = ...... // 初始化 TextView 控件
tv.setText(R.string.hello);
```

上述代码中，调用 TextView 控件的 setText()方法，并用其引用了名称为 hello 的字符串资源。

下列内容用于实现任务描述 2.D.2，在代码和布局文件中使用字符串资源。

新建 Android 项目 ch02_2D2，Eclipse 会生成 strings.xml 文件，内容如下：

【描述 2.D.2】strings.xml

```
<?xml version="1.0" encoding="utf-8"?>
<resources>
    <string name="hello">Hello World, MyActivity!</string>
    <string name="app_name">ch02_2D2</string>
</resources>
```

上述文件中定义了两个字符串资源，名称为 hello 和 app_name，仿照此格式，可以修改或添加新的字符串资源。

新建项目后，Eclipse 会自动生成布局文件 res/layout/main.xml，代码如下：

```
<?xml version="1.0" encoding="utf-8"?>
<LinearLayout xmlns:android="http://schemas.android.com/apk/res/android"
    android:orientation="vertical"
    android:layout_width="fill_parent"
    android:layout_height="fill_parent">
    <TextView
        android:layout_width="fill_parent"
        android:layout_height="wrap_content"
        android:text="@string/hello" />
</LinearLayout>
```

实际上，布局文件 main.xml 中已使用了字符串资源 hello，其中的 TextView 控件的 text 属性值为“@string/hello”，即代表使用字符串资源 hello。在 main.xml 中添加一个新的 TextView 控件，并指定其 ID，代码如下：

【描述 2.D.2】main.xml

```
<?xml version="1.0" encoding="utf-8"?>
<LinearLayout xmlns:android="http://schemas.android.com/apk/res/android"
    android:orientation="vertical"
    android:layout_width="fill_parent"
    android:layout_height="fill_parent">
    <TextView
        android:layout_width="fill_parent"
        android:layout_height="wrap_content"
        android:textSize="25sp"
        android:text="@string/hello" />
    <TextView
        android:id="@+id/tv"
        android:layout_width="fill_parent"
        android:layout_height="wrap_content"
        android:textSize="25sp"/>
</LinearLayout>
```

上述代码中，添加了一个新的 TextView 控件，并增加“android:id”属性，该属性用于指定控件的唯一标识 ID，“@+id/tv”指明在资源引用 R.id 中增加一个 ID 为 tv，同时，为了显示清晰，两个 TextView 的字体大小都通过 textSize 属性指定为 25sp。

在静态资源引用文件 R.java 中，其 id 会自动增加一个 tv 引用，代码如下：

【描述 2.D.2】R.java

```
public final class R {
......
   public static final class id {
      public static final int tv=0x7f050000;
   }
}
```

注意　关于布局文件的详细介绍，参见本书第 3 章。

编写 Activity，代码如下：

【描述 2.D.2】MyActivity.java

```
public class MyActivity extends Activity {

    @Override
    public void onCreate(Bundle savedInstanceState) {
        super.onCreate(savedInstanceState);
        setContentView(R.layout.main);

        TextView tv = (TextView)findViewById(R.id.tv);
```

```
        tv.setText(R.string.app_name);
    }
}
```

上述 Activity 代码中，在 onCreate()方法中通过调用 findViewById()方法可以根据标识 ID 获取按钮 TextView 控件，并调用其 setText()方法设置了显示的文字为字符串资源 app_name 的内容。运行程序，结果显示如图 2-8 所示。

图 2-8　显示字符串资源内容

2.2.2　图片资源

图片资源的使用与字符串资源非常类似，程序用到的图片资源需要存放在 res/drawable-ldpi、res/drawable-mdpi 或 res/drawable-hdpi 目录下，在其他的资源文件中或代码中都可以访问其中的图片资源。

访问图片资源的方式与访问字符串资源也是类似的，在其他资源文件中可采用"@drawable/资源名称"的形式访问，在代码中可通过"R.drawable.资源名称"的形式访问。

注意　res/drawable-hdpi、res/drawable-mdpi、res/drawable-ldpi 三个目录分别用于存放高、中、低三种分辨率下的图标文件，Android 程序运行时，会自动根据当前分辨率到对应的目录下查找图片。

下述内容用于完成任务描述 2.D.3，使用图片资源设置 Activity 的背景。

新建 Android 项目 ch02_2D3，复制需要使用的图片 td.jpg 到 res/drawable-mdpi 目录下，编辑布局文件 res/layout/main.xml，代码如下：

【描述 2.D.3】main.xml

```
<?xml version="1.0" encoding="utf-8"?>
<LinearLayout xmlns:android="http://schemas.android.com/apk/res/android"
```

```
    android:orientation="vertical"
    android:layout_width="fill_parent"
    android:layout_height="fill_parent"
    android:background="@drawable/td">
    <TextView
        android:layout_width="fill_parent"
        android:layout_height="wrap_content"
        android:text="@string/hello" />
</LinearLayout>
```

上述文件中，最外层的 LinearLayout 布局中，设置 background 属性值为“@drawable/td”，即使用名称为 td 的图片资源作为背景。运行项目，结果如图 2-9 所示。

图 2-9　显示图片资源

小结

通过本章的学习，读者应该能够学会：

- Activity 是 Android 应用程序中最基本的组成单位；
- 大部分的 Android 应用中包含多个 Activity 类；
- Activity 共有四种状态：激活或者运行状态、暂停状态、停止状态、终止状态；
- 每个 Activity 类在定义时都必须继承 android.app.Activity；
- android.app.Activity 类中的方法定义了 Activity 完整的生命周期；
- Android 中的资源是指非代码部分，是代码中使用的外部文件；
- 对于字符串资源，在其他资源文件中使用“@string/资源名称”的形式访问，在代码中可通过“R.string.资源名称”的形式访问；

■ 对于图片资源，在其他资源文件中使用“@drawable/资源名称”的形式访问，在代码中可通过“R.drawable.资源名称”的形式访问。

练习

1. Activity 生命周期中的______方法用于 Activity 初次创建时被调用。
   A. OnStart()
   B. OnCreate()
   C. OnPause()
   D. OnResume()
2. ______状态下的 Activity 失去了焦点，但是仍然对用户可见。
   A. 激活状态
   B. 停止状态
   C. 运行状态
   D. 暂停状态
3. Activity 的可见生命周期是______。
   A. 从调用 onCreate()方法到 onDestroy()方法的整个过程
   B. 从调用 onResume()方法到 onPause()方法的整个过程
   C. 从调用 onStart()方法到 onStop()方法的整个过程
   D. 从调用 onCreate()方法到 onPause()方法的整个过程
4. Android 程序不能直接访问的资源（原生文件）存放在______目录下。
   A. src 目录
   B. res 目录
   C. assets 目录
   D. res/raw 目录
5. 简述 Activity 的生命周期中的各种方法。
6. 编写一个 Activity 显示一张图片。

第3章 用户界面

本章目标

- 熟悉基本的 Android 界面组件
- 掌握 UI 的事件驱动机制
- 掌握常用的 Layout
- 掌握常用的 Widget 组件
- 掌握菜单、对话框及 Toast 组件的使用

学习导航

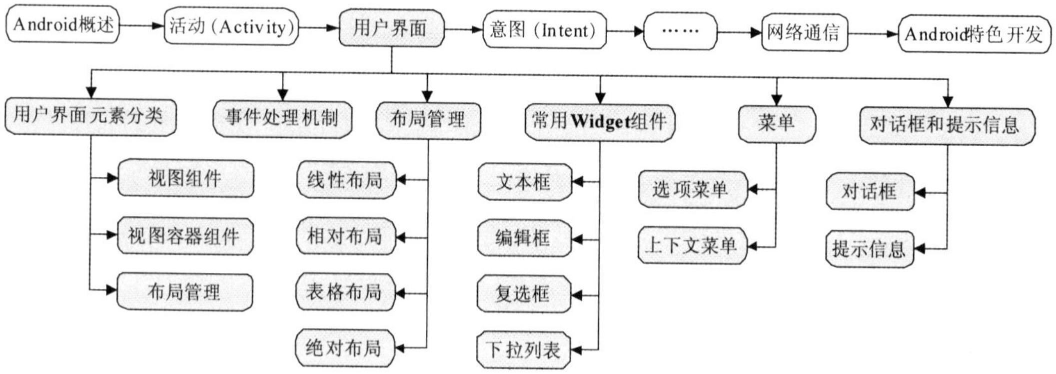

任务描述

【描述 3.D.1】

使用事件处理的两种方式，分别实现单击按钮改变屏幕的背景颜色。

【描述 3.D.2】

演示 Android 布局管理器的使用。

【描述 3.D.3】

注册窗口演示常用的 Widget 组件的使用。

【描述 3.D.4】

演示菜单的使用。

【描述 3.D.5】

演示提示对话框的使用。

【描述 3.D.6】

演示 Toast 的创建及使用。

3.1　用户界面元素分类

Android 系统提供了丰富的可视化用户界面（UI）组件，包括菜单、对话框、按钮、文本框等。Android 借用了 Java 中的 UI 设计思想，以及事件响应机制和布局管理。Android 中的界面元素主要由以下几个部分构成：

- 视图组件（View）
- 视图容器（ViewGroup）
- 布局管理（Layout）

一个复杂的 Android 界面设计往往需要不同的组件组合才能实现。本节将介绍 Android 主要界面组件的特点及其功能。

3.1.1　视图组件（View）

View 视图组件是用户界面的基础元素，View 对象存储了 Android 屏幕上一个特定的矩形区域的布局和内容属性的数据体，通过 View 对象，可实现对布局、绘图、焦点变换、滚动条、屏幕区域的按键、用户交互等功能。Android 的窗体功能是通过 Widget（窗体部件）类实现的，而 View 类是 Widget 的基类。View 的常见子类及功能如表 3-1 所示。

表 3-1　View 类的主要子类

类名	功能描述	事件监听器
TextView	文本视图	OnKeyListener
EditText	编辑文本框	OnEditorActionListener
Button	按钮	OnClickListener
Checkbox	复选框	OnCheckedChangeListener
RadioGroup	单选按钮组	OnCheckedChangeListener
Spinner	下拉列表	OnItemSelectedListener
AutoCompleteTextView	自动完成文本框	OnKeyListener
DataPicker	日期选择器	OnDateChangedListener
TimePicker	时间选择器	OnTimeChangedListener
DigitalClock	数字时钟	OnKeyListener
AnalogClock	模拟时钟	OnKeyListener
ProgessBar	进度条	OnProgressBarChangeListener
RatingBar	评分条	OnRatingBarChangeListener
SeekBar	搜索条	OnSeekBarChangeListener
GridView	网格视图	OnKeyDown,OnKeyUp
ListView	列表视图	OnKeyDown,OnKeyUp
ScrollView	滚动视图	OnKeyDown,OnKeyUp

3.1.2 视图容器组件（ViewGroup）

ViewGroup 是 View 的容器，可将 View 添加到 ViewGroup 中，一个 ViewGroup 也可以加入到另外一个 ViewGroup 里。ViewGroup 类提供的主要方法如表 3-2 所示。

表 3-2 ViewGroup 类的方法及功能

方法	功能描述
ViewGroup()	构造方法
void addView(View child)	用于添加子视图
void bringChildToFront(View child)	将参数指定的视图移动到所有视图的前面显示
boolean clearChildFocus(View child)	清除参数指定的视图的焦点
boolean dispatchKeyEvent(KeyEvent event)	将参数指定的键盘事件分发给当前焦点路径的视图。分发判断事件时，按照焦点路径查找合适的视图。若本视图为焦点，则将键盘事件发送给自己；否则发送给焦点视图
boolean dispatchPopulateAccessibilityEvent (AccessibilityEvent event)	将参数指定的事件分发给当前焦点路径的视图
boolean dispatchSetSelected(boolean selected)	为所有的子视图调用 setSelected()方法

3.1.3 布局管理（Layout）

布局管理（Layout）用来管理组件的布局格式，组织界面中组件的呈现方式。Android 提供了多种布局，常用的有以下几种。

- LinearLayout（线性布局）：该布局中子元素之间成线性排列，即在某一方向上的顺序排列，常见的有水平顺序排列、垂直顺序排列。
- RelativeLayout（相对布局）：该布局是一种根据相对位置排列元素的布局方式，这种方式允许子元素指定它们相对于其他元素或父元素的位置（通过 ID 指定）。相对于线性布局，使用 RelativeLayout 布局可任意放置控件，没有规律性。需要注意的是，线性布局不需要特殊指定其父元素，而相对布局在使用之前必须指定其参照物，只有指定参照物之后，才能定义其相对位置。
- TableLayout（表格布局）：该布局将子元素的位置分配到表格的行或列中，即按照表格的顺序排列。一个表格布局有多个“表格行”，而每个表格行又包含表格单元。需要注意，表格布局并不是真正意义上的表格，只是按照表格的方式组织元素的布局，元素之间并没有实际表格中的分界线。
- AbsoluteLayout（绝对布局）：按照绝对坐标对元素进行布局。与相对布局相反，绝对布局不需要指定其参照物，而是使用整个手机界面作为坐标系，通过坐标系的两个偏移量（水平偏移量和垂直偏移量）来唯一指定其位置。

注意 Android 的表格布局与 HTML 中的表格布局非常类似，TableRow 相当于 HTML 表格的<tr>标记。

3.2　事件处理机制

Android 系统中引用 Java 的事件处理机制，包括事件、事件源和事件监听器三个事件模型。

- 事件（Event）：是一个描述事件源状态改变的对象，事件不是通过 new 运算符创建的，而是由用户操作触发的，它可以是键盘事件、触摸事件等。事件一般作为事件处理方法的参数，以便从中获取事件的相关信息。
- 事件源（Event Source）：即产生事件的对象。事件源通常是 UI 组件，例如单击按钮，则该按钮就是事件源。
- 事件监听器（Event Listener）：当事件产生时，事件监听器用于对该事件进行响应和处理。监听器需要实现监听接口中定义的事件处理方法。

事件处理机制如图 3-1 所示。

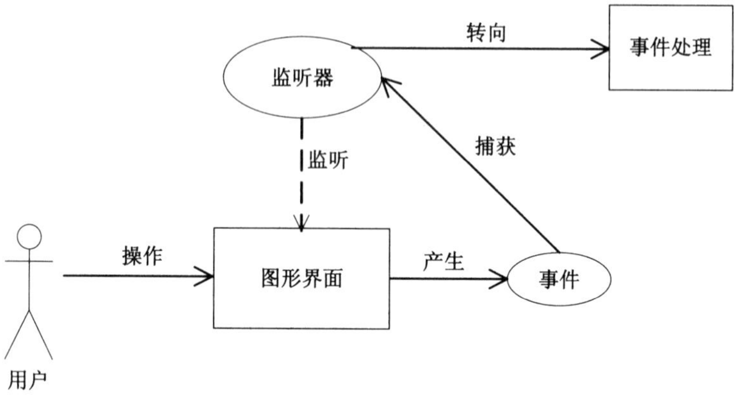

图 3-1　事件处理机制

Android 中常用的事件监听器如表 3-3 所示，这些事件监听器都定义在 android.view.View 中。

表 3-3　Android 中的事件监听器

事件监听器接口	事件	说明
OnClickListener	单击事件	当用户单击某个组件或者方向键时产生的事件
OnFocusChangeListener	焦点事件	组件获得或者失去焦点时产生的事件
OnKeyListener	按键事件	用户按下或者释放设备上的某个按键产生
OnTouchListener	触碰事件	设备具有触摸屏功能时，触碰屏幕时产生
OnCreateContextMenuListener	创建上下文菜单事件	创建上下文菜单时产生该事件
OnCheckedChangeListener	选项事件	选择改变时触发该事件

实现事件处理步骤如下：

01 创建事件监听器。

02 在事件处理方法中编写事件处理代码。

03 在相应的组件上注册监听器。

下述内容用于实现任务描述 3.D.1，实现单击按钮改变屏幕的背景颜色。首先打开界面布局文件 main.xml，添加两个 Button，其代码如下。

【描述 3.D.1】main.xml

```
<?xml version="1.0" encoding="utf-8"?>
<LinearLayout xmlns:android="http://schemas.android.com/apk/res/android"
    android:orientation="vertical" android:layout_width="fill_parent"
    android:layout_height="fill_parent">
    <Button android:text="红色" android:id="@+id/btnRed"
        android:layout_width="wrap_content"
        android:layout_height="wrap_content"></Button>
    <Button android:text="蓝色" android:id="@+id/btnBlue"
        android:layout_width="wrap_content"
        android:layout_height="wrap_content"></Button>
</LinearLayout>
```

在 res/values 目录下创建一个颜色资源文件 color.xml，内容如下。

【描述 3.D.1】color.xml

```
<?xml version="1.0" encoding="UTF-8"?>
<resources>
    <color name="red">#ff0000</color>
    <color name="blue">#0000ff</color>
</resources>
```

上述代码中定义了两种颜色：红色和蓝色。此时静态的资源引用文件 R.java 中会自动增加 color 资源，代码如下。

【描述 3.D.1】R.java

```
public final class R {
......
   public static final class color {
      public static final int blue=0x7f040001;
      public static final int red=0x7f040000;
   }
}
```

注意 关于颜色资源文件的内容介绍，参见实践篇实践 2 的知识拓展。

编写 EventActivity 代码，内容如下。

【描述 3.D.1】EventActivity.java

```
public class EventActivity extends Activity {
    // 声明两个按钮
    Button btnRed, btnBlue;

    @Override
    public void onCreate(Bundle savedInstanceState) {
        super.onCreate(savedInstanceState);
        setContentView(R.layout.main);
        // 根据 Id 找到界面中两个按钮组件
        btnRed = (Button) this.findViewById(R.id.btnRed);
        btnBlue = (Button) this.findViewById(R.id.btnBlue);
        //创建监听器对象
        ColorListener cl=new ColorListener();
        //注册监听
        btnRed.setOnClickListener(cl);
        btnBlue.setOnClickListener(cl);
    }

    // 创建按钮的监听器，继承 OnClickListener 监听接口
    class ColorListener implements OnClickListener {
        // 实现单击事件处理方法
        @Override
        public void onClick(View v) {
            if (v == btnRed) {
                // 设置背景颜色为红色
                getWindow().setBackgroundDrawableResource(R.color.red);
            }
            if (v == btnBlue) {
                // 设置背景颜色为蓝色
                getWindow().setBackgroundDrawableResource(R.color.blue);
            }
        }
    }
}
```

在上述代码中注意以下几点。

- 定义一个 ColorListener 事件监听器，该监听器实现 OnClickListener 接口，并实现接口中的 onClick()事件处理方法；
- 通过 getWindow()方法可以获取屏幕窗口，再调用其 setBackgroundDrawableResource()方法设置其背景颜色，其参数 R.color.red 和 R.color.blue 是对颜色资源的引用，分别

代表红色和蓝色；

- 在 OnCreate()方法中，通过调用 findViewById()方法可以根据标识 ID 获取按钮组件；
- 定义一个 ColorListener 监听器对象 cl，再调用按钮的 setOnClickListener()方法注册监听器。

运行结果如表 3-2 所示，当单击“红色”按钮时，屏幕颜色变为红色；当单击“蓝色”按钮时，屏幕颜色变为蓝色。

图 3–2　颜色改变

在事件处理的方式上，除了采用上面的这种通过定义事件监听器类的方式，还可以采用另外一种匿名的方式，即无须给事件监听器类进行命名，只需在注册的同时实现监听器接口及其方法即可。采用匿名方式的事件处理代码如下。

【描述 3.D.1】EventActivity2.java

```
public class EventActivity2 extends Activity {
    // 声明两个按钮
    Button btnRed, btnBlue;

    @Override
    public void onCreate(Bundle savedInstanceState) {
        super.onCreate(savedInstanceState);
        setContentView(R.layout.main);
        // 根据 Id 找到界面中的两个按钮组件
        btnRed = (Button) this.findViewById(R.id.btnRed);
        btnBlue = (Button) this.findViewById(R.id.btnBlue);
        // 注册监听器
        btnRed.setOnClickListener(new OnClickListener() {
            @Override
            public void onClick(View v) {
```

```
                // 设置背景颜色为红色
                getWindow().setBackgroundDrawableResource(R.color.red);
            }
        });
        btnBlue.setOnClickListener(new OnClickListener() {
            @Override
            public void onClick(View v) {
                // 设置背景颜色为蓝色
                getWindow().setBackgroundDrawableResource(R.color.blue);
            }
        });
    }
}
```

上述代码中，在调用 setOnClickListener()方法给按钮注册监听器时，直接通过匿名的方法实现 OnClickListener 接口及其内部的 onClick()事件处理方法。此种方式比较简单，也是较为常用的方式，其运行结果与第一种方式一样，此处不再演示。

3.3　布局管理（Layout）

Android 中提供了以下两种创建布局的方式。

- 在 XML 布局文件中声明：这种方式是将需要显示的组件先在布局文件中进行声明，然后在程序中通过 setContentView(R.layout.*XXX*)方法将布局呈现在 Activity 中。这种方式是推荐使用的方式，前面的程序也一直使用这种方式。
- 在程序中通过代码直接实例化布局及其组件：这种方式并不提倡使用，除非界面中的组件及布局需要动态改变才使用。

Android 的布局包括 LinearLayout、RelativeLayout、TableLayout 和 AbsoluteLayout 等多种布局。

3.3.1　线性布局（LinearLayout）

LinearLayout 是一种线性排列的布局，该布局中的子组件按照垂直或者水平方向排列，方向由“android:orientation”属性控制，属性值有垂直（vertical）和水平（horizontal）两种。

下述内容用于实现任务描述 3.D.2，演示 LinearLayout 的使用。

在 res/layout 目录下创建线性布局文件 linearlayout.xml，其代码如下。

【描述 3.D.2】linearlayout.xml

```
<?xml version="1.0" encoding="utf-8"?>
<LinearLayout xmlns:android="http://schemas.android.com/apk/res/android"
```

```
    android:orientation="vertical" android:layout_width="fill_parent"
    android:layout_height="fill_parent">

    <LinearLayout android:orientation="horizontal"
        android:layout_width="fill_parent" android:layout_height="fill_parent"
        android:layout_weight="1">
        <TextView android:text="red" android:gravity="center_horizontal"
            android:background="#aa0000" android:layout_width="wrap_content"
            android:layout_height="fill_parent" android:layout_weight="1" />
        <TextView android:text="green" android:gravity="center_horizontal"
            android:background="#00aa00" android:layout_width="wrap_content"
            android:layout_height="fill_parent" android:layout_weight="1" />
        <TextView android:text="blue" android:gravity="center_horizontal"
            android:background="#0000aa" android:layout_width="wrap_content"
            android:layout_height="fill_parent" android:layout_weight="1" />
        <TextView android:text="yellow" android:gravity="center_horizontal"
            android:background="#aaaa00" android:layout_width="wrap_content"
            android:layout_height="fill_parent" android:layout_weight="1" />
    </LinearLayout>

    <LinearLayout android:orientation="vertical"
        android:layout_width="fill_parent" android:layout_height="fill_parent"
        android:layout_weight="1">
        <TextView android:text="row one" android:textSize="15pt"
            android:background="#aa0000" android:layout_width="fill_parent"
            android:layout_height="wrap_content" android:layout_weight="1" />
        <TextView android:text="row two" android:textSize="15pt"
            android:background="#00aa00" android:layout_width="fill_parent"
            android:layout_height="wrap_content" android:layout_weight="1" />
        <TextView android:text="row three" android:textSize="15pt"
            android:background="#0000aa" android:layout_width="fill_parent"
            android:layout_height="wrap_content" android:layout_weight="1" />
        <TextView android:text="row four" android:textSize="15pt"
            android:background="#aaaa00" android:layout_width="fill_parent"
            android:layout_height="wrap_content" android:layout_weight="1" />
    </LinearLayout>
</LinearLayout>
```

上述布局文件中使用了以下三个线性布局。

- 第一个 LinearLayout 按照垂直方向来布局，并将其他两个 LinearLayout 包含进来，是整个布局的主布局；
- 第二个 LinearLayout 按照水平方向来布局，包含 4 个 TextView；

■ 第三个 LinearLayout 按照垂直方向来布局，也包含 4 个 TextView。

在 LayoutActivity 中设置使用 linearlayout.xml 布局，代码如下。

【描述 3.D.2】LayoutActivity.java

```
public class LayoutActivity extends Activity {
    /** Called when the activity is first created. */
    @Override
    public void onCreate(Bundle savedInstanceState) {
        super.onCreate(savedInstanceState);
        setContentView(R.layout.linearlayout);
    }
}
```

上述代码中，调用 setContentView()方法将布局设置到屏幕中，运行结果如图 3-3 所示。

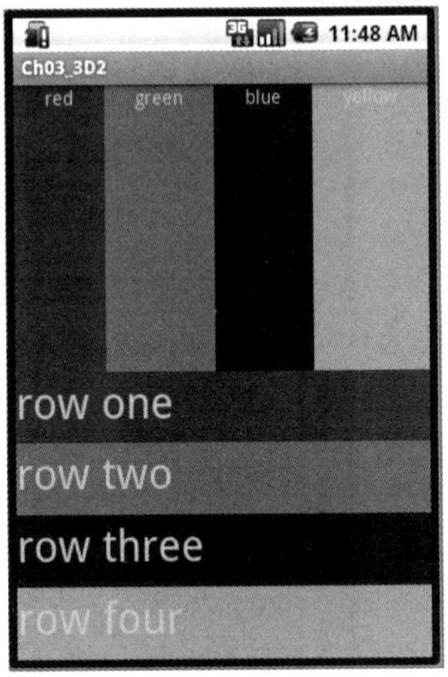

图 3-3　线性布局

3.3.2　相对布局（RelativeLayout）

RelativeLayout 是按照组件之间的相对位置来布局的，如在某个组件的左边、右边、上面和下面等。下述内容用于实现任务描述 3.D.2，演示 RelativeLayout 的使用。

【描述 3.D.2】relative.xml

```
<?xml version="1.0" encoding="utf-8"?>
<LinearLayout xmlns:android="http://schemas.android.com/apk/res/android"
    android:orientation="vertical" android:layout_width="fill_parent"
    android:layout_height="fill_parent">
    <RelativeLayout android:id="@+id/RelativeLayout01"
        android:layout_width="wrap_content"
        android:layout_height="wrap_content">
```

```
        <Button android:text="A" android:id="@+id/a"
            android:layout_width="wrap_content"
            android:layout_height="wrap_content"></Button>
        <Button android:text="B" android:id="@+id/b"
            android:layout_width="wrap_content"
            android:layout_height="wrap_content"
            android:layout_toRightOf="@+id/a"></Button>
        <Button android:text="C" android:id="@+id/c"
            android:layout_width="wrap_content"
            android:layout_height="wrap_content"
            android:layout_below="@+id/a"></Button>
        <Button android:text="D" android:id="@+id/d"
            android:layout_width="wrap_content"
            android:layout_height="wrap_content"
            android:layout_below="@+id/b"
            android:layout_toRightOf="@+id/c"></Button>
    </RelativeLayout>
</LinearLayout>
```

上述代码使用<RelativeLayout>元素定义相对布局，该布局中共有 4 个按钮：按钮“B”放在按钮“A”的右边，即通过“layout_toRightOf”属性进行设置，其值为“@+id/a”说明参照物是按钮“A”；按钮“C”放在按钮“A”的下面，即通过“layout_below”属性进行设置；按钮“D”放在按钮“C”的右边，与按钮“B”类似，也是通过“layout_toRightOf”属性进行设置，此时其值为“@+id/c”，说明参照物是按钮“C”。

修改 LayoutActivity 使用 relativelayout.xml 布局，代码如下。

```
setContentView(R.layout.relativelayout);
```

运行结果如图 3-4 所示。

图 3-4　相对布局

3.3.3　表格布局（TableLayout）

TableLayout 以行、列表格的方式布局子组件。TableLayout 中使用 TableRow 对象来定义行。下述内容用于实现任务描述 3.D.2，演示 TableLayout 的使用。

在 res/layout 目录下创建表格布局文件 tablelayout.xml，其代码如下。

【描述 3.D.2】tablelayout.xml

```
<?xml version="1.0" encoding="utf-8"?>
<LinearLayout xmlns:android="http://schemas.android.com/apk/res/android"
    android:orientation="vertical" android:layout_width="fill_parent"
    android:layout_height="fill_parent">
    <TableLayout android:id="@+id/TableLayout01"
        android:layout_width="fill_parent"
        android:layout_height="wrap_content"
        android:collapseColumns="3"
        android:stretchColumns="1">
        <TableRow android:layout_width="wrap_content"
            android:layout_height="wrap_content">
            <Button android:text="A" android:id="@+id/a"
                android:layout_width="wrap_content"
                android:layout_height="wrap_content"></Button>
            <Button android:text="B" android:id="@+id/b"
                android:layout_width="wrap_content"
                android:layout_height="wrap_content"></Button>
            <Button android:text="C" android:id="@+id/c"
                android:layout_width="wrap_content"
                android:layout_height="wrap_content"></Button>
        </TableRow>
        <TableRow android:layout_width="wrap_content"
            android:layout_height="wrap_content">
            <Button android:text="D" android:id="@+id/d"
                android:layout_width="wrap_content"
                android:layout_height="wrap_content"></Button>
            <Button android:text="E" android:id="@+id/e"
                android:layout_width="wrap_content"
                android:layout_height="wrap_content"></Button>
            <Button android:text="F" android:id="@+id/f"
                android:layout_width="wrap_content"
                android:layout_height="wrap_content"></Button>
        </TableRow>
        <TableRow android:layout_width="wrap_content"
            android:layout_height="wrap_content">
            <Button android:text="G" android:id="@+id/g"
                android:layout_width="wrap_content"
                android:layout_height="wrap_content"></Button>
            <Button android:text="H" android:id="@+id/h"
                android:layout_width="wrap_content"
                android:layout_height="wrap_content"></Button>
            <Button android:text="I" android:id="@+id/i"
                android:layout_width="wrap_content"
                android:layout_height="wrap_content"></Button>
```

```
        </TableRow>
    </TableLayout>
</LinearLayout>
```

上述代码中，需要注意以下两点：

- <TableLayout>元素定义了表格布局，该元素的“android:collapseColumns”属性用于指明表格的列数，此处设置表格的列数为 3；“android:stretchColumns”属性用于指明表格的伸展列，指定的伸展列将进行拉伸以填满剩余的空间。注意，列号从 0 开始，此处值为“1”，代表第二列是伸展列。
- <TableRow>元素定义了表格中的行，所有的其他组件都放在该元素内。

修改 LayoutActivity 使用 tablelayout.xml 布局，代码如下：

```
setContentView(R.layout.tablelayout);
```

运行结果如图 3-5 所示。

将<TableLayout>元素中的 android:stretchColumns="1"删除，即不指定伸展列，则运行结果如图 3-6 所示。

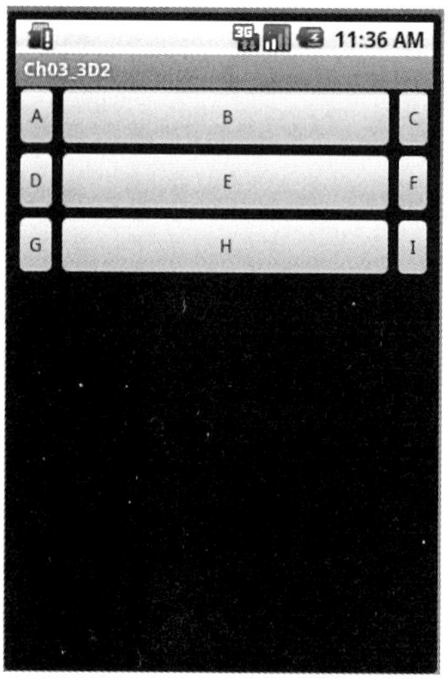

图 3-5 第二列为伸展列

图 3-6 普通的表格布局

3.3.4 绝对布局（AbsoluteLayout）

AbsoluteLayout 通过指定组件确切的 *X*、*Y* 坐标来确定组件的位置。下述内容用于实现任务描述 3.D.2，演示 AbsoluteLayout 的使用。

【描述 3.D.2】absolutelayout.xml

```
<?xml version="1.0" encoding="utf-8"?>
<LinearLayout xmlns:android="http://schemas.android.com/apk/res/android"
```

```
    android:orientation="vertical" android:layout_width="fill_parent"
    android:layout_height="fill_parent">
    <AbsoluteLayout android:id="@+id/AbsoluteLayout01"
        android:layout_width="wrap_content"
        android:layout_height="wrap_content">
        <Button android:text="A" android:id="@+id/Button01"
            android:layout_width="wrap_content"
            android:layout_height="wrap_content"
            android:layout_x="20px" android:layout_y="20px"></Button>
        <Button android:text="B" android:id="@+id/Button02"
            android:layout_width="wrap_content"
            android:layout_height="wrap_content"
            android:layout_x="60px" android:layout_y="20px"></Button>
        <Button android:text="C" android:id="@+id/Button03"
            android:layout_width="wrap_content"
            android:layout_height="wrap_content"
            android:layout_x="20px" android:layout_y="80px"></Button>
        <Button android:text="D" android:id="@+id/Button04"
            android:layout_width="wrap_content"
            android:layout_height="wrap_content"
            android:layout_x="60px" android:layout_y="80px"></Button>
    </AbsoluteLayout>
</LinearLayout>
```

上述代码中，<AbsoluteLayout>元素定义绝对布局，该布局中有 4 个按钮，每个按钮的位置都通过 *X*、*Y* 轴坐标进行指定，其中“layout_x”属性用于指定 *X* 轴坐标，“layout_y”属性指定 *Y* 轴的坐标。

修改 LayoutActivity 使用 absolutelayout.xml 布局，代码如下：

```
setContentView(R.layout.absolutelayout);
```

运行结果如图 3-7 所示。

图 3-7 绝对布局

3.4 常用 Widget 组件

Widget 组件是窗体中使用的部件，都定义在 android.widget 包中，如 Button、TextView、EditText、CheckBox、RadioGroup、Spinner 等。

3.4.1 Widget 组件通用属性

对 Widget 组件进行 UI 设计时，可以采用两种方式：xml 布局文件和 Java 代码。其中 xml 布局文件方式由于简单易用，被广泛使用。Widget 所有的组件几乎都属于 View 类，有些属性在这些组件之间是通用的，如表 3-4 所示。

表 3-4 Widget 组件通用属性

属性名称	描述
android:id	设置控件的索引，Java 程序可通过 R.id.<索引>引用该控件
android:layout_height	设置布局高度，可以通过三种方式来指定高度：fill_parent（和父元素相同）、wrap_content（随组件本身的内容调整）、通过指定 px 值来设置高度
android:layout_width	设置布局宽度，也可以采用三种方式：fill_parent、wrap_content、指定 px 值
android:autoLink	设置是否当文本为 URL 链接时，文本显示为可单击的链接。可选值为 none、web、email、phone、map、all
android:autoText	如果设置，将自动执行输入值的拼写纠正
android:bufferType	指定 getText()方式取得的文本类别
android:capitalize	设置英文字母大写类型。需要弹出输入法才能看见
android:cursorVisible	设定光标为显示/隐藏，默认显示
android:digits	设置允许输入哪些字符，如“1234567890.+－*/%\n()”
android:drawableBottom	在 text 的下方输出一个 drawable
android:drawableLeft	在 text 的左边输出一个 drawable
android:drawablePadding	设置 text 与 drawable（图片）的间隔，与 drawableLeft、drawableRight、drawableTop、drawableBottom 一起使用，可设置为负数，单独使用没有效果
android:drawableRight	在 text 的右边输出一个 drawable 对象
android:inputType	设置文本的类型，用于帮助输入法显示合适的键盘类型
android:cropToPadding	是否截取指定区域用空白代替；单独设置无效果，需要与 scrollY 一起使用
android:maxHeight	设置 View 的最大高度

3.4.2 文本框（TextView）

TextView 类代表文本框，是屏幕中一块用于显示文本的区域，它属于 android.widget 包并且继承 android.view.View 类的方法和属性，同时又是 Button、CheckedTextView、Chronometer、DigitalClock 以及 EditText 的父类。

TextView 定义了文本框操作的基本方法，它是一个不可编辑的文本框，通常用来在屏幕中显示静态字符串，其功能类似于 Java 语言中 swing 包的 JLabel 组件。TextView 的主要方法如表 3-5 所示。

表 3-5 TextView 类的方法功能

方法	功能描述
TextView()	TextView 的构造方法
getDefaultMovementMethod()	获取默认的箭头按键移动方式
getText()	取得文本内容
length()	获取 TextView 中文本长度
getEditableText()	取得文本的可编辑对象，通过该对象可对 TextView 的文本进行操作，如在光标之后插入字符
getLayout()	获取 TextView 的布局
getKeyListener()	获取键盘监听对象
setKeyListener()	设置键盘事件监听
setTransformationMethod()	设置文本是否显示成特殊字符
getCompoundPaddingBottom()	该方法返回 TextView 的底部填充物
setCompoundDrawables()	设置 Drawable 图像显示的位置，在设置该 Drawable 资源之前需要调用 setBounds(Rect)
setCompoundDrawablesWithIntrinsicBounds()	设置 Drawable 图像显示的位置，但其边界不变
setPadding()	根据位置设置填充物
getAutoLinkMask()	返回自动链接的掩码
setTextColor()	设置文本显示的颜色
setHighlightColor()	设置选中时文本显示的颜色
setShadowLayer()	设置文本显示的阴影颜色
setHintTextColor()	设置提示文字的颜色
setLinkTextColor()	设置链接文本的颜色
setGravity()	设置当 TextView 超出了文本本身时横向以及垂直对齐

3.4.3 编辑框（EditText）

EditText 类是 TextView 的子类，其功能与 TextView 基本类似，主要区别是 EditText 可以编辑。EditText 作为用户与系统之间的文本输入接口，可以把用户输入的数据传给系统，获取需要的数据。EditText 提供了许多用于设置和控制文本框功能的方法，如表 3-6 所示。

表 3-6 EditText 常用的方法

方法	功能描述
getText()	获取文本内容
selectAll()	获取输入的所有文本
setText(CharSequence text,TextView.BufferType type)	设置编辑框中的文本内容

3.4.4 复选框（CheckBox）

CheckBox 是复选框组件，用于多选的情况下，该控件在应用程序中为用户提供“真/假”选择。CheckBox 类提供了用于设置和控制复选框的方法，如表 3-7 所示。

表 3-7　CheckBox 常用方法

方法	功能描述
dispatchPopulateAccessibilityEvent()	在子视图创建时，分派一个辅助事件
isChecked()	判断组件状态是否勾选
onRestoreInstanceState()	设置视图恢复以前的状态，该状态由 onSaveInstanceState()方法生成
performClick()	执行 Click 动作，该动作会触发事件监听器
setButtonDrawable()	根据 Drawable 对象设置组件的背景
setChecked()	设置组件的状态。若参数为真，则置组件为选中状态；否则置组件为未选中状态
setOnCheckedChangeListener()	CheckBox 常用的设置事件监听器的方法，状态改变时调用该监听器
toggle()	改变按钮的当前状态
drawableStateChanged()	视图状态的变化影响到所显示可绘制的状态时调用该方法
onCreateDrawableState()	获取文本框为空时，文本框默认显示的字符串
onCreateDrawableState()	为当前视图生成新的 Drawable 状态

复选框是一种双状态按钮的特殊类型，复选框的状态只有两种：选中或者未选中状态，因此，复选框状态变化包含以下两种情况：

- 复选框由选中状态变成未选中状态；
- 复选框由未选中状态变成选中状态。

用鼠标单击复选框，可触发复选框状态的改变。通过 setOnCheckedChangeListener()方法注册复选框组件状态改变监听器 OnCheckedChangeListener。

注意　复选框状态彼此独立，可同时选择任意多个 CheckBox。

3.4.5　单选按钮组（RadioGroup）

RadioGroup 是单选按钮组，用于实现一组按钮之间相互排斥，即有且仅有一个按钮被选中，在同一个单选按钮组中勾选一个按钮，则会取消该组中其他已经勾选的按钮的选中状态。

RadioGroup 类是 LinearLayout 的子类，其常用的设置和控制单选按钮组的方法如表 3-8 所示。

表 3-8　RadioGroup 常用方法

方法	功能描述
addView()	根据布局指定的属性添加一个子视图
check()	当传递-1 作为指定的选择标识符时，此方法同 clearCheck()方法的作用等效
generateLayoutParams()	返回一个新的布局实例，这个实例是根据指定的属性集合生成的
setOnCheckedChangeListener()	注册单选按钮状态改变监听器
getCheckedRadioButtonId()	返回该单选按钮组中所选择的单选按钮的标识 ID

3.4.6　下拉列表（Spinner）

Spinner 提供了下拉列表功能，其功能类似于 RadioGroup，多个 item 子元素组合成一个

Spinner，这些子元素之间相互影响，同时最多有一个子元素被选中。Spinner 类是 LinearLayout 的子类，其常用的方法如表 3-9 所示。

表 3-9 Spinner 常用方法

方法	功能描述
getBaseline()	获取组件文本基线的偏移
getPrompt()	获取被聚焦时的提示消息
performClick()	效果同鼠标单击一样，该方法执行会触发 OnClickListener
setAdapter(SpinnerAdapter adapter)	设置选项，适配器 adapter 用于给下拉列表提供选项数据
setPromptId()	设置对话框弹出的时候显示的文本
setOnItemSelectedListener()	设置下拉列表子项被选中监听器

Spinner 可以通过数组适配器读取 XML 中定义的子元素。这种设计方式被称为“适配器模式”。适配器模式建议定义一个包装类，包装有不兼容接口的对象，该包装类就是适配器（Adapter），其包装的对象就是适配者(Adaptee)。适配器提供客户类需要的接口，适配器接口的实现是把客户类的请求转化为对适配者的相应接口的调用。因此，适配器能使因接口不兼容而不能交互的类在一起工作。

Android 系统提供了多种适配器，其中 ArrayAdapter 是比较简单且经常使用的一种数组适配器，它将数据放入一个数组以便显示。ArrayAdapter 提供多种构造函数来生成数组适配器，其常用的如下：

```
ArrayAdapter(Context context, int resource, int textViewResId)
ArrayAdapter(Context context, int textViewResId,T[] objects)
ArrayAdapter(Context context, int textViewResId,List<T> objects)
```

其中的参数说明如下：

- context：上下文环境，在 Activity 中一般使用 this；
- resource：资源 id；
- textViewResId：文本视图资源 id，如下拉列表组件的 id；
- objects：泛型集合/数组。

例如，下述代码创建了一个下拉列表。

```
//获取下拉列表组件
Spinner position = (Spinner) findViewById(R.id.position);
// 创建一个下拉列表选项数组
String[] strs={"总裁","经理","秘书"};
//创建一个数组适配器
ArrayAdapter aa = new ArrayAdapter(this,
              android.R.layout.simple_spinner_dropdown_item, strs);
//设置下拉列表的适配器
position.setAdapter(aa);
```

下述内容用于实现任务描述 3.D.3，通过注册窗口演示 TextView、EditText、CheckBox、RadioGroup、Spinner 组件的使用。

首先，在布局文件 main.xml 中添加控件并布局，其代码如下。

【描述 3.D.3】main.xml

```
<?xml version="1.0" encoding="utf-8"?>
<LinearLayout xmlns:android="http://schemas.android.com/apk/res/android"
    android:orientation="vertical" android:layout_width="fill_parent"
    android:layout_height="fill_parent">
    <TableLayout android:id="@+id/TableLayout01"
        android:layout_width="wrap_content"
        android:layout_height="wrap_content"
        android:stretchColumns="1">
        <TableRow android:id="@+id/TableRow01"
            android:layout_width="wrap_content"
            android:layout_height="wrap_content">
            <TextView android:text="用户名称" android:id="@+id/TextView01"
                android:layout_width="wrap_content"
                android:layout_height="wrap_content"></TextView>
            <EditText android:text="" android:id="@+id/username"
                android:layout_width="wrap_content"
                android:layout_height="wrap_content"></EditText>
        </TableRow>
        <TableRow android:id="@+id/TableRow02"
            android:layout_width="wrap_content"
            android:layout_height="wrap_content">
            <TextView android:text="用户密码" android:id="@+id/TextView02"
                android:layout_width="wrap_content"
                android:layout_height="wrap_content"></TextView>
            <EditText android:text="" android:id="@+id/password"
                android:layout_width="wrap_content"
                android:layout_height="wrap_content"
                android:password="true"></EditText>
        </TableRow>
        <TableRow android:id="@+id/TableRow03"
            android:layout_width="wrap_content"
            android:layout_height="wrap_content">
            <TextView android:text="性别" android:id="@+id/TextView03"
                android:layout_width="wrap_content"
                android:layout_height="wrap_content"></TextView>
            <RadioGroup android:id="@+id/gender_g"
                android:layout_width="wrap_content"
                android:layout_height="wrap_content">
```

```
            <RadioButton android:text="男" android:id="@+id/male"
                android:layout_width="wrap_content"
                android:layout_height="wrap_content"></RadioButton>
            <RadioButton android:text="女" android:id="@+id/female"
                android:layout_width="wrap_content"
                android:layout_height="wrap_content"></RadioButton>
        </RadioGroup>
    </TableRow>
    <TableRow android:id="@+id/TableRow04"
        android:layout_width="wrap_content"
        android:layout_height="wrap_content">
        <TextView android:text="婚否" android:id="@+id/TextView04"
            android:layout_width="wrap_content"
            android:layout_height="wrap_content"></TextView>
        <ToggleButton android:text="@+id/ToggleButton01"
            android:id="@+id/marriged" android:layout_width="wrap_content"
            android:layout_height="wrap_content"></ToggleButton>
    </TableRow>
    <TableRow android:id="@+id/TableRow05"
        android:layout_width="wrap_content"
        android:layout_height="wrap_content">
        <TextView android:text="爱好" android:id="@+id/hobby"
            android:layout_width="wrap_content"
            android:layout_height="wrap_content"></TextView>
        <CheckBox android:text="阅读" android:id="@+id/reading"
            android:layout_width="wrap_content"
            android:layout_height="wrap_content"
            android:layout_column="1"></CheckBox>
        <CheckBox android:text="游泳" android:id="@+id/swimming"
            android:layout_width="wrap_content"
            android:layout_height="wrap_content"
            android:layout_column="1"></CheckBox>
    </TableRow>
    <TableRow android:id="@+id/TableRow06"
        android:layout_width="wrap_content"
        android:layout_height="wrap_content">
        <TextView android:text="职务" android:id="@+id/TextView05"
            android:layout_width="wrap_content"
            android:layout_height="wrap_content"></TextView>
        <Spinner android:id="@+id/position"
            android:layout_width="wrap_content"
            android:layout_height="wrap_content"></Spinner>
    </TableRow>
    <TableRow android:id="@+id/TableRow07"
```

```
            android:layout_width="wrap_content"
            android:layout_height="wrap_content">
            <Button android:text="取消" android:id="@+id/cancel"
                android:layout_width="wrap_content"
                android:layout_height="wrap_content"></Button>
            <Button android:text="注册" android:id="@+id/register"
                android:layout_width="wrap_content"
                android:layout_height="wrap_content"></Button>
        </TableRow>
    </TableLayout>
</LinearLayout>
```

上述代码中，<ToggleButton>是一个开关按钮。

RegistActivity 的代码如下。

【描述 3.D.2】RegistActivity.java

```
public class RegistActivity extends Activity {
    // 声明组件
    private Button register, cancel;
    private ToggleButton marriged;
    private RadioButton male, female;
    private EditText username, password;
    private Spinner position;
    private CheckBox reading, swimming;
    @Override
    public void onCreate(Bundle savedInstanceState) {
        super.onCreate(savedInstanceState);
        setContentView(R.layout.main);
        // 根据Id获取组件对象
        username = (EditText) findViewById(R.id.username);
        password = (EditText) findViewById(R.id.password);
        male = (RadioButton) findViewById(R.id.male);
        female = (RadioButton) findViewById(R.id.female);
        reading = (CheckBox) findViewById(R.id.reading);
        swimming = (CheckBox) findViewById(R.id.swimming);
        marriged = (ToggleButton) findViewById(R.id.marriged);
        position = (Spinner) findViewById(R.id.position);
        // 创建一个下拉列表选项数组
        String[] strs = { "CEO", "PM", "PL" };
        // 创建一个数组适配器
        ArrayAdapter aa = new ArrayAdapter(this,
                android.R.layout.simple_spinner_dropdown_item, strs);
        // 设置下拉列表的适配器
        position.setAdapter(aa);
        register = (Button) findViewById(R.id.register);
```

```
        cancel = (Button) findViewById(R.id.cancel);
        //注册监听
        register.setOnClickListener(new OnClickListener() {
            public void onClick(View v) {
                Log.i("tag", "username:" + username.getText().toString());
                Log.i("tag", "password:" + password.getText().toString());
                if (male.isChecked()) {
                    Log.i("tag", "sex:male");
                } else {
                    Log.i("tag", "sex:female");
                }
                String temp = "like:";
                if (reading.isChecked()) {
                    temp += "read";
                }
                if (swimming.isChecked()) {
                    temp += " swim";
                }
                Log.i("tag", temp);
                if (marriged.isChecked()) {
                    Log.i("tag", "marriged:Yes");
                } else {
                    Log.i("tag", "marriged:No");
                }
                Log.i("tag", "position:"
                        + position.getSelectedItem().toString());
            }
        });
    }
}
```

上述代码实现了一个注册窗口，当单击“注册”按钮时，在 DDMS 的 Log 窗口输出用户注册信息。运行结果如图 3-8 所示。

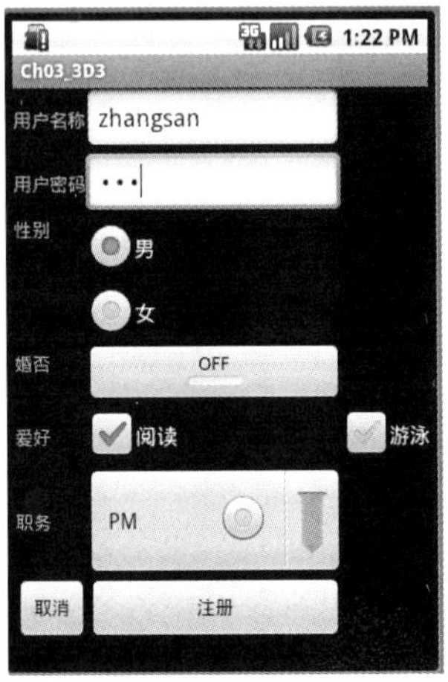

图 3-8　注册界面

单击“注册”按钮后，Log 输出信息如图 3-9 所示。

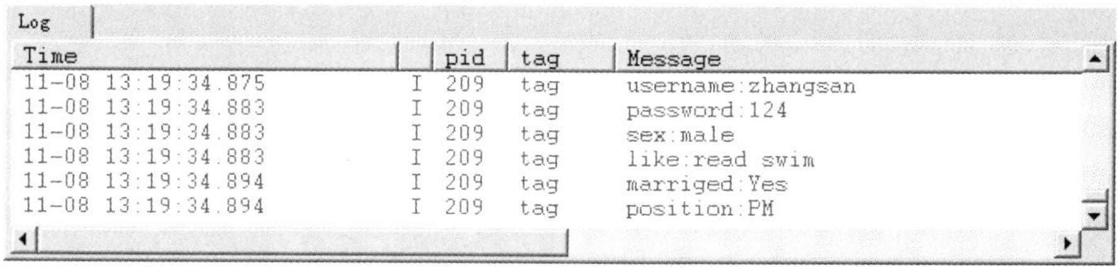

图 3-9　Log 输出信息

3.4.7　图片视图（ImageView）

ImageView 和 TextView 的功能基本类似，主要区别是显示的资源不同。ImageView 可显示图像资源，如图 3-10 所示，而 TextView 只能显示文本资源。

图 3-10　使用 ImageView 显示图片

ImageView 类的常用方法及其功能如表 3-10 所示。

表 3-10　ImageView 常用方法

方法	功能描述
ImageView()	ImageView 构造函数
setAdjustViewBounds(booleanab)	设置是否保持高宽比。需要结合 maxWidth 和 maxHeight 一起使用
getDrawable()	获取 Drawable 对象。若获取成功，则返回 Drawable 对象；否则返回 null
getScaleType()	获取视图的填充方式
setImageBitmap(Bitmap bm)	设置位图
setAlpha(int alpha)	设置透明度，值范围为 0~255，其中 0 为完全透明，255 为完全不透明
setMaxHeight(int h)	设置控件的最大高度
setMaxWidth(int w)	设置控件的最大宽度
setImageURI(Uri uri)	设置图片地址，图片地址使用 URI 指定
setImageResource(int rid)	设置图片资源库
setColorFilter(int color)	设置颜色过滤，需要制定颜色过滤矩阵

ImageView 可通过以下两种方式设置资源：

- 通过 setImageBitmap()方法设置图片资源；
- 通过<ImageView> XML 元素的 android:src 属性，或 setImageResource(int)方法指定 ImageView 的图片。

使用 ImageView 的代码如下：

```
imageview = (ImageView)findViewById(R.id.imageview);
bitmap = BitmapFactory.decodeResource(this.getResources(), R.drawable.motor);
imageview.setImageBitmap(bitmap);
```

3.4.8　滚动视图（ScrollView）

当手机界面中的元素超过手机最大的高度时，需要一种滚动浏览的控件。ScrollView 提供了滚动功能，可在界面中显示比实际多的内容时提供滚动效果，用户可通过滑动鼠标来实现 ScrollView 界面的滚动，类似于翻页功能。ScrollView 如图 3-11 所示。

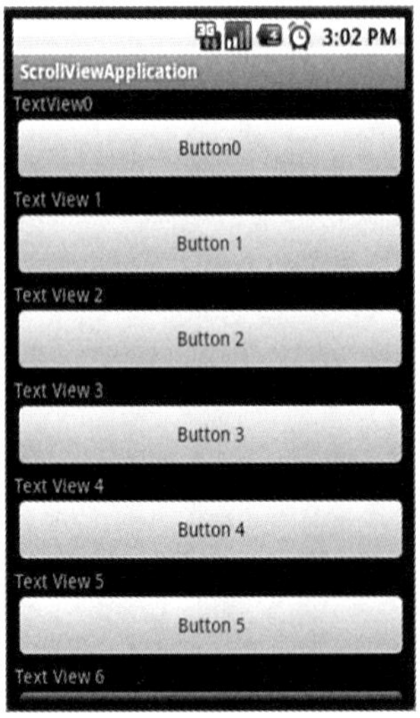

图 3-11　滚动视图

ScrollView 的子元素可以包含复杂的布局，通常用的子元素是垂直方向的 LinearLayout。注意，ScrollView 只支持垂直方向的滚动，不支持水平方向的移动。ScrollView 常用的方法如表 3-11 所示。

表 3-11　ScrollView 常用的方法

方法	功能描述
ScrollView()	ScrollView 构造函数
dispatchKeyEvent(KeyEvent event)	将参数指定的键盘事件分发给当前焦点路径的视图
arrowScroll (int direction)	该方法响应单击上下箭头时对滚动条滚动的处理，参数 direction 指定了滚动的方向
addView (View child)	添加子视图
computeScroll()	更新子视图的值（mScrollX 和 mScrollY）
onTouchEvent (MotionEvent ev)	该方法用于运动事件，该运动事件是在处理触摸屏幕产生的
setOnTouchListener()	设置 ImageButton 单击事件监听
setColorFilter()	设置颜色过滤，需要制定颜色过滤矩阵
executeKeyEvent (KeyEvent event)	当接收到键盘事件时，此函数执行滚动操作

（续表）

方法	功能描述
fullScroll (int direction)	将视图滚动到 direction 指定的方向
onInterceptTouchEvent (MotionEvent me)	此方法用于拦截用户的触屏事件

3.4.9 网格视图（GridView）

网格视图（GridView）将其子元素组织成类似于网格状的视图。一个网格视图通常需要一个列表适配器 ListAdapter，该适配器包含网格视图的子元素组件。GridView 的视图排列方式与矩阵类似，当屏幕上有很多元素（文字、图片或其他元素）需要显示时，可以使用 GirdView，如图 3-12 所示。

图 3-12 网格视图（GridView）

网格视图能够以数据网格形式显示子元素，并能够对这些子元素进行分页、自定义样式等操作，其常用的方法如表 3-12 所示。

表 3-12 GridView 方法

方法	功能描述
GridView()	GridView 构造函数
setGravity (int gravity)	设置此组件中的内容在组件中的位置
setColumnWidth(int)	设置网格视图的宽度
getAdapter ()	获取该视图的适配器 Adapter
setAdapter (ListAdapter adapter)	设置网格视图对应的适配器
setStretchMode(int)	用于设置缩放模式，也可通过 android:stretchMode 设置，有多个缩放模式：NO_STRETCH、STRETCH_SPACING、STRETCH_SPACING_UNIFOR 或 STRETCH_COLUMN_WIDTH
onKeyMultiple(int keyCode, int repeatCount, KeyEvent event)	多次按键时的处理方法。当连续发生多次按键时，该方法被调用。其中 keyCode 为按键对应的整型值，repeatCount 是按键的次数，event 是按键事件

（续表）

方法	功能描述
setSelection(int p)	设置当前被选中的网格视图的子元素
onKeyUp(int keyCode, KeyEvent event)	释放按键时的处理方法。释放按键时，该方法被调用。其中 keyCode 为按键对应的整型值，event 是按键事件
onKeyDown(int keyCode, KeyEvent event)	按键时的处理方法。按键时，该方法被调用。其中 keyCode 为按键对应的整型值，event 是按键事件。注意，用户在按键的过程中，onKeyDown 先被调用，用户释放按键后调用 onKeyUp
setHorizontalSpacing(int c)	设置网格视图同一行子元素之间的水平间距
setNumColumns(int)	设置网格视图包含的子元素的列数
getHorizontalSpacing()	获取网格视图同一行子元素之间的水平间距
getNumColumns(int)	获取网格视图包含的子元素的列数
getSelection ()	获取当前被选中的网格视图的子元素

注意　GridView 的使用可参见实践篇实践 3.G.2。

3.4.10　列表视图（ListView）

ListView 是列表视图，该视图将元素按照条目的方式自上而下列出来。通常，每一列只有一个元素，如图 3-13 所示。

图 3-13　列表视图（ListView）

实现一个列表视图必须具备 ListView、适配器以及子元素三个条件，其中适配器用于存储列表视图的子元素。列表视图将子元素以列表的方式组织，用户可通过滑动滚动条来显示界面之外的元素。ListView 常用的方法及功能如表 3-13 所示。

表 3-13　ListView 方法

方法	功能描述
ListView()	ListView 构造函数
getCheckedItemPosition()	返回当前被选中的子元素的位置

（续表）

方法	功能描述
addFooterView (View view)	给视图添加脚注，脚注通常位于列表视图的底部，其中参数 View 为要添加脚注的视图
getMaxScrollAmount()	返回列表视图的最大滚动数量
getDividerHeight()	获取子元素之间分隔符的宽度（元素与元素之间的那条线）
setStretchMode(int)	设置缩放模式，也可通过 android:stretchMode 设置，有多个缩放模式：NO_STRETCH、STRETCH_SPACING、STRETCH_SPACING_UNIFOR 或 STRETCH_COLUMN_WIDTH
onKeyMultiple(int keyCode, int repeatCount, KeyEvent event)	多次按键时的处理方法。当连续发生多次按键时，该方法被调用。其中 keyCode 为按键对应的整型值，repeatCount 是按键的次数，event 是按键事件
setSelection (int p)	设置当前被选中的列表视图的子元素
onKeyUp (int keyCode, KeyEvent event)	释放按键时的处理方法。释放按键时，该方法被调用。其中 keyCode 为按键对应的整型值，event 是按键事件
onKeyDown (int keyCode, KeyEvent event)	按键时的处理方法。按键时，该方法被调用。其中 keyCode 为按键对应的整型值，event 是按键事件。注意，用户按键的过程中，onKeyDown 先被调用，然后用户释放按键后调用 onKeyUp
isItemChecked (int position)	判断指定位置 position 元素是否被选中
addHeaderView (View view)	给视图添加头注，头注通常位于列表视图的顶部。其中参数 View 为要添加头注的视图
dispatchPopulateAccessibilityEvent (AccessibilityEvent event)	获取分派一个被构建时辅助视图的子项目事件
getChoiceMode ()	返回当前的选择模式

3.5 菜单

菜单是 UI 设计中经常使用的组件，它提供了不同功能分组展示的能力，在人机交互中提供了人性化的操作。Android 中的菜单分为两种类型：选项菜单（Option Menu）、上下文菜单（Context Menu）。

3.5.1 选项菜单（Option Menu）

Android手机上有一个Menu按键，当按下Menu时，会在屏幕底部弹出一个菜单，此菜单就是“选项菜单”。选项菜单提供了一种特殊的菜单显示方式，它没有对应的视图，即用户无法通过单击屏幕上的视图组件来加载选项菜单。一般可通过单击手机键盘上的“Menu”键来显示菜单。如图 3-14 所示是 Android 手机的应用程序管理的选项菜单。

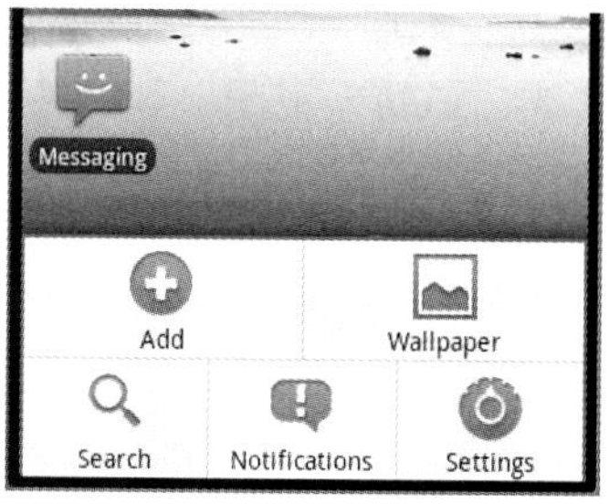

图 3-14　手机应用程序管理的选项菜单

Android 开放了选项菜单的应用接口并屏蔽其实现的复杂性，开发人员只需调用几个关键的方法，就可以实现一个非常整齐美观的选项菜单。创建选项菜单需要以下步骤：

01 覆盖 Activity 的 onCreateOptionsMenu()方法，当第一次打开菜单时，该方法被自动调用。

02 调用 Menu 的 add()方法添加菜单项（MenuItem），可以调用 MenuItem 的 setIcon()方法为菜单设置图标。

03 当菜单项被选择时，覆盖 Activity 的 onOptionsItemSelected()方法来响应事件。

注意 选项菜单的菜单项最多只能有 6 个，超过 6 个时，第 6 个自动显示“更多”选项来展开显示。

3.5.2 上下文菜单（Context Menu）

上下文菜单（Context Menu）是 android.view.Menu 的子类，它提供了菜单的设计接口，如图 3-15 所示。

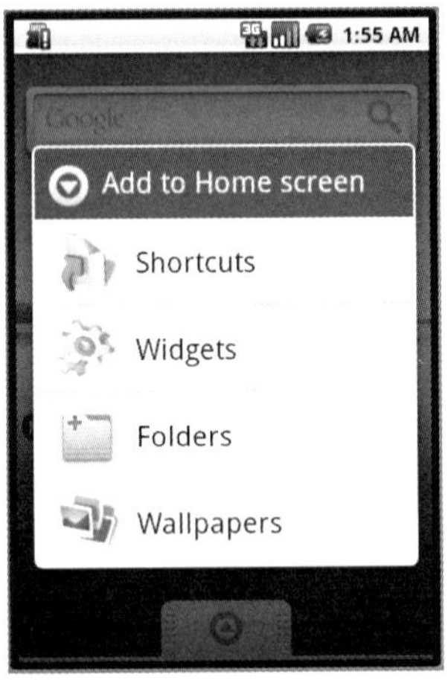

图 3-15　上下文菜单

上下文菜单（Context Menu）提供了用于创建和添加菜单的接口，其常用的方法如表 3-14 所示。

表 3-14　Context Menu 方法

方法	功能描述
setHeaderIcon(int iconRes)	设置上下文菜单的图标
setHeaderIcon(Drawable icon)	设置上下文菜单的图标
setHeaderTitle(CharSequence title)	设置上下文菜单的标题
setHeaderTitle(int titleRes)	设置上下文菜单的标题
add(int groupId, int itemId, int order, CharSequence title)	添加子菜单

创建上下文菜单需要如下步骤：

01 覆盖 Activity 的 onCreateContextMenu()方法，调用 Menu 的 add()方法添加菜单项（MenuItem）。

02 覆盖 onContextItemSelected()方法，响应菜单的单击事件。

03 在 Activity 的 onCreate()方法中，调用 registerForContextMenu()方法，为视图注册上下文菜单。

下述内容用于实现任务描述 3.D.4，演示菜单的使用。

【描述 3.D.4】MenuActivity.java

```
public class MenuActivity extends Activity {
    // 菜单 ID 常量
    private static final int ITEM1 = Menu.FIRST;
    private static final int ITEM2 = Menu.FIRST + 1;
    private static final int ITME3 = Menu.FIRST + 3;
    private static final int ITME4 = Menu.FIRST + 4;
    private static final int ITME5 = Menu.FIRST + 5;
    // 声明文本视图
    private TextView myTV;

    public void onCreate(Bundle savedInstanceState) {
        super.onCreate(savedInstanceState);
        setContentView(R.layout.main);
        // 根据 Id 获取文本视图
        myTV = (TextView) findViewById(R.id.TextView01);
        // 在文本视图中注册上下文菜单
        registerForContextMenu(myTV);
    }

    /**
     * 覆盖 onCreateOptionsMenu()方法，添加选项菜单
     */
    public boolean onCreateOptionsMenu(Menu menu) {
        // 添加菜单项
        menu.add(0, ITEM1, 0, "开始");
        menu.add(0, ITEM2, 0, "退出");
        return true;
    }

    /**
     * 覆盖 onOptionsItemSelected()方法，响应选项菜单被单击事件
     */
    public boolean onOptionsItemSelected(MenuItem item) {
        switch (item.getItemId()) {
```

```
        case ITEM1:
            // 设置 Activity 标题
            setTitle("开始游戏！");
            break;
        case ITEM2:
            setTitle("退出！");
            break;
        }
        return true;
    }

    /**
     * 覆盖 onCreateContextMenu()方法，添加上下文菜单
     */
    @Override
    public void onCreateContextMenu(ContextMenu menu, View v,
            ContextMenuInfo menuInfo) {
        // 添加菜单项
        menu.add(0, ITME3, 0, "红色背景");
        menu.add(0, ITME4, 0, "绿色背景");
        menu.add(0, ITME5, 0, "白色背景");
    }

    /**
     * 覆盖 onContextItemSelected()方法，响应上下文菜单被单击事件
     */
    @Override
    public boolean onContextItemSelected(MenuItem item) {
        switch (item.getItemId()) {
        case ITME3:
            // 设置文本视图的背景颜色
            myTV.setBackgroundColor(Color.RED);
            break;
        case ITME4:
            myTV.setBackgroundColor(Color.GREEN);
            break;
        case ITME5:
            myTV.setBackgroundColor(Color.WHITE);
            break;
        }
        return true;
    }
}
```

上述代码创建了选项菜单和上下文菜单。运行程序，按下“MENU”键，弹出两个选项菜单，如图 3-16 所示。

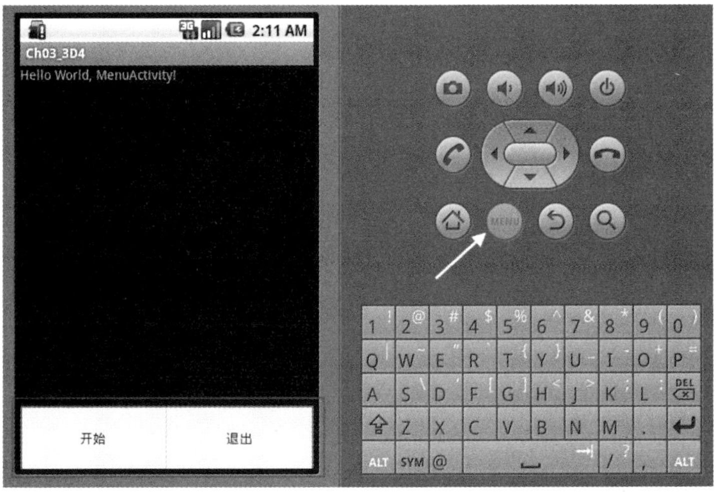

图 3–16　选项菜单

单击“开始”和“退出”菜单，Activity 的标题显示不同的提示，如图 3-17 所示。

图 3–17　单击选项菜单

在 TextView 组件上长时间按住鼠标右键，才会显示上下文菜单，如图 3-18 所示。

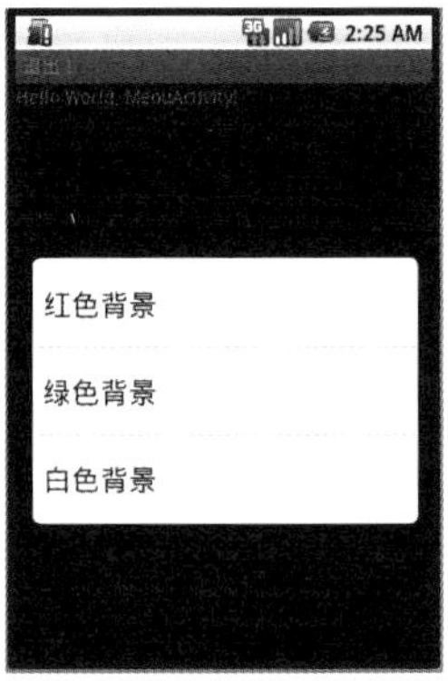

图 3–18　上下文菜单

单击不同的上下文菜单，TextView 的背景颜色将被改变，如图 3-19 所示，从左到右依次显示为红色、绿色、白色。

图 3–19　单击上下文菜单

3.6　对话框和提示信息（Toast）

3.6.1　对话框

对话框是程序运行中的弹出窗口。例如，用户要删除一个联系方式时，会弹出一个确认对话框。Android 系统中提供了 4 种对话框，如表 3-15 所示。

表 3–15　Android 的 4 种对话框

对话框	说明
AlertDialog	提示对话框
ProgressDialog	进度对话框
DatePickerDialog	日期选择对话框
TimePickerDialog	时间选择对话框

除了上面的 4 种系统定义的对话框，用户还可以继承 android.app.Dialog 实现自己的对话框。本节重点讲述提示对话框 AlertDialog。AlertDialog 是一个提示窗口，要求用户做出选择。

创建提示对话框的步骤如下：

01　获得 AlertDialog 的静态内部类 Builder 对象，由该类来创建对话框。

02　通过 Builder 对象设置对话框的标题、按钮以及按钮将要响应的事件。

03　调用 Builder 的 Create()方法创建对话框。

04　调用 AlertDialog 的 show()方法显示对话框。

下述内容用于实现任务描述 3.D.5，演示提示对话框的使用。

【描述 3.D.5】AlertDialogActivity.java

```
public class AlertDialogActivity extends Activity {
    // 声明组件
    private TextView myTV;
    private Button myBtn;

    @Override
    public void onCreate(Bundle savedInstanceState) {
        super.onCreate(savedInstanceState);
        setContentView(R.layout.main);
        // 根据 Id 获取组件
        myTV = (TextView) findViewById(R.id.TextView01);
        myBtn = (Button) findViewById(R.id.Button01);
        // 获得 Builder 对象
        final AlertDialog.Builder builder = new AlertDialog.Builder(this);
        // 在按钮上注册监听器
        myBtn.setOnClickListener(new OnClickListener() {
            public void onClick(View v) {
```

```
            // 通过builder对象设置对话框信息
            builder.setMessage("真的要删除该记录吗？")
            // 设置确定按钮及其响应事件处理
                    .setPositiveButton("是",
                            new DialogInterface.OnClickListener() {
                                public void onClick(DialogInterface dialog,
                                        int which) {
                                    myTV.setText("删除成功！");
                                }
                            })
                    // 设置取消按钮及其响应事件处理
                    .setNegativeButton("否",
                            new DialogInterface.OnClickListener() {
                                public void onClick(DialogInterface dialog,
                                        int which) {
                                    myTV.setText("取消删除！");
                                }
                            });
            // 创建对话框
            AlertDialog ad = builder.create();
            // 显示对话框
            ad.show();
        }
    });
  }
}
```

上述代码按照创建提示对话框的步骤实现了提示对话框功能。运行程序，单击“删除”按钮，显示提示对话框如图 3-20 所示。

图 3-20　提示对话框

当在提示对话框中选择“是”按钮，即确认按钮时，则文本视图中显示“删除成功！”，如图 3-21 所示。如果选择“否”按钮，即取消按钮，则文本视图中显示“取消删除！”，如图 3-22 所示。

图 3–21　单击确认按钮

图 3–22　单击取消按钮

3.6.2　提示信息（Toast）

提示信息（Toast）是 Android 中用来显示提示信息的一种机制。与对话框不同，Toast 是没有焦点的，而且 Toast 显示时间有限，超过一定的时间后会自动消失。Toast 类定义在 android.widget 包中，其常用的方法及功能如表 3-16 所示。

表 3–16　Toast 常用的方法及功能描述

方法	功能说明
Toast(Context context)	构造函数
setDuration(int duration)	设置提示信息显示的时长，可以设置两种值：Toast.LENGTH_LONG 和 Toast.LENGTH_SHORT
setText(CharSequence s)	设置显示的文本
cancel()	关闭提示信息，即不显示
makeText(Context context, CharSequence text, int duration)	该方法是静态方法，用于直接创建一个带文本的提示信息，并指明时长
show()	显示提示信息

创建 Toast 的步骤如下：

01　调用 Toast 的静态方法 makeText()创建一个指定文本和时长的提示信息。

02　调用 Toast 的 show()方法显示提示信息。

下述内容用于实现任务描述 3.D.6，演示 Toast 的创建及显示。

【描述 3.D.6】ToastActivity.java

```
public class ToastActivity extends Activity {
    // 声明两个按钮
    private Button b1, b2;

    @Override
    public void onCreate(Bundle savedInstanceState) {
        super.onCreate(savedInstanceState);
        setContentView(R.layout.main);
        // 根据 Id 获取按钮对象
```

```
        b1 = (Button) findViewById(R.id.Button01);
        b2 = (Button) findViewById(R.id.Button02);

        // 在“长”按钮上注册监听器
        b1.setOnClickListener(new OnClickListener() {
            public void onClick(View v) {
        //使用 makeText()方法创建 Toast，其时长为 Toast.LENGTH_LONG，即显示的时间长
                Toast t1 = Toast.makeText(getApplicationContext(), "我多显示一会儿! ",
                        Toast.LENGTH_LONG);
                t1.show();
            }
        });
        // 在“短”按钮上注册监听器
        b2.setOnClickListener(new OnClickListener() {
            public void onClick(View v) {
        // 使用 makeText()方法创建 Toast，其时长为 Toast.LENGTH_SHORT，即显示的时间短
                Toast t2 = Toast.makeText(getApplicationContext(), "我少显示一会儿! ",
                        Toast.LENGTH_SHORT);
                t2.show();
            }
        });

    }
}
```

上述代码中有两个按钮，当单击“长”按钮时，显示的 Toast 时间长一点；而单击“短”按钮时，显示的 Toast 时间会短一点，如图 3-23 所示。

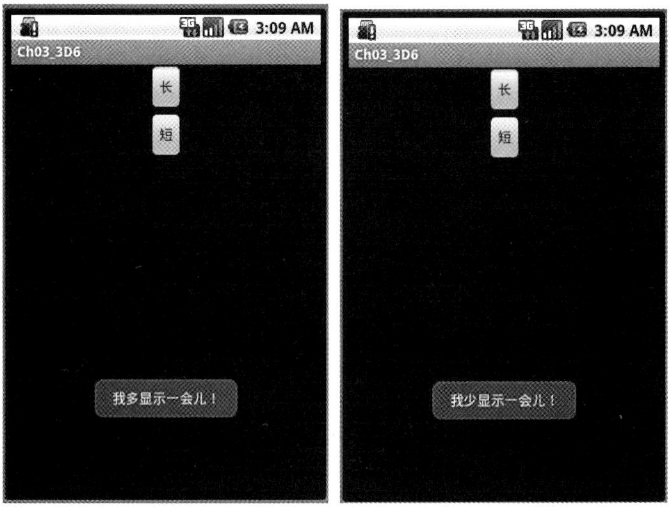

图 3-23　显示 Toast

小结

通过本章的学习，读者应该能够学会：

- Android 中的界面元素主要由 View、ViewGroup 和 Layout 几个部分构成；
- Android 系统中引用 Java 的事件处理机制，包括事件、事件源和事件监听器三个事件模型；
- Android 中提供了两种创建布局的方式：XML 布局文件和代码直接实现；
- Android 的布局包含 LinearLayout、RelativeLayout、TableLayout 和 AbsoluteLayout 等多种布局；
- 常用的 Widget 组件有：按钮（Button）、文本框（TextView）、编辑框（EditText）、复选框（CheckBox）、单选按钮组（RadioGroup）、下拉列表（Spinner）；
- Android 的菜单有两种：选项菜单（Options Menus）和上下文菜单（Context Menus）；
- Android 系统中提供了 4 种对话框：AlertDialog、ProgressDialog、DatePickerDialog 和 TimePickerDialog；
- 提示信息（Toast）是 Android 中用来显示提示信息的一种机制。与对话框不同，Toast 是没有焦点的，而且 Toast 显示时间有限，超过一定的时间就会自动消失。

练习

1. 下面不属于 Android 用户界面元素的是______。

   A. 视图组件　　B. 视图容器组件

   C. 布局管理　　D. 资源引用 R

2. ______不是通过 new 运算符创建的，而是由用户操作触发的。

   A. 事件　　B. 事件源

   C. 监听器　　D. 事件处理方法

3. Spinner 是______组件。

   A. 文本框　　B. 滚动视图

   C. 下拉列表　　D. 列表视图

4. 简述创建选项菜单和上下文菜单的步骤。

5. 修改任务描述 3.D.3 注册窗口的代码，当用户单击“注册”时，使用 Toast 显示其注册信息。

第 4 章　意图（Intent）

本章目标

- 了解 Intent 的功能及作用
- 掌握 Intent 常用的属性及方法
- 熟悉 Activity 之间的消息传递机制
- 了解广播接收 Intent
- 了解 Intent 的实现策略许可

学习导航

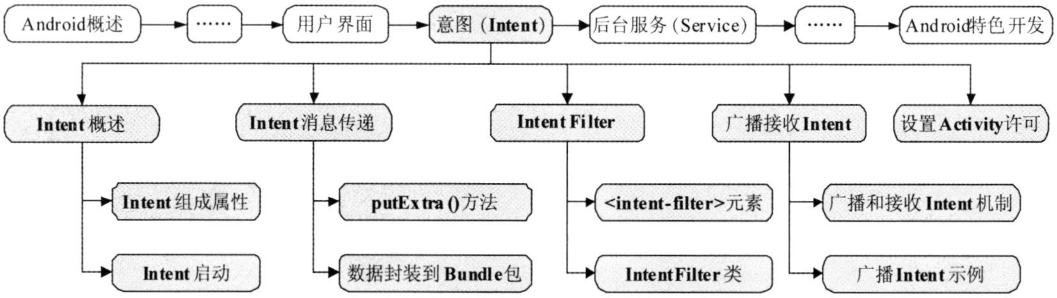

任务描述

【描述 4.D.1】

通过 Intent 实现多 Activity 的 Android 应用的启动。

【描述 4.D.2】

使用 Intent 在多 Activity 间进行消息传递。

【描述 4.D.3】

广播和接收 Intent。

4.1 Intent 概述

传统的大多数类型的手机应用程序之间相互独立、互相隔离，应用程序与硬件和原始组件之间没有交互的行为。然而交互是扩展手机应用功能所必需的因素，通过相互之间的交互，手机能够支持复杂的应用。鉴于此种需求，Android 系统提供了终端用户用于开发应用程序交互功能的组件，这些组件包括广播接收器（Broadcast Receivers）、意图（Intent）、适配器（Adapters）以及内容提供器（Content Providers）。

Intent 是 Android 的核心组件，利用消息实现应用程序间的交互机制，这种消息描述了应用中一次操作的动作、数据以及附加数据，系统通过该 Intent 的描述负责找到对应的组件，并将 Intent 传递给调用的组件，完成组件的调用。

4.1.1 Intent 组成属性

Intent 由动作（Action）、数据（Data）、分类（Category）、类型（Type）、组件（Component）和扩展信息（Extra）等内容组成，每个组成部分都有相应的属性表示，并提供设置和获取相应属性的方法，如表 4-1 所示。

表 4–1 Intent 属性及对应方法

组成	属性	设置属性方法	获取属性方法
动作	Action	setAction()	getAction()
数据	Data	setData()	getData()
分类	Category	addCategory()	
类型	Type	setType()	getType()
组件	Component	setComponent() setClass() setClassName()	getComponent()
扩展信息	Extra	putExtra()	getXXXExtra()获取不同数据类型的数据，如 int 类型则使用 getIntExtra()，字符串则使用 getStringExtra() getExtras()获取 Bundle 包

1. Action 属性

Action 属性用于描述 Intent 要完成的动作，对要执行的动作进行一个简要描述。Intent 类定义了一系列 Action 属性常量，用来标识一套标准动作，如 ACTION_CALL（打电话）、ACTION_EDIT（编辑）等。根据使用动作的组件不同，可以将这套动作分为 Activity 动作和 Broadcast 动作。如表 4-2 所示，列举出了常用的 Action 属性常量。

表 4–2 Action 常用的常量

Action 常量	行为描述	使用组件（分类）
ACTION_CALL	打电话，即直接呼叫 Data 中所带的电话号码	Activity
ACTION_ANSWER	接听来电	
ACTION_SEND	由用户指定发送方式进行数据发送操作	
ACTION_SENDTO	根据不同的 Data 类型，通过对应的软件发送数据	

（续表）

Action 常量	行为描述	使用组件（分类）
ACTION_VIEW	根据不同的 Data 类型，通过对应的软件显示数据	Activity
ACTION_EDIT	显示可编辑的数据	
ACTION_MAIN	应用程序的入口	
ACTION_SYNC	同步服务器与移动设备之间的数据	
ACTION_BATTERY_LOW	警告设备电量低	Broadcast
ACTION_HEADSET_PLUG	插入或者拔出耳机	
ACTION_SCREEN_ON	打开移动设备屏幕	
ACTION_TIMEZONE_CHANGED	移动设备时区发生变化	

2. Data 属性

Intent 的 Data 属性是执行动作的 URI 和 MIME 类型，常见的 Data 属性常量如表 4-3 所示。

表 4-3　常用的 Data 属性

Data 属性	说明	示例
tel://	号码数据格式，后跟电话号码	tel://123
mailto://	邮件数据格式，后跟邮件收件人地址	mailto://dh@163.com
smsto://	短信数据格式，后跟短信接收号码	smsto://123
content://	内容数据格式，后跟需要读取的内容	content://contacts/people/1
file://	文件数据格式，后跟文件路径	file://sdcard/mymusic.mp3
geo://latitude,longitude	经纬数据格式，在地图上显示经纬度所指定的位置	geo://180,65

Action 和 Data 一般匹配使用，不同的 Action 由不同的 Data 数据指定，表 4-4 列举了一些常见的应用。

表 4-4　Action 和 Data 属性匹配应用

Action 属性	Data 属性	描述
ACTION_VIEW	content://contacts/people/1	显示_id 为 1 的联系人信息
ACTION_EDIT	content://contacts/people/1	编辑_id 为 1 的联系人信息
ACTION_VIEW	tel:123	显示电话为 123 的联系人信息
ACTION_VIEW	http://www.google.com	在浏览器中浏览该网页
ACTION_VIEW	file:///sdcard/mymusic.mp3	播放 MP3

3. Category 属性

Category 属性指明一个执行 Action 的分类，Intent 中定义了一系列 Category 属性常量，如表 4-5 所示。

表 4-5　常用的 Category 属性

Category 属性	说明
CATEGORY_DEFAULT	默认的执行方式，按照普通 Activity 的执行方式执行
CATEGORY_HOME	该组件为 Home Activity

（续表）

Category 属性	说明
CATEGORY_LAUNCHER	优先级最高的 Activity，通常与入口 ACTION_MAIN 配合使用
CATEGORY_BROWSABLE	可以使用浏览器启动
CATEGORY_GADGET	可以内嵌到另外的 Activity 中

4. Component 属性

Component 属性用于指明 Intent 的目标组件的类名称。通常，Android 会根据 Intent 中包含的其他属性的信息，比如 Action、Data/Type、Category 进行查找，最终找到一个与之匹配的目标组件。但是，如果指定了 Component 这个属性，Intent 则会直接根据组件名查找到相应的组件，而不再执行上述查找过程。指定 Component 属性后，Intent 的其他属性都是可选的。根据 Intent 寻找目标组件时所采用的方式不同，可以将 Intent 分为以下两类。

- 显式 Intent：这种方式通过直接指定组件名称 Component 来实现；
- 隐式 Intent：这种方式通过 Intent Filter 过滤实现，过滤时通常根据 Action、Data 和 Category 属性进行匹配查找。

显式 Intent 通过 setComponent()、setClassName()或 setClass()设置组件名，例如：

```
//创建一个 Intent 对象
Intent intent = new Intent();
//指定 Intent 对象的目标组件是 Activity2
intent.setClass(Activity1.this, Activity2.class);
```

上面代码中，首先使用 Intent 的构造函数产生一个 Intent 对象，并利用 setClass()方法设置其目标组件是 Activity2。其中，setClass()方法的原型如下：

```
setClass(Context packageContext, Class<?> cls)
```

setClass()方法包含两个参数：

- Context packageContext 为当前环境，例如 Activity1.this；
- Class<?> cls 为目标组件类型，如 Activity2.class。

注意 通过 Intent Filter 过滤实现的隐式方式将在 4.2 节中详细介绍。

5. Extra 属性

Extra 属性用于添加一些附加信息，例如发送一个邮件，就可以通过 Extra 属性来添加主题（subject）和内容（body）。通过使用 Intent 对象的 putExtra()方法来添加附加信息，例如，将一个人的姓名附加到 Intent 对象中，代码如下：

```
Intent intent = new Intent();
intent.putExtra("name","zhangsan");
```

通过使用 Intent 对象的 getXXXExtra()方法可以获取附加信息。例如，将上面的代码存入 Intent 对象中的人名获取出来，因存入的是字符串，所以，可以使用 getStringExtra()方法获取数据，代码如下：

```
String name=intent.getStringExtra("name");
```

4.1.2　Intent 启动

Android 应用程序的三个核心组件：活动（Activity）、广播接收器（Broadcast Receiver）以及服务（Service），都可通过 Intent 来启动或激活，对于这三种不同的组件，Intent 提供了不同的启动方法，如表 4-6 所示。

表 4–6　Intent 启动不同组件的方法

核心组件	调用方法	作用
Activity	Context.startActivity() Activity.startActivityForRestult()	启动一个 Activity 或使一个已存在的 Activity 去做新的工作
Service	Context.startService()	初始化一个 Service 或传递一个新的操作给当前正在运行的 Service
	Context.bindService()	绑定一个已存在的 Service
Broadcast Receiver	Context.sendBroadcast() Context.sendOrderedBroadcast() Context.sendStickyBroadcast()	对所有想接收消息的 Broadcast Receiver 传递消息

多 Activity 的 Android 应用程序可通过 startActivity()方法指定相应的 Intent 对象来启动另外一个 Activity。下述内容用于实现任务描述 4.D.1，通过 Intent 实现多 Activity 的 Android 应用的启动。

第一个 Activity 的代码如下。

【描述 4.D.1】Activity1.java

```
public class Activity1 extends Activity {
    @Override
    public void onCreate(Bundle savedInstanceState) {
        RadioGroup RG_OS;
        RadioButton RG_OS_RB1, RG_OS_RB2, RG_OS_RB3;
        Button button_submit, button_back;
        super.onCreate(savedInstanceState);
        //根据布局文件 activity1.xml 生成界面
        setContentView(R.layout.activity1);
        //根据 XML 定义生成取得 RadioGroup、RadioButton、Button 对象
        RG_OS = (RadioGroup) findViewById(R.id.RG_OS);
        RG_OS_RB1 = (RadioButton) findViewById(R.id.RG_OS_RB1);
        RG_OS_RB2 = (RadioButton) findViewById(R.id.RG_OS_RB2);
        RG_OS_RB3 = (RadioButton) findViewById(R.id.RG_OS_RB3);
```

```
        button_submit = (Button) findViewById(R.id.button_submit);
        //使用 setOnClickListener 注册按钮单击事件监听器
        button_submit.setOnClickListener(new ButtonClickListener());
    }

    // 定义按钮 button_submit 单击监听器。当单击 button_submit 按钮时，onClick 方法被调用
    class ButtonClickListener implements OnClickListener {
        public void onClick(View arg0) {
            //新建一个 Intent 对象
            Intent myintent = new Intent();
            //指定 Intent 对象的目标组件是 Activity2
            myintent.setClass(Activity1.this, Activity2.class);
            //利用 startActivity()启动新的 Activity,即 Activity2
            Activity1.this.startActivity(myintent);
            // 关闭当前的 Activity1
            Activity1.this.finish();// 关闭当前的 Activity
        }
    }
}
```

Activity1 的布局文件 activity1.xml 的内容如下。

【描述 4.D.1】activity1.xml

```
<?xml version="1.0" encoding="utf-8"?>
<LinearLayout xmlns:android="http://schemas.android.com/apk/res/android"
    android:orientation="vertical" android:layout_width="fill_parent"
    android:layout_height="fill_parent">
    <TextView android:layout_width="fill_parent"
        android:layout_height="wrap_content" android:text="第一个 Activity" />
    <!--创建一个选择操作系统的 RadioGroup，该组包含三个单选按钮-->
    <RadioGroup android:id="@+id/RG_OS" android:orientation="vertical"
        android:layout_width="wrap_content"
        android:layout_height="wrap_content"
        android:text="选择操作系统类型">
        <!--第一个 RadioButton -->
        <RadioButton android:id="@+id/RG_OS_RB1"
            android:layout_width="wrap_content"
            android:layout_height="wrap_content"
            android:text="Android" />
        <!--第二个 RadioButton -->
        <RadioButton android:id="@+id/RG_OS_RB2"
            android:layout_width="wrap_content"
            android:layout_height="wrap_content"
```

```
            android:text="Symbian" />
        <!--第三个 RadioButton -->
        <RadioButton android:id="@+id/RG_OS_RB3"
            android:layout_width="wrap_content"
            android:layout_height="wrap_content"
            android:text="Other" />
        <Button android:id="@+id/button_submit"
            android:layout_width="wrap_content"
            android:layout_height="wrap_content" android:text="提交" />
    </RadioGroup>
</LinearLayout>
```

上述代码中，Activity1 使用 activity1.xml 生成程序界面，该布局包含一个 RadioGroup 和一个 Button 组件，RadioGroup 中包含选择操作系统的三个单选按钮。Button 上注册了按钮单击事件的监听器，当单击该按钮时，程序会使用 Intent 对象调用另外一个 Activity。首先使用显示 Intent 的方式，通过调用 setClass()方法设置其目标组件是 Activity2；然后通过调用 startActivity()方法启动 Intent 指定的 Activity，并使用 finish()方法关闭当前的 Activity，此时程序的控制权就会转给指定的 Activity。

第二个 Activity 的代码如下。

【描述 4.D.1】Activity2.java

```
public class Activity2 extends Activity {
    Button button_back;
    public void onCreate(Bundle savedInstanceState) {
        super.onCreate(savedInstanceState);
        setContentView(R.layout.activity2);// 根据布局文件 activity2.xml 生成界面
        button_back = (Button) findViewById(R.id.button_back);
        button_back.setOnClickListener(new ButtonClickListener());
    }

    class ButtonClickListener implements OnClickListener {
        public void onClick(View arg0) {
            /* 新建一个 Intent 对象,并指定启动程序 Activity1 */
            Intent myintent = new Intent();
            myintent.setClass(Activity2.this, Activity1.class);
            Activity2.this.startActivity(myintent);
            Activity2.this.finish();
        }
    }
}
```

Activity2 的布局文件 activity2.xml 的内容如下。

【描述 4.D.1】activity2.xml

```
<?xml version="1.0" encoding="utf-8"?>
<LinearLayout xmlns:android="http://schemas.android.com/apk/res/android"
    android:orientation="vertical" android:layout_width="fill_parent"
    android:layout_height="fill_parent">
    <TextView android:layout_width="fill_parent"
        android:layout_height="wrap_content" android:text="第二个 Activity" />
    <Button android:id="@+id/button_back" android:layout_width="wrap_content"
        android:layout_height="wrap_content" android:text="返回" />
</LinearLayout>
```

上述代码中，Activity2 使用 activity2.xml 生成程序界面，该布局包含一个 Button 组件，单击该按钮时，程序会使用 Intent 对象调用 Activity1，此时程序的控制权又返回给 Activity1。

另外需要注意，在使用 Eclipse 创建 Android 工程时，系统在 AndroidManifest.xml 中自动生成了主 Activity（即 Activity1）的定义，没有生成关于 Activity2 的定义，需要在 AndroidManifest.xml 中添加 Activity2 的相关配置，否则在系统运行时，会因找不到 Activity2 而出现异常终止的错误，如图 4-1 所示。

图 4-1　因找不到 Activity2 异常终止的错误

AndroidManifest.xml 中添加 Activity2 的配置如下。

【描述 4.D.1】AndroidManifest.xml

```
<?xml version="1.0" encoding="utf-8"?>
<manifest xmlns:android="http://schemas.android.com/apk/res/android"
    package="com.ActivityApplication" android:versionCode="1"
    android:versionName="1.0">
    <application android:icon="@drawable/icon"
```

```
        android:label="@string/app_name">
        <activity android:name="com.dh.Activity1"
        android:label="@string/app_name">
            <intent-filter>
                <action android:name="android.intent.action.MAIN" />
                <category android:name="android.intent.category.LAUNCHER" />
            </intent-filter>
        </activity>
        <activity android:name="com.dh.Activity2"
            android:label="@string/app_name" />
    </application>
</manifest>
```

启动该 Android 程序，单击 Activity1 中的“提交”按钮，界面将切换到 Activity2，如图 4-2 所示。

图 4-2 运行结果

4.2 Intent 消息传递

Intent 的 Extra 属性用于添加一些附加信息，利用该属性可以进行消息的传递。将传递的信息存放到 Extra 属性中有如下两种方式。

- 一种是直接调用 putExtra()方法将信息添加到 Extra 属性中，然后通过调用 getXXXExtra()方法进行获取即可。这种方式比较简单、直接，主要用于数据量比较少的情况下。
- 另一种是先将数据封装到 Bundle 包中，Bundle 可以被看成是一个“键/值”映射的哈希表。当数据量比较多时，可以使用 Bundle 存放数据；然后通过 putExtras()方法将 Bundle 对象添加到 Extra 属性中，再通过使用 getExtras()方法获取存放的 Bundle 对象；最后读取 Bundle 包中的数据。这种方式是间接通过 Bundle 包对数据先进行封装，再进行传递，实现起来比较烦琐，因此，主要用于数据量较多的情况。

下述代码用于实现任务描述 4.D.2，使用上述的第一种方式实现多个 Activity 间的消息传递。

第一个 Activity 的代码如下。

【描述 4.D.2】Activity1.java

```
public class Activity1 extends Activity {
    RadioGroup RG_OS;
    RadioButton RG_OS_RB1, RG_OS_RB2, RG_OS_RB3;
    public void onCreate(Bundle savedInstanceState) {
        Button button_submit, button_back;
        super.onCreate(savedInstanceState);
        setContentView(R.layout.activity1);
        RG_OS = (RadioGroup) findViewById(R.id.RG_OS);
        RG_OS_RB1 = (RadioButton) findViewById(R.id.RG_OS_RB1);
        RG_OS_RB2 = (RadioButton) findViewById(R.id.RG_OS_RB2);
        RG_OS_RB3 = (RadioButton) findViewById(R.id.RG_OS_RB3);
        button_submit = (Button) findViewById(R.id.button_submit);
        button_submit.setOnClickListener(new ButtonClickListener());
    }

    class ButtonClickListener implements OnClickListener {
        public void onClick(View arg0) {
            Intent myintent = new Intent();
            myintent.setClass(Activity1.this, Activity2.class);
            // 根据用户选择不同的单选按钮，向 Intent 对象的 Extra 属性中保存不同的值
            if (RG_OS_RB1.isChecked())
                myintent.putExtra("selected", (String) RG_OS_RB1.getText());
            else if (RG_OS_RB2.isChecked())
                myintent.putExtra("selected", (String) RG_OS_RB2.getText());
            else if (RG_OS_RB3.isChecked())
                myintent.putExtra("selected", (String) RG_OS_RB3.getText());
            else
                myintent.putExtra("selected", "null");
            //通过 Intent 对象将数据传送给相应的 Activity
            Activity1.this.startActivity(myintent);
            Activity1.this.finish();
        }
    }
}
```

上述代码中，Activity1 包含一个 RadioGroup 和一个 Button 组件。单击 Button 按钮后，将用户选择的不同按钮的信息保存到 Intent 对象的 Extra 属性中，通过 Intent 对象的 Extra 属性将数据传递给相应的 Activity。

第二个 Activity 的代码如下。

【描述 4.D.2】Activity2.java

```
public class Activity2 extends Activity {
```

```
    Button button_back;

    public void onCreate(Bundle savedInstanceState) {
        super.onCreate(savedInstanceState);
        setContentView(R.layout.activity2);
        button_back = (Button) findViewById(R.id.button_back);
        TextView textview = (TextView) findViewById(R.id.textview);// 生成文本框对象
        button_back.setOnClickListener(new ButtonClickListener());
        // 获取 Activity 传递的 Intent
        Intent myintent = this.getIntent();
        //获取 Intent 对象中 Extra 属性的内容
        String selected_radiobutton = myintent.getStringExtra("selected");
        if (selected_radiobutton == "null")
            textview.setText("没有选中任何系统");
        else
            textview.setText(selected_radiobutton + "被选中");
    }

    class ButtonClickListener implements OnClickListener {
        public void onClick(View arg0) {
            Intent myintent = new Intent();
            myintent.setClass(Activity2.this, Activity1.class);
            Activity2.this.startActivity(myintent);
            Activity2.this.finish();
        }
    }
}
```

上述代码中，Activity2 通过调用 getIntent()方法获取传递过来的 Intent，再通过调用 Intent 对象的 getStringExtra()方法获取 Extra 属性中名为“selected”的内容，即 Activity1 传递过来的用户选中的系统信息，并将信息显示在文本控件中。

启动该 Android 程序，如图 4-3 所示，单击 Activity1 的“提交”按钮，这时手机界面切换到另外一个 Activity 的界面，该界面显示前一个页面中被选中的单选按钮的值。

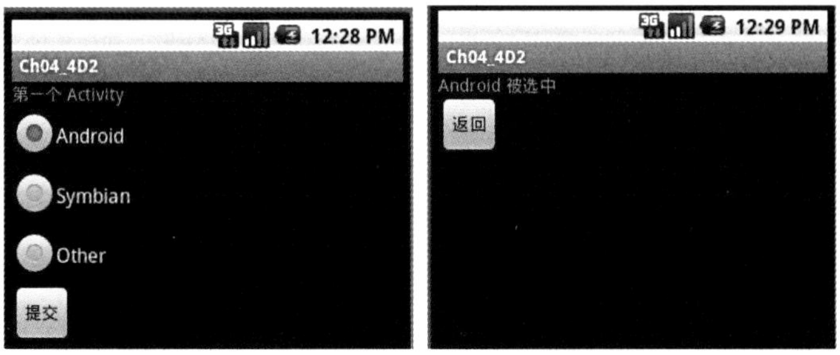

图 4-3　运行结果

在介绍利用 Bundle 包实现 Activity 之间的数据传递之前。首先了解一下 Bundle 类中常用的方法及其功能，如表 4-7 所示。主要通过 putXXX()方法将不同的数据类型封装到 Bundle 对象中，通过 getXXX()获取相应数据类型的数据。

表 4–7　Bundle 类的方法列表

方法	功能描述
Object get(String key)	获取关键字 key 对应的数据
boolean getBoolean(String key)	获取关键字 key 对应的布尔值，若找不到关键字的记录，则返回 false
boolean getBoolean (String key, boolean defaultValue)	获取关键字 key 对应的布尔值，若找不到关键字的记录，则返回 defaultValue
Bundle getBundle(String key)	获取关键字 key 对应的 Bundle 对象，若找不到关键字的记录，则返回 null
char getChar (String key)	获取关键字 key 对应的 char 值，若找不到关键字的记录，则返回 0
char getChar (String key, char defaultValue)	获取关键字 key 对应的 char 值，若找不到关键字的记录，则返回 defaultValue
boolean hasFileDescriptors()	Bundle 对象是否包含文件描述符，若包含，则返回 true，否则不包含
void putAll (Bundle map)	插入 map 到该 Bundle 对象中
void putBoolean (String key, boolean value)	插入布尔值 value 到该 Bundle 对象中，若关键字 key 已存在，则原有值被 value 替代
void putBundle (String key, Bundle value)	插入 Bundle 对象 value 到该 Bundle 对象中
void putByte (String key, byte value)	插入字节值 value 到该 Bundle 对象中
void remove (String key)	移除关键字为 key 的记录
int size ()	获取 Bundle 对象的关键字个数

使用 Bundle 实现任务描述 4.D.2 时，只需将 Activity1 的代码做如下修改：

【描述 4.D.2】Activity1.java

```
public class Activity1 extends Activity {
......
    class ButtonClickListener implements OnClickListener {
        public void onClick(View arg0) {
            Intent myintent = new Intent();
            myintent.setClass(Activity1.this, Activity2.class);
            // 创建 Bundle 对象，该对象用于记录被传送的数据
            Bundle mybundle = new Bundle();
            // 根据用户选择不同的单选按钮，向 Bundle 对象中保存不同的值
            if (RG_OS_RB1.isChecked())
                mybundle.putString("selected", (String) RG_OS_RB1.getText());
            else if (RG_OS_RB2.isChecked())
                mybundle.putString("selected", (String) RG_OS_RB2.getText());
            else if (RG_OS_RB3.isChecked())
```

```
                mybundle.putString("selected", (String) RG_OS_RB3.getText());
            else
                mybundle.putString("selected", "null");
    // 将 Bundle 对象数据封装到 Intent 对象中，通过该 Intent 对象将数据传送给相应的 Activity
            myintent.putExtras(mybundle);
            //通过 Intent 对象将数据传送给相应的 Activity
            Activity1.this.startActivity(myintent);
            Activity1.this.finish();
        }
    }
}
```

上述代码中，通过 Bundle 的 putString()方法将被选中的单选按钮的文本值封装到该 Bundle 对象中。然后通过调用 Intent 对象的 putExtras()方法将 Bundle 对象捆绑到 Intent 对象中。

Activity2 的代码修改如下：

```
public class Activity2 extends Activity {
    Button button_back;
    public void onCreate(Bundle savedInstanceState) {
        ......
        // 获取 Activity 传递的 Intent
        Intent myintent = this.getIntent();
        // 获取 Intent 的 Bundle 对象
        Bundle mybundle = myintent.getExtras();
        // 获取 Bundle 对象中 key 为 "selected" 所对应的字符串值
        String selected_radiobutton = mybundle.getString("selected");
        if (selected_radiobutton == "null")
            textview.setText("没有选中任何系统");
        else
            textview.setText(selected_radiobutton + " 被选中");
    }
    ......
}
```

上述代码中，通过 getExtras()方法获取 Intent 中的 Bundle 对象，然后调用 Bundle 对象的 getString()方法获取指定 key 的信息，最后将信息显示在文本控件中。其运行结果与图 4-3 相同，此处不再演示。由此可以看到，使用 Bundle 相对复杂一些，但当传递数据比较多时，可以通过循环遍历将数据提取出来，此时就比较方便。

4.3　Intent Filter

本章在上文中已经提到 Intent 可以通过显式方式或隐式方式找到目标组件，显式方式是直接通过设置组件名来实现，而隐式方式则是通过 Intent Filter 过滤实现。关于显式方式的使用，已经介绍过，此处不再赘述，本节主要介绍隐式 Intent 的实现。

对于隐式 Intent，Android 系统需先对其进行解析，通过解析将 Intent 映射给可以处理该 Intent 的活动、广播接收器或服务组件。Android 应用程序的核心组件都是通过 Intent Filter 来通告其所具备的能力，即可以处理和响应哪些 Intent。同其他组件一样，Android 提供了两种生成 Intent Filter 的方式：一种是通过 IntentFilter 类生成；另一种通过在配置文件 AndroidManifest.xml 中定义<intent-filter>元素生成。

4.3.1 <intent-filter>元素

在 AndroidManifest.xml 配置文件中，Intent Filter 以<intent-filter>元素来指定，一个组件中可以有多个<intent-filter>元素，每个<intent-filter>元素描述不同的功能。例如：

```
<activity android:name="com.dh.Activity1"
    android:label="@string/app_name">
    <intent-filter>
        <action android:name="android.intent.action.MAIN" />
        <category android:name="android.intent.category.LAUNCHER" />
    </intent-filter>
</activity>
```

上述代码对活动组件 Activity1 进行配置，通过设置<intent-filter>元素中的<action>子元素值为“android.intent.action.MAIN”，指明该活动是应用程序的入口；设置<category>子元素的值为“android.intent.category.LANCHER”，指明该活动优先级最高。

Android 通过查找已在 AndroidManifest.xml 配置文件中注册的所有 Intent Filter，找到匹配的组件。

注意 字符串“android.intent.action.MAIN”和“android.intent.category.LANCHER”即为 Intent 类中的常量 ACTION_MAIN 和 CATEGORY_LAUNCHER 的值。

<intent-filter>元素中常用<action>、<data>和<category>这些子元素，分别对应 Intent 中的 Action、Data 和 Category 属性，用于对 Intent 进行匹配。

1. <action>子元素

一个<intent-filter>中可以添加多个<action>子元素，例如：

```
<intent-filter>
    <action android:value="android.intent.action.VIEW"/>
    <action android:value="android.intent.action.EDIT"/>
    <action android:value="android.intent.action.PICK"/>
    ......
</intent-filter>
```

<intent-filter>列表中的 Action 属性不能为空，否则所有的 Intent 都会因匹配失败而被阻塞。所以，一个<intent-filter>元素下至少需要包含一个<action>子元素，这样系统才能处理 Intent 消息。

2. <category>子元素

一个<intent-filter>中也可以添加多个<category>子元素，例如：

```
<intent-filter>
    <category android:value="android.intent.category.DEFAULT"/>
    <category android:value="android.intent.category.BROWSABLE"/>
<intent-filter>
```

与 Action 一样，<intent-filter>列表中的 Category 属性不能为空。Category 属性的默认值"android.intent.category.DEFAULT"是启动 Activity 的默认值，在添加其他 Category 属性值时，该值必须添加，否则也会匹配失败。

3. <data>子元素

一个<intent-filter>中可以包含多个<data>子元素，用于指定组件可以执行的数据，例如：

```
<intent-filter>
    <data android:mimeType="video/mpeg"
        android:scheme="http"
        android:host="com.example.android"
        android:path="8888"
        android:port="folder/subfolder/1"/>
    <data android:mimeType="audio/mpeg"
        android:scheme="http"
        android:host="com.example.android"
        android:path="8888"
        android:port="folder/subfolder/2"/>
    <data android:mimeType="audio/mpeg"
        android:scheme="http"
        android:host="com.example.android"
        android:path="8888"
        android:port="folder/subfolder/3"/>
</intent-filter>
```

每个<data>子元素具有以下几个属性。

- host：指定一个有效的主机名，如"com.example.android"；
- scheme：要求一种特定的模式，如 content 或 http；
- path：指定 URI 的有效路径，如"folder/subfolder/etc"；
- port：指定主机端口，如 8888；

- mimeType：指定 MIME 类型。

这些属性都是可选的，但彼此之间并不都是完全独立的。其中，前 4 个属性构成一个典型的 URI 格式“scheme://host:port/path”，例如“http://localhost:200/android”。当比较 Intent 对象和过滤器的 URI 时，仅仅比较过滤器中出现的 URI 属性。<data>元素的 mimeType 属性指定数据的 MIME 类型。Intent 对象和过滤器都可以用“*”通配符匹配子类型字段，例如“text/*”，“audio/*”表示任何子类型。数据检测既要检测 URI，也要检测数据类型。可参考如下规则。

- 一个 Intent 对象既不包含 URI，也不包含数据类型：仅当过滤器不指定任何 URI 和数据类型时，检测才不能通过；否则都能通过。
- 一个 Intent 对象包含 URI，但不包含数据类型：仅当过滤器不指定数据类型，同时它们的 URI 匹配，才能通过检测。例如，mailto:和 tel:都不指定实际数据。
- 一个 Intent 对象包含数据类型，但不包含 URI：仅当过滤只包含数据类型且与 Intent 相同，才通过检测。
- 一个 Intent 对象既包含 URI，也包含数据类型（或数据类型能够从 URI 推断出）。
    - 数据类型部分：只有与过滤器中之一匹配才算通过；
    - URI 部分：要出现在过滤器中，或者它有 content:或 file: URI，又或者过滤器没有指定 URI。换句话说，如果它的过滤器仅列出了数据类型，组件假定支持 content:和 file:。
- 如果一个 Intent 能够通过不止一个活动或服务的过滤器，用户可能会被问哪个组件被激活。如果没有找到目标，就会产生一个异常。

上述的最后一条规则表明组件能够从文件或内容提供者获取本地数据。因此，其过滤器可仅列出数据类型且不必明确指出 content:和 file: scheme 的名字。例如：

```
<data android:mimeType="image/*" />
```

上面语句说明组件能够从内容提供者获取 image 数据并将其显示。因为大部分可用数据由内容提供者（content provider）分发，过滤器指定一个数据类型，但没有指定 URI 是最通用的一种方式。

另一种通用配置是过滤器指定一个 scheme 和一个数据类型。例如：

```
<data android:scheme="http" android:type="video/*" />
```

上面语句说明组件能够从网络获取视频数据并将其显示。

4.3.2　IntentFilter 类

IntentFilter 类是另外一种实现 Intent Filter 的方式，其常用方法如表 4-8 所示。

表 4-8　IntentFilter 类的方法及功能描述

方法	功能描述
IntentFilter()	IntentFilter 类的构造方法，IntentFilter 类提供了 4 种构造函数：IntentFilter()、IntentFilter(String action)、IntentFilter(String action, String dataType)和 IntentFilter(IntentFilter o)
addAction(String action)	为 IntentFilter 添加匹配的行为，例如添加电量低行为：addAction (ACTION_BATTERY_LOW)
addCategory(String category)	为 IntentFilter 添加匹配类别，如 addCategory(CATEGORY_LAUNCHER)
addDataAuthority(String host, String port)	获取 IntentFilter 的数据验证，如 addDataAuthority (myhost, 8888)。Host 参数可以包含通配符*表示任意匹配，port 为空时，表示可匹配任何端口
countActions()	计算 IntentFilter 包含的 Action 数量
countDataAuthorities()	计算 IntentFilter 包含的 DataAuthority 数量
getDataAuthority(int index)	根据 index 获取 IntentFilter 的 DataAuthority
getAction(int index)	根据 index 获取 IntentFilter 的 Action
setPriority(int priority)	设置 IntentFilter 的优先级，默认优先级为 0。priority 值通常介于-1000 到 1000 之间。Android 系统根据优先级匹配 Intent
getPriority()	获取 IntentFilter 的优先级
hasCategory(String category)	判断 category 是否在 Intent 中，若包含，则返回 true，否则返回 false
matchCategories(Set<String> categories)	基于类别 categories 匹配 IntentFilter，若匹配 IntentFilter 所有的类别，则返回 null，否则返回第一个不匹配的类别名字

4.4　广播接收 Intent

到目前为止，已经讲述了如何使用 Intent 来启动新的应用程序组件，但实际上也可以通过使用 sendBroadcast()方法在组件之间进行匿名的广播。在 Android 中，可以通过实现广播接收器来监听和响应这些广播的 Intent。通常广播 Intent 用于向监听器通知系统事件或应用程序事件，从而扩展应用程序间的事件驱动的编程模型。广播 Intent 可以使应用程序更加开放，通过使用 Intent 来广播一个事件，可以在不用修改原始应用程序的情况下，对事件做出响应。Android 中大量使用广播 Intent 来广播系统事件，如电池电量、网络连接和来电。

4.4.1　广播和接收 Intent 机制

如果一个 Intent 需要多个 Activity 处理，就需要使用广播 Intent，这种机制可将 Intent 广播到多个 Activity。例如，当手机的电量较低时，需要当前运行的活动都做出响应。

实现广播和接收 Intent 机制包含以下 4 个步骤：

01 注册相应的广播接收器（Broadcast Receiver）。广播接收器是接收广播消息并对消息作出响应的组件。

02 发送广播。该过程将消息内容和用于过滤的信息封装起来，并广播给广播接收器。

03 满足条件的广播接收器执行接收方法 onReceive()。

04 销毁广播接收器。

其流程如图 4-4 所示。

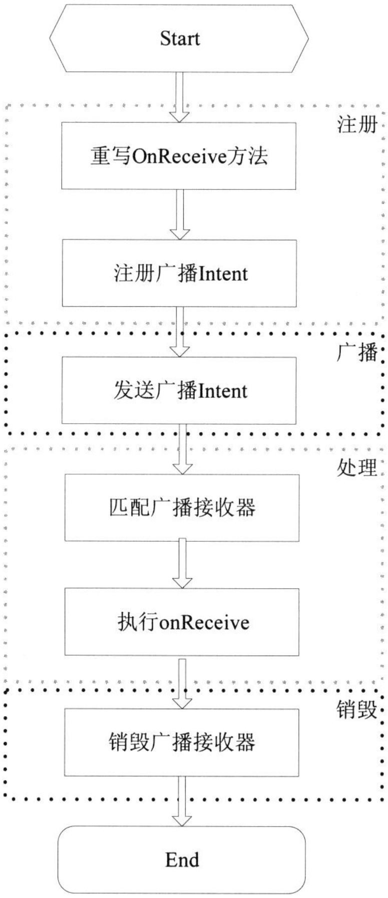

图 4–4　广播和接收 Intent 机制的处理过程

1. 注册

首先，继承 BroadcastReceiver，并重写 onReceive()方法，代码如下。

```
public class MyReceiver extends BroadcastReceiver {
    @Override
    public void onReceive(Context context, Intent intent) {
    /*添加 onReceive 代码处理*/
```

```
    }
}
```

然后，根据 IntentFilter 注册广播 Intent，Android 提供了 Java 和 XML 两种注册方法。

（1）Java 注册

创建 IntentFilter 和 Receiver 对象，然后在需要的地方调用 Context.registerReceiver()进行注册。同样，可使用 Context.unregiserReceiver()取消该注册，代码如下。

```
IntentFilter myfilter
    = new IntentFilter("android.provider.Telephony.SMS_RECEIVED");
MyReceiver myreceiver = new MyReceiver();
Context.registerReceiver(myreceiver , myfilter );
```

（2）XML 注册

在 AndroidManifest.xml 配置文件的<intent-filter>元素中添加该行为。

```
<receiver android:name=".MyReceiver">
    <intent-filter>
        <action android:name="android.provider.Telephony.SMS_RECEIVED"/>
    </intent-filter>
</receiver>
```

2. 广播

Activity 的 sendBroadcast()、sendOrderBroadcast()和 sendStrikyBroadcast()方法都可以广播 Intent 到广播接收器，满足条件的 BroadcastReceiver 都会执行 onReceive()方法。三个方法的区别如下。

- sendBroadcast()：这种方式不严格保证执行顺序；
- sendOrderBroadcast()：这种方式保证执行顺序，根据 BroadcastReceiver 注册时 IntentFilter 设置的优先级的顺序来执行 onReceive()方法，高优先级的 BroadcastReceiver 执行先于低优先级的。
- sendStrikyBroadcast()：这种方式提供了带有“粘着”功能且一直保存 sendStrikyBroadcast()发送的 Intent，以便在使用 registerReceiver()注册接收器时，新注册的 Receiver 的 Intent 对象为该 Intent 对象。

3. 接收

广播接收器收到广播 Intent，对 Intent 进行判断。如果该接收器满足条件，则执行 onReceive()方法。

4. 销毁

广播接收器的 onReceive()方法执行完后，其实例就会被销毁。执行 onReceive()时，Android 系统会启动一个程序计时器，如果在一定的时间内，onReceive()方法没有完成，该程序会被认为无响应。因此，onReceive()方法里需要包含快速执行的逻辑，否则会弹出程序无响应的对话框。

此外，不需要在收到广播 Intent 之前启动广播接收器，该接收器会在匹配广播 Intent+时被激活。这种特殊的处理方式适合资源管理，可通过这种方式创建关闭或杀死的事件驱动应用程序，并以安全的方式对广播事件做出响应。广播接收器会更新内容、启动服务、更新 Activity 的 UI 或使用通知管理器来通知用户。

4.4.2 广播 Intent 示例

下述代码用于实现任务描述 4.D.3，使用 BroadcastReceiver 对象接受 sendBroadcast()方法广播的 Intent。

为了实现 Intent 的广播和接收功能，需要在工程中至少包含两个 Java 文件：一个用于广播 Intent，另一个用于接收广播的 Intent。本实例包含了 Broadcast.java 和 Receiver.java，分别用来实现广播 Intent 和接收 Intent 的功能。

【描述 4.D.3】Broadcast.java

```
public class Broadcast extends Activity {
    public static final String My_NEW_LIFEFORM ="com.china.ui.NEW_LIFEFORM";
    @Override
    public void onCreate(Bundle savedInstanceState) {
        super.onCreate(savedInstanceState);
        setContentView(R.layout.main);
        //新建 Intent 对象，指定启动应用为 com.china.ui.NEW_LIFEFORM
        final Intent intent = new Intent(My_NEW_LIFEFORM);
        Button button = (Button) findViewById(R.id.sendBroadcastIntent);
        button.setOnClickListener(new View.OnClickListener() {
            public void onClick(View v) {
                //利用 sendBroadcast()方法广播 Intent 给广播接收器
                sendBroadcast(intent);
            }
        });
    }
}
```

【描述 4.D.3】Receiver.java

```
public class Receiver extends BroadcastReceiver {
    public void onReceive(Context context, Intent intent) {
        CharSequence string = "收到广播消息";
        Toast.makeText(context, string,Toast.LENGTH_LONG).show(); //显示 Toast 消息
    }
}
```

【描述 4.D.3】AndroidManifest.xml

```
<!--在 AndroidManifest.xml 中添加该行为的 receiver 标签 -->
<receiver android:name="Receiver" android:enabled="true">
        <intent-filter>
            <action android:name="com.china.ui.NEW_LIFEFORM" />
        </intent-filter>
</receiver>
```

【描述 4.D.3】main.xml

```
<TextView
    android:layout_width="fill_parent"
    android:layout_height="wrap_content"
    android:text="Sender"/>
<Button
    android:id="@+id/sendBroadcastIntent"
    android:layout_width="fill_parent"
    android:layout_height="wrap_content"
    android:text="Broadcast Intent"/>
```

Broadcast.java 包含一个单选按钮，该单选按钮监听器的 onClick()方法设置了广播 Intent 的功能。单击该按钮时，onClick()方法调用 sendBroadcast 发送载有行为 com.china.ui.NEW_LIFEFORM 的 Intent。发送后，系统会匹配已注册的广播接收器，广播接收器可以是 Java 注册，也可以是 XML 注册。本例采用 XML 的注册方式，因此，系统在 AndroidManifest.xml 匹配包含该 Intent 的接收器的名字。由于 android:name="Receiver"的接收器标签包含 com.china.ui.NEW_LIFEFOR，则 Receiver.java 的 Receiver 类被激活。该类继承 BroadcastReceiver 类，收到匹配的 Intent 后，该类的 onReceive()方法被调用执行。

启动该工程，单击 Broadcast 的按钮，Broadcast 广播 Intent 消息，Receiver 收到广播 Intent 消息，如图 4-5 所示。

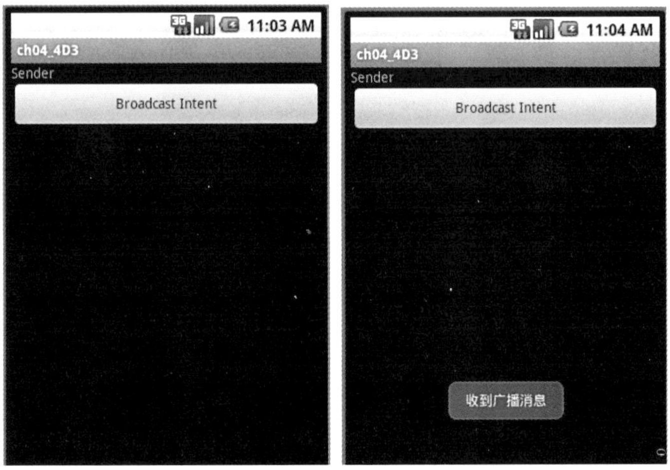

图 4-5　广播和接收 Intent

4.5 设置 Activity 许可

Android 系统开放了许多底层应用（如 ACTION_CALL）供用户调用，与其他系统不同，Android 系统有自己特殊的调用底层应用的方式。Android 系统会在运行时检查该用户程序是否有权限调用该底层应用，因此，需要通过某种方式设置 Activity 许可才能运行相应的应用。这种方式提供了程序使用系统应用的安全性保证，底层应用只有用相应的权限许可才能被用户程序使用，否则程序运行出现错误。在 AndroidManifest.xml 中可以配置应用程序的权限，例如，打电话应用需要调用系统提供的电话底层处理 ACTION_CALL 行为，这时需要在 AndroidManifest.xml 中的<uses-permission>添加打电话的许可属性，具体如下。

```
<uses-permission android:name="android.permission.CALL_PHONE">
</uses-permission>
/*这样用户就能使用 ACTION_CALL 来激活打电话的应用。如果不在清单文件(AndroidManifest.xml)中
设置许可，则运行电话应用时会弹出提示用户缺少相应权限的异常错误。*/
```

当运行没有设置 android.permission.CALL_PHONE 许可的 ACTION_CALL 应用时，系统会弹出安全异常错误（java.lang.SecurityException）的提示。程序缺少许可时的运行结果如图 4-6 所示。

图 4–6　缺少相应权限的异常错误

可以看出，异常错误提示了发生异常的详细原因，包括触发异常的行为以及所需要的许可。可以判断出用户程序出现异常错误是因为使用了 android.Intent.action.CALL 行为，而该行为拨打了一个电话为 tel：88888888 的电话。这种行为需要 android.permission.CALL_PHONE 的许可。

需要注意，<uses-permission>标签包含在<manifest>中，并与<application>标签属于同一

级别，代码如下：

```
<?xml version="1.0" encoding="utf-8"?>
<manifest>
    <uses-permission android:name="android.permission.CALL_PHONE">
    </uses-permission>
    <application>
        <activity>
            <intent-filter>
            </intent-filter>
        </activity>
    </application>
</manifest>
```

Android 系统提供了许多许可，用户使用相应的底层服务时，需要在 AndroidManifest.xml 中添加相应的权限，Android 系统提供的主要许可如表 4-9 所示。

表 4-9 Android 许可列表

许可名字	许可功能
android.permission.ACCESS_CHECKIN_PROPERTIES	允许读写在 checkin 数据库中的“properties”表
android.permission.ACCESS_COARSE_LOCATION	允许程序通过访问 CellID 或 WiFi 热点来获取粗略的位置
android.permission.BLUETOOTH	允许程序同匹配的蓝牙设备建立连接
android.permission.CALL_PHONE	允许程序拨打电话，无须通过拨号器的用户界面确认
android.permission.CLEAR_APP_CACHE	允许用户清除该设备上的所有安装程序的缓存
android.permission.CLEAR_APP_USER_DATA	允许程序清除用户数据
android.permission.CONTROL_LOCATION_UPDATES	允许启用/禁止无线模块的位置更新
android.permission.PROCESS_OUTGOING_CALLS	允许程序监视、修改或者删除已拨电话
android.permission.READ_INPUT_STATE	允许程序获取当前按键状态
android.permission.REBOOT	请求用户设备重启的操作
android.permission.RECEIVE_BOOT_COMPLETED	允许一个程序接收到系统启动后的广播 ACTION_BOOT_COMPLETED
android.permission.RECEIVE_MMS	允许程序处理收到 MMS 彩信
android.permission.RECEIVE_SMS	允许程序处理收到短信息
android.permission.SET_TIME_ZONE	允许程序设置系统时区
android.permission.SET_WALLPAPER	允许程序设置手机壁纸
android.permission.STATUS_BAR	允许程序打开、关闭或禁用状态栏及图标
android.permission.WRITE_CALENDAR	允许程序写入但不读取用户日历
android.permission.WRITE_CONTACTS	允许程序写入但不读取用户联系人数据
android.permission.WRITE_GSERVICES	允许程序修改 Google 服务地图
android.permission.WRITE_SETTINGS	允许程序读取或修改系统设置
android.permission.WRITE_SMS	允许程序修改短信

（续表）

许可名字	许可功能
android.permission.DELETE_CACHE_FILES	允许程序删除缓存文件
android.permission.DELETE_PACKAGES	允许程序删除包
android.permission.DEVICE_POWER	允许访问底层电源管理
android.permission.DISABLE_KEYGUARD	允许程序禁用键盘锁
android.permission.DUMP	允许程序获取系统服务的状态 dump 信息
android.permission.GET_ACCOUNTS	允许访问 Accounts Service 中账户列表
android.permission.GET_PACKAGE_SIZE	允许程序获取任何 package 占用空间大小
android.permission.GET_TASKS	允许程序获取当前或最近运行的任务的概要信息
android.permission.HARDWARE_TEST	允许访问程序系统硬件
android.permission.INJECT_EVENTS	允许一个程序截获用户事件（如按键、触摸、回滚等）
android.permission.INSTALL_PACKAGES	允许程序安装包
android.permission.INTERNAL_SYSTEM_WINDOW	允许打开系统用户界面窗口
android.permission.EXPAND_STATUS_BAR	允许程序拉伸或者缩小状态栏
android.permission.INTERNET	允许程序打开网络套接字
android.permission.MODIFY_AUDIO_SETTINGS	允许程序修改系统音频设置
android.permission.MODIFY_PHONE_STATE	允许修改电话状态（如充电）
android.permission.MOUNT_UNMOUNT_FILESYSTEMS	允许挂载和反挂载移动设备
android.permission.SET_ACTIVITY_WATCHER	允许程序监视和控制系统 activities 的启动
android.permission.SET_ALWAYS_FINISH	允许程序控制活动是否在处于后台时立即结束
android.permission.SET_DEBUG_APP	配置一个用于调试的程序
android.permission.SET_ORIENTATION	允许通过底层应用设置屏幕方向
android.permission.SET_PREFERRED_APPLICATIONS	允许程序修改默认程序列表
android.permission.SET_PROCESS_FOREGROUND	允许程序强制将当前运行程序转到前台运行
android.permission.SET_PROCESS_LIMIT	允许设置最大的系统当前运行进程数量
android.permission.ACCESS_LOCATION_EXTRA_COMMANDS	允许应用程序使用额外的位置提供命令
android.permission.ACCESS_MOCK_LOCATION	允许程序创建用于测试的模拟位置
android.permission.ACCESS_NETWORK_STATE	允许程序获取网络状态信息
android.permission.ACCESS_SURFACE_FLINGER	允许程序获取 SurfaceFlinger 底层特性
android.permission.ACCESS_WIFI_STATE	允许程序获取 WIFI 网络信息
android.permission.ADD_SYSTEM_SERVICE	允许程序发布系统级服务
android.permission.BATTERY_STATS	允许程序更新手机电池统计信息
android.permission.BLUETOOTH_ADMIN	允许程序发现和配对蓝牙设备
android.permission.BROADCAST_PACKAGE_REMOVED	允许程序广播一个包已经移除的提示消息
android.permission.BROADCAST_STICKY	允许一个程序广播带数据的 Intents
android.permission.CAMERA	请求使用照相设备
android.permission.CHANGE_COMPONENT_ENABLED_STATE	允许一个程序启用或禁用其他组件

（续表）

许可名字	许可功能
android.permission.CHANGE_CONFIGURATION	允许一个程序修改当前设置
android.permission.CHANGE_NETWORK_STATE	允许程序改变网络连接状态
android.permission.CHANGE_WIFI_STATE	允许程序改变 WIFI 连接状态
android.permission.READ_SYNC_SETTINGS	允许程序读取同步设置
android.permission.READ_CONTACTS	允许程序读取用户联系人数据

小结

通过本章的学习，读者应该能够学会：

- Intent 由动作、数据、分类、类型、组件和扩展信息等内容组成；
- Action 属性用于描述 Intent 要完成的动作，对要执行的动作进行一个简要描述；
- Intent 的 Data 属性是执行动作的 URI 和 MIME 类型；
- Category 属性指明一个执行 Action 的分类；
- Component 属性用于指明 Intent 的目标组件的类名称；
- Extra 属性用于添加一些附加信息；
- 多 Activity 的 Android 应用程序可通过 startActivity()方法指定相应的 Intent 对象来启动另外一个 Activity；
- Intent 的 Extra 属性用于添加一些附加信息，利用该属性可以进行消息的传递；
- 将传递的信息存放到 Extra 属性中有两种方式：一种是直接将信息添加到 Extra 属性中，另一种是将数据封装到 Bundle 包中；
- Intent 可以通过显式方式或隐式方式找到目标组件，显式方式是直接通过设置组件名来实现，而隐式方式则是通过 Intent Filter 过滤实现；
- 在 AndroidManifest.xml 配置文件中，Intent Filter 以<intent-filter>元素来指定，一个组件中可以有多个<intent-filter>元素，每个<intent-filter>元素描述不同的功能；
- 广播接收器（Broadcast Receiver）是接收广播消息，并对消息做出响应的组件；
- Activity 的 sendBroadcast()、sendOrderBroadcast()和 sendStrikyBroadcast()方法都可以广播 Intent 到广播接收器。

练习

1. 下列 Intent 的 Action 属性中，用来标识应用程序入口的是______。
   A. ACTION_CALL
   B. ACTION_VIEW

C. ACTION_MAIN

D. ACTION_SCREEN_ON

2. Android 系统提供了终端用户用于开发应用程序交互功能的组件，这些组件包括______。

A. 广播接收器

B. 意图

C. 适配器

D. 内容提供器

3. 下列关于启动 Intent 的说法，正确的是______。

A. Context.startActivity()用于启动 Activity

B. Context.startService()用于启动 Service

C. Context.sendBroadcast()用于发送广播

D. Context.startBroadcast()用于开始广播

4. Intent 由______、数据、______、类型、组件和______等内容组成，每个组成都有相应的属性表示，并提供设置和获取相应属性的方法。

5. 简述 Intent 的过滤机制。

6. 简述 Android 广播机制的作用。

7. 编写两个程序，使用广播进行通信。

第 5 章 Android 后台服务（Service）

本章目标

- 了解 Android Service 工作机制及特点
- 了解 Service 和 Activity 的不同之处
- 掌握如何创建、启动和停止 Service
- 熟悉 Android 常用的系统服务
- 掌握 NotificationManager 和 Notification

学习导航

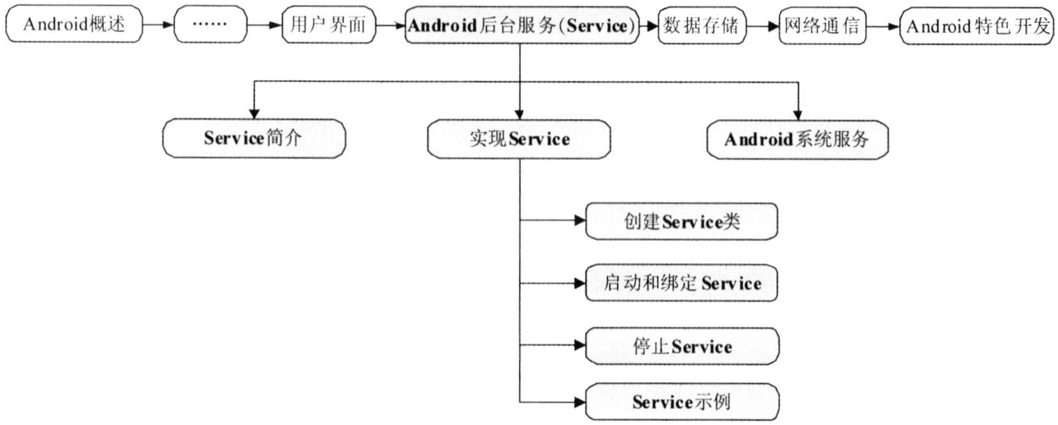

任务描述

【描述 5.D.1】

演示 Service 的启动、绑定、停止以及解除绑定的使用。

【描述 5.D.2】

通过 Notification 在状态栏上显示天气信息，演示系统的通知服务的应用。

5.1 Service 简介

按照工作的方式不同，Android 应用程序可分为前台应用程序和后台服务程序两种。Activity 对应的程序是前台应用程序，可使用 startActivity()方法将 Intent 指定的活动转到前台运行，即活动控制权由当前活动转到 Intent 指定的活动。Service 对应的程序是后台服务程序，可使用 startService()方法将指定的应用转到后台运行，即不改变当前运行程序的控制权。Service 分为以下两种类型。

- 本地服务（Local Service）：这种服务主要在应用程序内部使用，用于实现应用程序本身的任务，比如自动下载程序；
- 远程服务（Remote Service）：这种服务主要在应用程序之间使用，一个应用程序可以使用远程服务调用其他的应用程序，例如天气预报。

Android 中的 Service 用于创建后台运行的程序，其功能类似于 Linux 系统中的守护进程。后台服务往往需要运行较长时间，甚至可能会从系统启动时开始运行到系统关闭时结束。Service 与 Activity 的地位并列，但作用完全不同。Activity 可与用户进行交互，并且 Activity 运行时会获取当前控制权。然而 Service 一般不与用户进行交互，并且 Service 运行时不会获取控制权。Service 有自己的生命周期，可以调用 Context.startService()来启动一个服务。服务启动后，这个服务会一直运行，直到使用 Context.stopService()或 stopSelf()方法结束服务。

Service 具有以下特点：

- 没有用户界面，不与用户交互；
- 长时间运行，不占程序控制权；
- 比 Activity 的优先级高，不会轻易被 Android 系统终止，即使 Service 被系统终止，在系统资源恢复后，Service 仍将自动运行。
- 用于进程间通信（Inter Process Communication，IPC），解决两个不同进程之间的调用和通信问题。

Android 提供一些特殊的 Service 类，如：AbstractInputMethodService、AccessibilityService、IntentService、RecognitionService 以及 WallpaperService。以 AccessibilityService 类为例，当 AccessibilityEvent 事件（比如焦点变化、按钮被单击等）发生后，AccessibilityService 会被自动调用。

5.2 实现 Service

定义一个 Service 类比较简单，只要继承 Service 类，实现其生命周期中的方法就可以。一个定义好的 Service 必须在 AndroidManifest.xml 配置文件中通过<service>元素声明才能使用。实现 Service 应用的步骤如下：

01 创建一个 Service 类并配置。

02 启动或绑定 Service。

03 停止 Service。

5.2.1 创建 Service 类

创建一个 Service 类时，需要继承 android.app.Service 类，并且覆盖其 onCreate()、onStart() 以及 onDestroy()等方法。这些方法在 Service 生命周期中的不同阶段被调用：

- onCreate()方法用来初始化 Service，标志 Service 生命周期开始；
- onStart()方法用来启动一个 Service，代表 Service 进入了运行的状态；
- onDestroy()方法用来释放 Service 所占用的资源，标志 Service 生命周期结束。

创建 Service 类的代码如下：

```
//继承 Service 类
public class MyService extends Service {
    @Override
    public IBinder onBind(Intent intent) {
        /*这个方法会在 Service 被绑定到其他程序时被调用。onBind 将返回给客户端一个 IBind 接口
实例，IBind 允许客户端回调服务，比如获取 Service 运行的状态或其他操作。*/
        return binder;
    }
    @Override
    public void onCreate() {
        //创建服务
        super.onCreate();
    }
    @Override
    public void onStart() {
        //启动服务
        super.onStart();
    }
    @Override
    public void onDestroy() {
        //释放 Service 资源的代码，例如释放内存
        super.onDestroy();
    }
}
```

要想使用上述代码中定义的 Service 类，必须在 AndroidManifest.xml 配置文件中使用 <service>元素声明该 Service，并在<service>元素中添加<intent-filter>指定如何访问该 Service，

配置内容如下：

```
<!--指定 Service 的类名-->
<service android:name=".MyService">
    <intent-filter>
    <!--定义 Service 的名字，根据该名字用于启动或停止服务-->
        <action android:name="com.dh.MY_SERVICE" />
    </intent-filter>
</service>
```

5.2.2　启动和绑定 Service

Service 类创建好之后，可以通过以下两种方式启动 Service。

- 启动方式：使用 Context.startService()方法启动 Service，调用者与 Service 之间没有关联，即使调用者退出，Service 服务依然运行。
- 绑定方式：通过 Context.bindService()启动 Service，调用者与 Service 之间绑定在一起，调用者一旦退出，Service 服务也就终止。

1. 启动方式

启动方式通过调用 Context.startService()启动 Service，在服务未被创建时，系统会先调用服务的 onCreate()方法，接着调用 onStart()方法。如果在调用 startService()方法前服务已经被创建，系统则会直接调用 onStart()方法启动服务，此时不会调用 onCreate()方法多次创建服务。

启动方式的 Service 生命周期如图 5-1 所示。

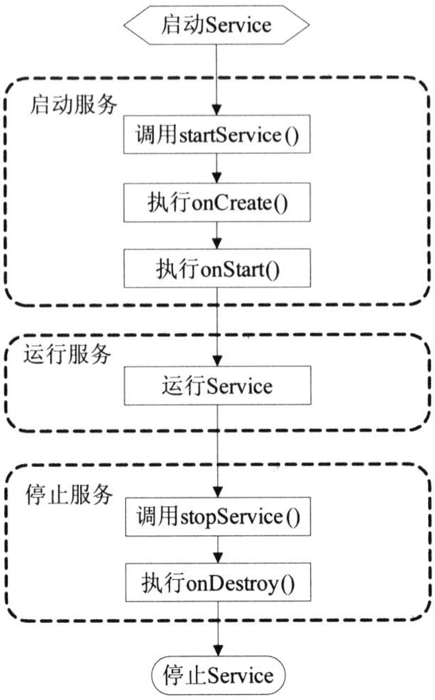

图 5-1　启动方式的 Service 生命周期

启动 Serviced 的代码如下：

```
// 创建 Intent
Intent intent = new Intent();
// 设置 Action 属性
intent.setAction("com.dh.MY_SERVICE");
// 启动该 Service
startService(intent);
```

上述代码中，先创建一个 Intent 对象，并设置其 Action 属性值为 AndroidManifest.xml 配置文件中配置的 Service 名称，即 Intent 通过隐式方式找到相应的 Service，再调用 startService(intent)启动服务。其中，Service 的名称可以在调用 Intent 构造函数时指明：

```
Intent intent = new Intent("com.dh.MY_SERVICE");
```

2. 绑定方式

绑定方式是通过调用 Context.bindService()启动服务的。和调用 startService()一样，如果 Service 还未创建，则调用 onCreate()方法来创建 Service，但是它不会调用 onStart()方法，而是调用 onBind()方法返回客户端一个 IBinder 接口。由于同一个 Service 可以绑定多个服务连接，因而通过捆绑方式可以同时为多个不同的应用提供服务。绑定方式的生命周期如图 5-2 所示。

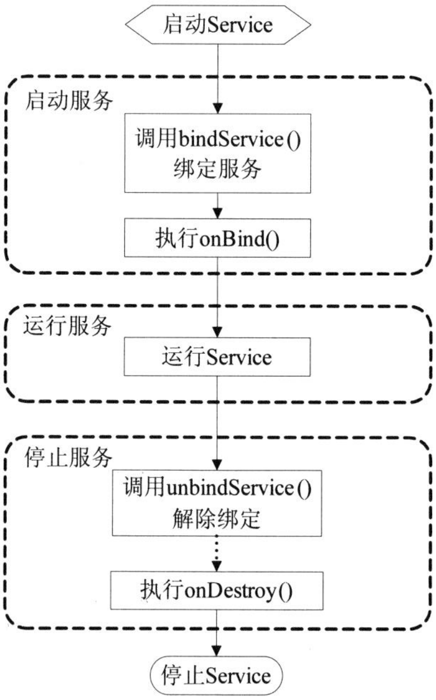

图 5-2 绑定方式的 Service 生命周期

调用 Context.bindService()绑定一个 Service 时需要以下三个参数：

- 第一个参数是 Intent 对象；

- 第二个参数是服务连接对象 ServiceConnection，通过实现其 onServiceConnected()和 onServiceDisconnected()方法判断连接成功或断开连接；
- 第三个参数是创建 Service 的方式，一般指定绑定时自动创建，即设置为 Service.BIND_AUTO_CREATE。

创建服务连接对象 ServiceConnection 的代码如下：

```
// 连接对象
ServiceConnection conn = new ServiceConnection() {
    @Override
    public void onServiceConnected(ComponentName name, IBinder service) {
        Log.i("SERVICE", "连接成功！");
    }
    @Override
    public void onServiceDisconnected(ComponentName name) {
        Log.i("SERVICE", "断开连接！");
    }
};
```

绑定 Service 的代码如下：

```
// 绑定 Service
Context.bindService(intent, conn, Service.BIND_AUTO_CREATE);
```

启动方式和绑定方式并不是完全独立的，可以混合使用。以 MP3 播放器为例，其功能主要分为启动音乐和暂停音乐两个部分。对于启动音乐功能，可通过 Context.startService()来播放相应的音频文件，然而对于暂停音乐，则可通过 Context.bindService()获取服务链接和 Service 对象，然后通过调用该 Service 对象来暂停音乐并保存相关信息。在这种情况下，如果调用 Context.stopService()并不能够停止 Service，需要在所有的服务链接关闭后，才能够停止 Service。

5.2.3 停止 Service

当 Service 完成动作或处理后，应该调用相应的方法停止服务，释放服务所占用的资源。根据启动 Service 方式的不同，需采用不同的方法停止 Service：

- 使用 Context.startService()方法启动的 Service，通过调用 Context.stopService()或 Service.stopSelf()方法结束。
- 使用 Context.bindService()绑定的 Service，通过调用 Context.unbindservice()解除绑定。

与启动服务的过程类似，Context.stopService()、Context.unbindservice()只是停止过程中的开始部分，系统最终会调用 onDestroy()销毁服务并释放资源。

注意 stopService()方法和 stopSelf()方法不同，stopService()强行终止当前服务，而 stopSelf()直到 Intent 被处理完才停止服务。

5.2.4 Service 示例

下述内容用于实现任务描述 5.D.1，演示 Service 的启动、绑定、停止以及解除绑定。首先创建一个 MyService 类，该类继承 Service 并覆盖其生命周期中的各个方法，代码如下。

【描述 5.D.1】MyService.java

```
public class MyService extends Service{

    // 可以返回 null，通常返回一个由 aidl 定义的接口
    public IBinder onBind(Intent intent) {
        Log.i("SERVICE", "onBind.............");
        Toast.makeText(MyService.this, "onBind.............",
            Toast.LENGTH_LONG).show();
        return null;
    }
    // Service 创建时调用
    public void onCreate() {
        Log.i("SERVICE", "onCreate.............");
        Toast.makeText(MyService.this, "onCreate.............",
            Toast.LENGTH_LONG).show();
    }
    // 当客户端调用 startService()方法启动 Service 时，该方法被调用
    public void onStart(Intent intent, int startId) {
        Log.i("SERVICE", "onStart.............");
        Toast.makeText(MyService.this, "onStart.............",
            Toast.LENGTH_LONG).show();
    }
    // 当 Service 不再使用时调用
    public void onDestroy() {
        Log.i("SERVICE", "onDestroy.............");
        Toast.makeText(MyService.this, "onDestroy.............",
            Toast.LENGTH_LONG).show();
    }
}
```

上述代码中，在 Service 生命周期的各个方法中，使用 Log 输出日志和 Toast 提示方法信息。

创建一个 MainActivity，该界面布局中包含 4 个按钮，分别用来启动、停止、绑定和解除绑定 Service。MainActivity 的代码如下。

【描述 5.D.1】MainActivity.java

```
public class MainActivity extends Activity {
    // 声明 Button
    private Button startBtn, stopBtn, bindBtn, unbindBtn;
    @Override
    public void onCreate(Bundle savedInstanceState) {
        super.onCreate(savedInstanceState);
        // 设置当前布局视图
        setContentView(R.layout.main);
        // 实例化 Button
        startBtn = (Button) findViewById(R.id.startButton01);
        stopBtn = (Button) findViewById(R.id.stopButton02);
        bindBtn = (Button) findViewById(R.id.bindButton03);
        unbindBtn = (Button) findViewById(R.id.unbindButton04);
        // 添加监听器
        startBtn.setOnClickListener(startListener);
        stopBtn.setOnClickListener(stopListener);
        bindBtn.setOnClickListener(bindListener);
        unbindBtn.setOnClickListener(unBindListener);
    }
    // 启动 Service 监听器
    private OnClickListener startListener = new OnClickListener() {
        @Override
        public void onClick(View v) {
            // 创建 Intent
            Intent intent = new Intent();
            // 设置 Action 属性
            intent.setAction("com.dh.MY_SERVICE");
            // 启动该 Service
            startService(intent);
        }
    };
    // 停止 Service 监听器
    private OnClickListener stopListener = new OnClickListener() {
        @Override
        public void onClick(View v) {
            // 创建 Intent
            Intent intent = new Intent();
            // 设置 Action 属性
            intent.setAction("com.dh.MY_SERVICE");
            // 启动该 Service
            stopService(intent);
        }
    };
```

```
    // 连接对象
    private ServiceConnection conn = new ServiceConnection() {
        @Override
        public void onServiceConnected(ComponentName name, IBinder service) {
            Log.i("SERVICE", "连接成功! ");
            Toast.makeText(MainActivity.this, "连接成功! ", Toast.LENGTH_LONG)
                    .show();
        }
        @Override
        public void onServiceDisconnected(ComponentName name) {
            Log.i("SERVICE", "断开连接! ");
            Toast.makeText(MainActivity.this, "断开连接! ", Toast.LENGTH_LONG)
                    .show();
        }
    };
    // 绑定 Service 监听器
    private OnClickListener bindListener = new OnClickListener() {
        @Override
        public void onClick(View v) {
            // 创建 Intent
            Intent intent = new Intent();
            // 设置 Action 属性
            intent.setAction("com.dh.MY_SERVICE");

            // 绑定 Service
            bindService(intent, conn, Service.BIND_AUTO_CREATE);
        }
    };
    // 解除绑定 Service 监听器
    private OnClickListener unBindListener = new OnClickListener() {
        @Override
        public void onClick(View v) {
            // 创建 Intent
            Intent intent = new Intent();
            // 设置 Action 属性
            intent.setAction("com.dh.MY_SERVICE");
            // 解除绑定 Service
            unbindService(conn);
        }
    };
}
```

上述代码在四个按钮上分别添加监听处理，当单击按钮时，都先创建一个 Intent 对象，然后设置其 Action 属性为“com.dh.MY_SERVICE”，再调用相应的方法启动、停止、绑定或解除绑定 Service。

AndroidManifest.xml 配置文件中对 Service 进行配置，代码如下。

【描述 5.D.1】AndroidManifest.xml

```
<?xml version="1.0" encoding="utf-8"?>
<manifest xmlns:android="http://schemas.android.com/apk/res/android"
    package="com.dh" android:versionCode="1" android:versionName="1.0">
    <application android:icon="@drawable/icon"
android:label="@string/app_name">
        <activity android:name=".MainActivity"
android:label="@string/app_name">
            <intent-filter>
                <action android:name="android.intent.action.MAIN" />
                <category android:name="android.intent.category.LAUNCHER" />
            </intent-filter>
        </activity>
        <service android:name=".MyService">
            <intent-filter>
                <action android:name="com.dh.MY_SERVICE" />
            </intent-filter>
        </service>
    </application>
    <uses-sdk android:minSdkVersion="7" />
</manifest>
```

运行 MainActivity，当第一次单击“启动 Service”按钮时，显示结果如图 5-3 所示。

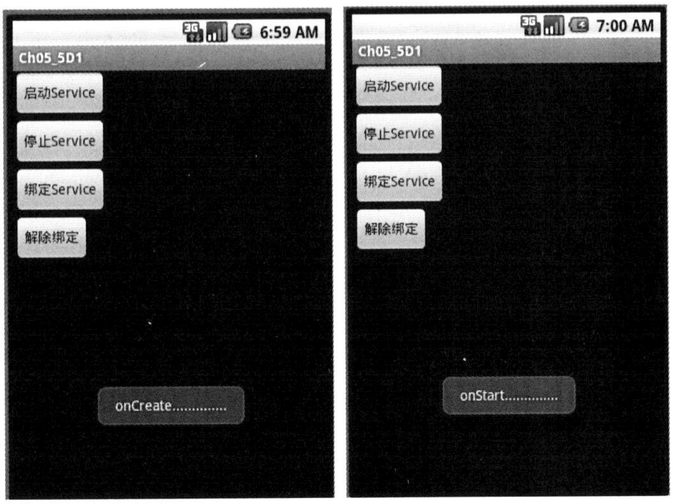

图 5-3　第一次启动 Service 运行结果

再次单击“启动 Service”按钮时，则只显示“onStart...”信息。单击“绑定 Service”按钮时显示“onBind...”，如果 Service 没创建，会先显示“onCreate...”；单击“停止 Service”和“解除绑定”按钮时都显示“onDestroy...”，显示结果如图 5-4 所示。

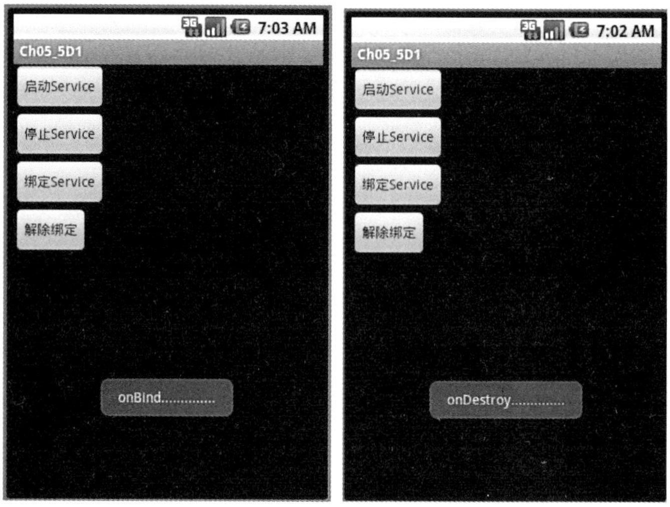

图 5-4　绑定和停止 Sevice

5.3　Android 系统服务

Android 提供了大量的系统服务，这些系统服务用于完成不同的功能，如表 5-1 所示。

表 5-1　Andirod 系统服务

Service 名字	作用	返回对象
WINDOW_SERVICE	窗口服务，例如获得屏幕的宽和高	android.view.WindowManager
LAYOUT_INFLATER_SERVICE	布局映射服务，根据 XML 布局文件来绘制视图（View）对象	android.view.LayoutInflater
ACTIVITY_SERVICE	活动服务，和全局系统状态一起使用	android.app.ActivityManager
NOTIFICATION_SERVICE	通知服务	android.app.NotificationManager
KEYGUARD_SERVICE	键盘锁的服务	android.app.KeyguardManager
LOCATION_SERVICE	位置服务，用于提供位置信息	android.location.LocationManager
SEARCH_SERVICE	本地查询服务	android.app.SearchManager
VEBRATOR_SERVICE	手机振动服务	android.os.Vibrator
CONNECTIVITY_SERVICE	网络连接服务	android.net.ConnectivityManager
WIFI_SERVICE	标准的无线局域网服务	android.net.wifi.WifiManager
TELEPHONY_SERVICE	电话服务	android.telephony.TelephonyManager
SENSOR_SERVICE	传感器服务	android.os.storage.StorageManager
INPUT_METHOD_SERVICE	输入法服务	android.view.inputmethod.InputMethodManager

这些系统服务可以通过 Context.getSystemService()方法获取 Android 系统所支持的服务管

理对象，例如，下列语句用于获取系统活动服务管理对象：

```
ActivityManager am = (ActivityManager) getSystemService(ACTIVITY_SERVICE);
```

下述内容用于实现任务描述 5.D.2，通过 Notification 在状态栏上显示天气信息，演示系统的通知服务的应用。

NotificationManager 类是系统的通知服务管理类，它能够将通知 Notification 信息显示在状态栏上。Notification 类用于定义通知的显示（图片和标题）以及处理通知的应用，其本身并不能实现在状态栏上显示通知的功能，必须通过 NotificationManager 才能将 Notification 所定义的通知显示在手机中。显示天气信息的 Activity 代码 DisplayWeather.java 如下。

【描述 5.D.2】DisplayWeather.java

```
public class DisplayWeatherActivity extends Activity {
    // 声明 NotificationManager 对象，该对象用于管理 Notification
    private NotificationManager nm;
    private Button button_sunny;
    private Button button_cloud;
    private Button button_rain;
    private Button button_clear;
    @Override
    public void onCreate(Bundle savedInstanceState) {
        super.onCreate(savedInstanceState);
        setContentView(R.layout.main);
        //通过 getSystemService(NOTIFICATION_SERVICE)获得 NotificationManager 对象
        nm = (NotificationManager) getSystemService(NOTIFICATION_SERVICE);
        // 生成 4 个按钮对象
        button_sunny = (Button) findViewById(R.id.button_sunny);
        button_cloud = (Button) findViewById(R.id.button_cloud);
        button_rain = (Button) findViewById(R.id.button_rain);
        button_clear = (Button) findViewById(R.id.button_clear);
        // 注册 button_sunny 单击监听器，
        // 当单击 button_sunny 时，使用 Notification 显示当前的天气为“晴”
        button_sunny.setOnClickListener(new Button.OnClickListener() {
            public void onClick(View v) {
                displayWeather("晴", "天气预报", "晴空万里", R.drawable.sun);
            }
        });
        // 注册 button_cloud 单击监听器，
        // 当单击 button_cloud 时，使用 Notification 显示当前的天气为“阴”
        button_cloud.setOnClickListener(new Button.OnClickListener() {
            public void onClick(View v) {
                displayWeather("阴", "天气预报", "阴云密布", R.drawable.cloudy);
            }
```

```
        });
        // 注册button_rain单击监听器，
        // 当单击button_rain时，使用Notification显示当前的天气为“雨”
        button_rain.setOnClickListener(new Button.OnClickListener() {
            public void onClick(View v) {
                displayWeather("雨", "天气预报", "大雨连绵", R.drawable.rain);
            }
        });
        // 注册button_clear单击监听器，当单击button_clear时，之前的通知被取消。
        // 假如是一个短暂的通知，将隐藏，假如是一个持久的通知，将从状态条中移走
        button_clear.setOnClickListener(new Button.OnClickListener() {
            public void onClick(View v) {
                nm.cancel(R.layout.main);
            }
        });

    }

    // displayWeather()方法用于在状态栏上显示相应的天气信息
    private void displayWeather(String tickerText, String title,
            String content, int drawable) {
        // 创建一个Notification对象,该通知的图标为drawable对应的图像,
        // 标题为tickerText对应的文本，通知的发送时间为当前时间
        Notification notification = new Notification(drawable, tickerText,
                System.currentTimeMillis());
        // 生成该通知的PendingIntent对象
        PendingIntent myIntent = PendingIntent.getActivity(this, 0, new Intent(
                this, DisplayWeatherActivity.class), 0);
        // 设置Notification详细参数，如指定Intent
        notification.setLatestEventInfo(this, title, content, myIntent);
        // 调用notify()方法将通知发送到布局activity_notification的状态栏中
        nm.notify(R.layout.main, notification);
    }
}
```

上述代码使用 Notification 实现在状态栏上显示天气功能，具体步骤如下：

01 通过 getSystemService(NOTIFICATION_SERVICE)创建 NotificationManager 对象，该对象用于管理 Notification。

02 使用 Notification 构造函数创建 Notification 对象，代码如下。

```
// 创建一个Notification对象，该通知的图标为drawable对应的图像，
// 标题为tickerText对应的文本，通知的发送时间为当前时间
```

```
Notification notification = new Notification(drawable, tickerText,
      System.currentTimeMillis());
```

注意，除了通过 Notification 构造函数在创建的同时设置其在状态栏上的图标、内容以及显示的时间等，还可以单独通过属性进行设置，例如：

```
notification.icon=drawable;
notification.tickerText= tickertext;
notification.when=System.currentTimeMillis();
```

Notification 还提供了声音、振动模式等其他属性，如表 5-2 所示。

表 5-2　Notification 属性

属性名称	描述
audioStreamType	Notification 所用的音频流的类型
contentIntent	设置单击通知条目时所执行的 Intent
contentView	设置在状态条上显示通知时显示的视图
defaults	设置默认值，例如：DEFAULT_LIGHTS（默认灯）、DEFAULT_SOUND（默认声音）、DEFAULT_VIBRATE（默认振动）、DEFAULT_ALL（以上默认）
deleteIntent	删除所有通知时被执行的 Intent
icon	设置状态栏上显示的图标
iconLevel	设置显示图标级别
ledARGB	设置 led 的颜色
ledOffMS	设置关闭 led 时的闪烁时间
ledOnMS	设置开启 led 时的闪烁时间。ledOnMS 属性为 1，ledOffMS 属性为 0 来表示打开 LED；两者设置为 0 时，则表示关闭 LED
sound	设置一个音频文件作为 Notification，其值为一个 URI
tickerText	设置状态栏上显示的消息内容
vibrate.	设置 Notification 的振动模式，通常需要给 Notification 的 vibrate 属性设定一个时间数组如 long[] vibrate = new long[] { 1000, 1000, 1000, 1000, 1000 }。注意，使用振动之前，需要在配置文件中添加振动权限：<uses-permission android:name="android.permission.VIBRATE"/>
when	通知发生时的时间

03 创建 Intent 对象，并指定其对应的 Notification 对象：

```
Intent  intent=new Intent(notification,class);
```

04 根据创建的 Intent 对象创建 PendingIntent 对象，PendingIntent 用于对 Intent 对象进一步封装，代码如下：

```
PendingIntent m_PendingIntent=PendingIntent.getActivity(NotificationName.this, 0,
intent, 0)
```

05 调用 NotificationManager 的 notify()方法将通知发送到状态栏中：

```
nm.notify(R.layout.main, notification);
```

06 使用 NotificationManager 的 cancel()方法删除 Notification：

```
nm.cancel(R.layout.main);
```

Activity 的布局代码如下。

【描述 5.D.2】main.xml

```
<?xml version="1.0" encoding="utf-8"?>
<ScrollView xmlns:android="http://schemas.android.com/apk/res/android"
    android:layout_width="fill_parent"
    android:layout_height="fill_parent">
    <LinearLayout
        android:orientation="vertical"
        android:layout_width="fill_parent"
        android:layout_height="wrap_content">
    <LinearLayout
        android:orientation="vertical"
        android:layout_width="fill_parent"
        android:layout_height="wrap_content">
        <Button
            android:id="@+id/button_sunny"
            android:layout_width="wrap_content"
            android:layout_height="wrap_content"
            android:text="晴空万里" />
        <Button
            android:id="@+id/button_cloud"
            android:layout_width="wrap_content"
            android:layout_height="wrap_content"
            android:text="阴云密布" />
        <Button
            android:id="@+id/button_rain"
            android:layout_width="wrap_content"
            android:layout_height="wrap_content"
            android:text="大雨连绵" />
    </LinearLayout>
        <Button android:id="@+id/button_clear"
        android:layout_width="wrap_content"
        android:layout_height="wrap_content"
        android:layout_marginTop="20dip"
        android:text="清除 notification" />
    </LinearLayout>
```

```
</ScrollView>
```

运行程序，单击不同的按钮，状态栏上显示不同的图标，如图 5-5 所示。

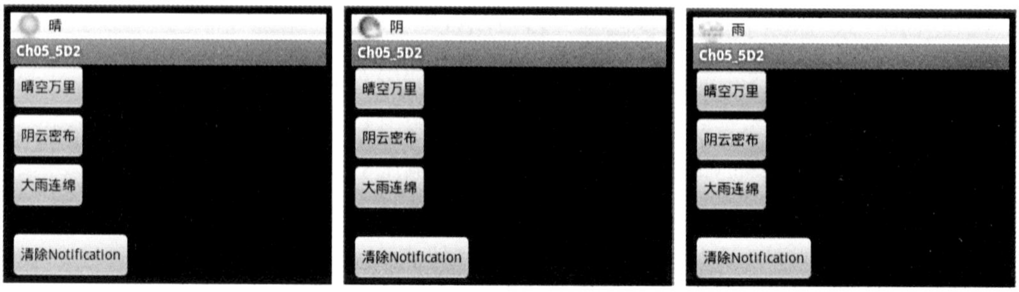

图 5–5　在状态栏上显示天气通知信息

小结

通过本章的学习，读者应该能够学会：

- Service 提供程序的后台服务，分为本地服务和远程服务两种类型；
- 定义一个 Service 类需要继承 Service 类，并实现其生命周期中的方法；
- Service 必须在 AndroidManifest.xml 配置文件中通过<service>元素进行声明；
- Service 有启动方式和绑定方式两种启动方式；
- Service 的启动方式使用 Context.startService()方法来启动一个 Service，调用者与 Service 之间没有关联，即使调用者退出，Service 服务依然运行；
- Service 的绑定方式通过 Context.bindService()来启动一个 Service，调用者与 Service 之间绑定在一起，调用者一旦退出，Service 服务也就终止；
- 使用 Context.startService()方法启动的 Service，通过调用 Context.stopService()或 Service.stopSelf()方法结束服务；
- 使用 Context.bindService()绑定的 Service，通过调用 Context.unbindservice()解除绑定的服务；
- Android 提供了大量的系统服务，这些系统服务用于完成不同的功能，通过 Context.getSystemService()方法可以获取不同服务管理对象；
- NotificationManager 类是系统的通知服务管理类，它能够将通知 Notification 信息显示在状态栏上。

练习

1. 下列不是 Service 特点的是______。

   A. 没有用户界面，不与用户交互

B. 长时间运行，不占程序控制权

C. 比 Activity 的优先级低

D. 可用于进程间通信

2. 关于启动、停止 Service 的说法，错误的是______。

A. Context.startService()启动的 Service 可以调用 Context.stopService()结束

B. Context.startService()启动的 Service 可以调用 Context.stopSelf()结束

C. Context.bindService()启动的 Service 可以调用 Context.stopService()结束

D. Context.bindService()启动的 Service 可以调用 Context.unbindservice()结束

3. Service 生命周期方法有 onCreate()、_______和_______。

4. 简述 Service 的生命周期。

5. 如果针对同一个 Service 类，启动两次会怎么样？编写代码测试。

6. 编写程序，测试表 5-1 列出的系统服务。

第 6 章　数据存储

本章目标

- 了解 Android 系统中数据存储的方式
- 熟悉 Preferences 工作原理，并会使用 Preferences 存储数据
- 熟悉文件存储工作原理，并会使用文件存储数据
- 熟悉 SQLite 工作原理，并会使用 SQLite 存储数据
- 熟悉 ContentProvider 存储数据

学习导航

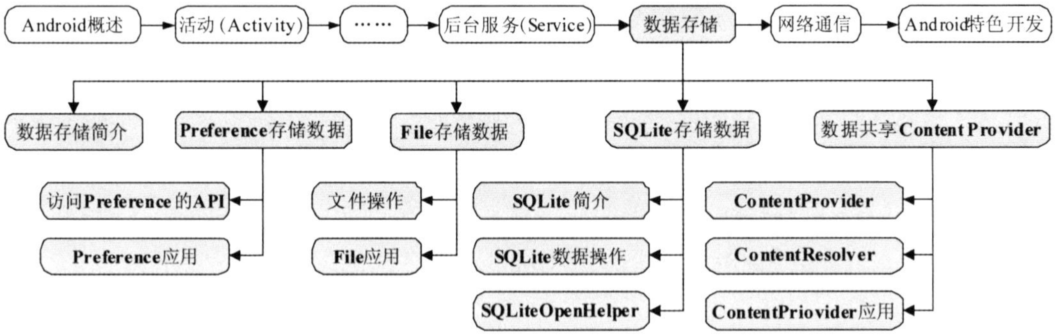

任务描述

【描述 6.D.1】

使用 Preference 记录上一次音量的设置值。

【描述 6.D.2】

使用文件存储实现简单的文本编辑器。

【描述 6.D.3】

使用 SQLiteOpenHelper 实现音乐播放列表的添加、删除和浏览功能。

【描述 6.D.4】

使用 ContentProvider 访问联系人信息。

6.1 数据存储简介

程序可被理解为数据输入、输出以及数据处理的过程，程序执行中，通常需读取处理数据，并且将处理后的结果存放起来。存放数据需要使用数据存储机制，Android 提供了以下 4 种数据存储方式。

- 使用 Preference 存储数据：Preference 采用“键-值”对方式组织和管理数据，其数据存储在 XML 文件中。相对于其他方式，它是一个轻量级的存储机制。该方式实现比较简单，适合简单数据的存储。
- 使用 File 存储数据：文件存储的特点介于 Preference 与 SQLite 之间。从存储量来看，文件存储是一个“重量级”存储机制，比 Preference 方式更适合存储较大的数据；从存储结构化来看，这种方式不同于 SQLite，不适合结构化的数据存储。
- 使用 SQLite 存储数据：SQLite 使用数据库作为存储方式，它是一个重量级的存储机制，适合大数据量的数据存储，通过这种方式能够很容易的对数据进行增加、插入、删除、更新等操作。相比 Preference 和文件存储，使用 SQLite 较为复杂。
- 使用网络存储数据：将数据通过 java.net.*和 android.net.*包中的类存储于网络，会在后续的网络通信中涉及。

在开发过程中，可以根据程序的实际需要选择合适的存取方式。另外，在 Android 中，各个应用程序组件之间是相互独立的，彼此间的数据不能共享。为此，Android 提供了内容提供器（Content Provider）来达到应用程序之间数据共享的目的。Content Provider 可以使用数据库或者文件作为存储方式（通常使用 SQLite）。

6.2 Preference 存储数据

Preference 提供了一种轻量级的数据存储方式，主要应用在数据量比较少的情况下。它以“key-value”方式将数据保存在一个 XML 文件中。

6.2.1 访问 Preference 的 API

使用 Preference 方式来存取数据时，需要用到 SharedPreferences 和 SharedPreferences.Editor 接口，这两个接口在 android.content 包中。SharedPreferences 提供了获得数据的方法，其常用的方法及功能如表 6-1 所示。

表 6-1 SharedPreferences 常用的方法及功能

方法	功能描述
contains (String key)	判断是否包含一个该键值
edit()	返回 SharedPreferencesEditor 对象

（续表）

方法	功能描述
getAll ()	取得所有的值 Map
getBoolean (String key, boolean defValue)	获取一个布尔值
getFloat (String key, float defValue)	获取一个 float 值
getInt (String key, int defValue)	获取一个 int 值
getString (String key, String defValue)	获取一个 String 值
getLong (String key, Long defValue)	获取一个 long 值
registerOnSharedPreferenceChangeListener()	注册 preference 发生变化的监听函数
unregisterOnSharedPreferenceChangeListener()	注销一个之前注册的监听函数

SharedPreferences.Editor 编辑器提供保存数据的方法，如表 6-2 所示。

表 6-2　SharedPreferences.Editor 常用的方法及功能

方法	功能描述
clear()	清除所有值
commit()	保存
getAll()	返回所有值 Map
putBoolean(String key, boolean value)	保存一个布尔值
putFloat(String key, float value)	保存一个 float 值
putInt(String key,int value)	保存一个 int 值
putLong(String key, long value)	保存一个 long 值
putString(String key, String value)	保存一个 String 值
remove(String key)	删除 key 所对应的值

从 SharedPreferences 及其 Editor 提供的方法可以看到，它们只支持简单数据类型如 String、float、int 和 long 的存储操作。

注意　使用 SharedPreferences.Editor 的 putXXX()方法保存数据时，需要根据数据类型调用相应的 putXXX()方法。例如，调用 putString()方法为字符串建立键值对。

使用 SharedPreferences 存储数据比较简单，步骤如下：

01 使用 getSharedPreferences()生成 SharedPreferences 对象。调用 getSharedPreferences()方法时，需要指定如下两个参数：

- 一是存储数据的 XML 文件名，这个 XML 文件存储在“/data/data/包名/shared_prefs/”目录下，其文件名由该参数指定，注意，文件名不需要指定后缀（.xml），系统会在该文件名之后自动添加 xml 后缀并创建之；
- 二是操作模式，其取值有三种：MODE_WORLD_READABLE（可读）、MODE_WORLD_WRITEABLE（可写）和 MODE_PRIVATE(私有)。

02 使用 SharedPreferences.Editor 的 putXXX()方法保存数据。

03 使用 SharedPreferences.Editor 的 commit()方法将上一步保存的数据写到 XML 文件中。

04 使用 SharedPreferences 的 getXXX()方法获取相应的数据。

6.2.2 Preference 应用

下述代码用于实现任务描述 6.D.1，使用 Preference 将修改的音量值存储到 XML 文件中。PreferenceActivity 程序的代码如下。

【描述 6.D.1】SharedPreference.java

```
public class PreferenceActivity extends Activity {
    // 声明三个 Button 对象，这些对象用于调节音量
    private Button add_voice;
    private Button sub_voice;
    private Button mute_voice;

    // 声明一个 SharedPreferences 对象
    private SharedPreferences sharedPreferences;

    /* 定义音量参数：cur_voice、MIN_VOICE 以及 MAX_VOICE */
    // cur_voice 记录了当前音量大小，初始设置为 0
    private static int cur_voice = 0;
    // MIN_VOICE 定义了最小音量值为 0
    private final static int MIN_VOICE = 0;
    // MAX_VOICE 定义了最大音量值为 8
    private final static int MAX_VOICE = 8;

    public void onCreate(Bundle savedInstanceState) {
        super.onCreate(savedInstanceState);
        setContentView(R.layout.main);
        /*getSharedPreferences()生成 SharedPreferences 对象，数据存储到名为
preferences.xml 文件中，操作模式是私有的 */
        sharedPreferences = getSharedPreferences("preferences",
                Context.MODE_PRIVATE);

        // 根据 XML 定义生成 Button 对象
        add_voice = (Button) findViewById(R.id.add_voice);
        sub_voice = (Button) findViewById(R.id.sub_voice);
        mute_voice = (Button) findViewById(R.id.mute_voice);
        // 通过 getVoicevalue()方法获取 SharedPreferences 中存储的音量值，
        // 即最近一次设置的音量值
        cur_voice = getVoicevalue(sharedPreferences);
        // 使用 Toast 显示上次音量值
        Toast.makeText(PreferenceActivity.this, "上次设置音量：" + cur_voice, 1)
```

```
                .show();

        /* 注册 add_voice 单击事件监听器。当单击该按钮时，当前音量值被增加，并且使用 Toast 显
示增加后的音量 */
        add_voice.setOnClickListener(new View.OnClickListener() {
            public void onClick(View v) {
            //若音量值未达到最大值，则增加当前的音量值。否则当前音量已为最大，音量值不变
                if (cur_voice < MAX_VOICE)
                    cur_voice = cur_voice + 1;
                // 根据音量值构造音量显示文本，即每个“|”代表一个音量
                String voicetext = (String) generateVoice(cur_voice);
                // 根据音量值显示一个 Toast 消息
                Toast.makeText(PreferenceActivity.this,
                        "音量" + cur_voice + "\n" + voicetext, Toast.LENGTH_LONG)
                        .show();
                // 将音量存储到 SharedPreferences 对象指定的 XML 文件中
                saveVoicevalue(cur_voice, sharedPreferences);
            }
        });
        /* 注册 sub_voice 单击事件监听器。当单击该按钮时，当前音量值被减少，并且使用 Toast 显
示减少后的音量 */
        sub_voice.setOnClickListener(new View.OnClickListener() {
            public void onClick(View v) {
            //若音量值未达到最小值，则减小当前的音量值。否则当前音量已为最小，音量值不变
                if (cur_voice > MIN_VOICE)
                    cur_voice = cur_voice - 1;
                // 根据音量值构造音量显示文本，即每个“|”代表一个音量
                String voicetext = (String) generateVoice(cur_voice);
                Toast.makeText(PreferenceActivity.this,
                        "音量" + cur_voice + "\n" + voicetext, Toast.LENGTH_LONG)
                        .show();
                // 将音量存储到 SharedPreferences 对象指定的 XML 文件中
                saveVoicevalue(cur_voice, sharedPreferences);
            }
        });
        /* 注册 mute_voice 单击事件监听器。当单击该按钮时，当前音量值被置为 0，并且使用 Toast
显示音量为 0 */
        mute_voice.setOnClickListener(new View.OnClickListener() {
            public void onClick(View v) {
                // 置音量值为 0
                cur_voice = 0;
                String voicetext = (String) generateVoice(cur_voice);
                Toast.makeText(PreferenceActivity.this,
```

```
                "音量" + cur_voice + "\n" + voicetext, Toast.LENGTH_LONG)
                .show();
            // 将音量存储到 SharedPreferences 对象指定的 XML 文件中
            saveVoicevalue(cur_voice, sharedPreferences);
        }
    });
}

/* generateVoice()方法根据音量值返回音量文本，该文本中|的个数等于音量值。如音量值为 3 时，
返回 "|||" */
private CharSequence generateVoice(int voice) {
    // 声明并初始化 CharSequence 对象
    CharSequence str = "";
    /* 根据音量值构造 Toast 显示的文本 */
    while (voice > 0) {
        str = str + "|";
        voice--;
    }
    // 返回 str
    return str;
}

/* saveVoicevalue()方法用于将当前的音量值存储到 SharedPreferences 中 */
void saveVoicevalue(int voicevalue, SharedPreferences sharedPreferences) {
    // 生成 SharedPreferences 编辑对象，通过该对象将数据放入 SharedPreferences 中
    Editor editor = sharedPreferences.edit();
    /*
     * 指定 XML 中存储 voicevalue 值的标签为 key,即 SharedPreferences 中包含以下信息:
<string
     * name="key">$voicevalue</string>
     */
    // 将音量值放入 SharedPreferences 中，该值通过 key 引用
    editor.putInt("key", voicevalue);
    // 提交数据，将数据保存到 XML 文件中
    boolean ret = editor.commit();
    // 使用 Toast 显示保存成功或失败提示信息
    if (ret == true)
        Toast.makeText(PreferenceActivity.this, "保存成功", 1).show();
    else
        Toast.makeText(PreferenceActivity.this, "保存失败", 1).show();
}

/* getVoicevalue()方法用于获取当前的音量值 */
```

```
    int getVoicevalue(SharedPreferences sharedPreferences) {
        // 通过调用SharedPreferences对象的getXXX方法获取SharedPreferences中存储的值
        int ret = sharedPreferences.getInt("key", 0);
        // 返回结果
        return ret;
    }
}
```

上述代码声明三个按钮并注册监听，分别实现音量的增加、减少以及静音功能。同时提供 saveVoicevalue()方法将当前的音量值存储到 SharedPreferences 中，getVoicevalue()方法用于获取当前的音量值。generateVoice()方法可以将数字的音量值转换成相应的音量文本，以便显示时不直接使用数字，而是使用相应的音量字符串进行提示。

在布局文件 main.xml 中添加三个按钮，代码如下：

【描述 6.D.1】main.xml

```
<?xml version="1.0" encoding="utf-8"?>
<LinearLayout xmlns:android="http://schemas.android.com/apk/res/android"
    android:orientation="vertical" android:layout_width="fill_parent"
    android:layout_height="fill_parent">
    <!-- 音量增加按钮 -->
    <Button android:id="@+id/add_voice" android:layout_gravity="center"
        android:layout_width="50px" android:layout_height="50px"
        android:layout_x="0px" android:layout_y="20px" android:text="增加" />
    <!-- 音量降低按钮 -->
    <Button android:id="@+id/sub_voice" android:layout_gravity="center"
        android:layout_width="50px" android:layout_height="50px"
        android:layout_x="0px" android:layout_y="40px" android:text="减少" />
    <!-- 静音按钮 -->
    <Button android:id="@+id/mute_voice" android:layout_gravity="center"
        android:layout_width="50px" android:layout_height="50px"
        android:layout_x="0px" android:layout_y="60px" android:text="静音" />
</LinearLayout>
```

运行程序，单击两次“增加”按钮，运行结果如图 6-1 所示。

单击“减少”按钮，音量会减少，单击“静音”按钮，音量会变为 0，此处不再演示。

getSharedPreferences()方法的第一个参数指定名为“preferences”的 XML 文件，可通过 Android DDMS 查看。在 MMDS 的“File Explosrer”选项卡下，展开“/data/data/com.dh/shared_prefs”目录，可看到在该目录下有一个 preferences.xml 文件，如图 6-2 所示。

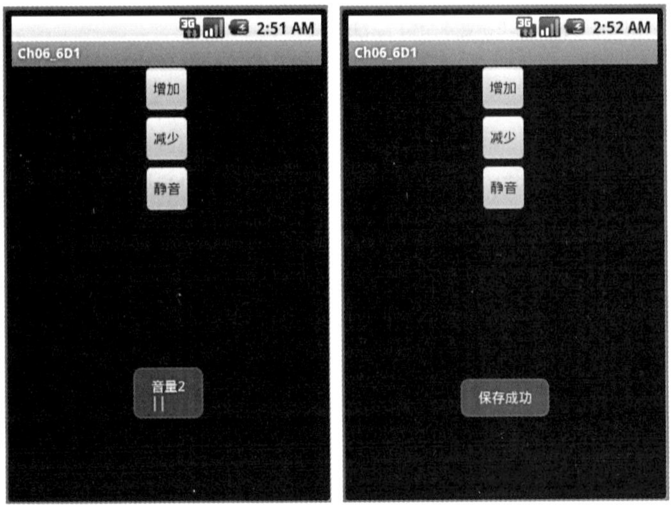

图 6–1　增加音量运行结果

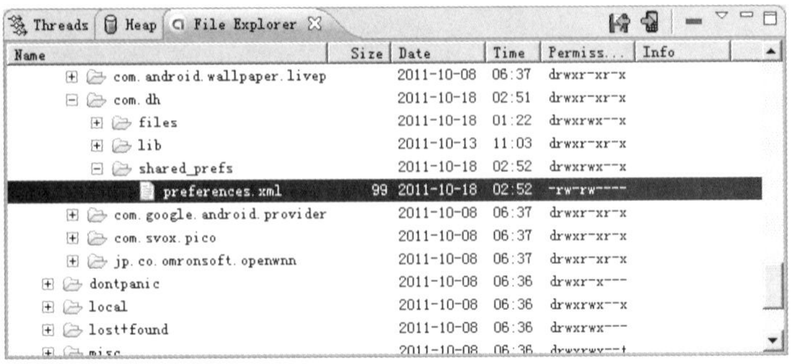

图 6–2　通过 DDMS 查看 preferences.xml 文件

单击按钮，可以将文件从模拟器中保存到指定的计算机路径下，打开其内容如下：

【描述 6.D.1】preferences.xml

```
<?xml version='1.0' encoding='utf-8' standalone='yes' ?>
<map>
<int name="key" value="2" />
</map>
```

重新启动该应用，程序获取最近一次保存的数据，图 6-3 展示了程序重启后的界面。

6.3　File 存储数据

不同于 Preference 存储，文件存储方式不受类型限制，可以将一些数据直接以文件的形式保存在设备中，如文本文件、PDF、音频、图片等。如果需要存储复杂数据，可以使用文

图 6–3　编辑用户的 Preferences 数据

件进行存储。Android 提供了读写文件的方法。

6.3.1 文件操作

和传统的 Java 中实现 I/O 的程序类似，通过 Context.openFileInput()方法可以获取标准的文件输入流（FileInputStream），读取设备上的文件；通过 Context.openFileOuput()方法可以获取标准的文件输出流（FileOutputStream），将数据写入设备的文件中。

读取文件的代码如下：

```
String file = "dh.txt";//定义文件名
//获取指定文件的文件输入流
FileInputStream fileInputStream = openFileInput(file);
//定义一个字节缓存数组
byte[] buffer=new byte[fileInputStream.available()];
//将数据读到缓存区
fileInputStream.read(buffer);
//关闭文件输入流
fileInputStream.close();
```

保存文件的代码如下：

```
//获取文件输出流，操作模式是私有
FileOutputStream fileOutputStream = openFileOutput(file,Context.MODE_PRIVATE);
//将内容写入文件
fileOutputStream.write(fileContent.getBytes());
```

openFileOutput()方法的第二个参数用于指定输出流的模式，Android 提供了 4 种输出模式，如表 6-3 所示。

表 6-3　4 种文件读写模式

模式	功能描述
Context.MODE_PRIVATE	私有模式，这种模式创建的文件是私有文件，因而创建的文件只能被应用本身访问。在该模式下，写入的内容会覆盖原文件的内容
Context.MODE_APPEND	附加模式，该模式会首先检查文件是否存在，若文件不存在，则创建新文件，否则在原文件中追加内容
Context.MODE_WORLD_WRITABLE	可写模式，该模式的文件可以被其他应用修改
Context.MODE_WORLD_READABLE	可读模式，该模式的文件可以被其他应用读取

6.3.2 File 应用

下述代码用于实现任务描述 6.D.2，使用文件存储实现简单的文本编辑器。TextEditorActivity 的代码如下。

【描述 6.D.2】TextEditorActivity.java

```
public class TextEditorActivity extends Activity {
    private EditText file_name; // 输入文件名的文本框
    private EditText file_content; // 输入文件内容的文本框
    private Button read_button; // 读取文件的按钮
    private Button save_button; // 保存文件的按钮
    // 定义 Toast 消息显示的时间
    public static int LONGTIME = Toast.LENGTH_LONG;
    public void onCreate(Bundle savedInstanceState) {
        super.onCreate(savedInstanceState);
        setContentView(R.layout.main);
        read_button = (Button) findViewById(R.id.read_file);
        save_button = (Button) findViewById(R.id.save_file);
        file_name = (EditText) findViewById(R.id.file_name);
        file_content = (EditText) findViewById(R.id.file_content);
        /* 注册 save_button 单击事件监听器。当单击该按钮时，保存当前编辑的文件 */
        save_button.setOnClickListener(new View.OnClickListener() {
            public void onClick(View view) {
                // 获取保存的文件名
                String str_file_name = file_name.getText().toString();
                if (str_file_name == "")
                    Toast.makeText(TextEditorActivity.this,
                    "文件名为空", LONGTIME).show();
                else {
                    // 获取 file_contentet 的内容
                    String str_file_content = file_content.getText().toString();
                    try {
                        // 调用 save()方法保存文件
                        save(str_file_name, str_file_content);
                        // 使用 Toast 显示保存成功
                        Toast.makeText(TextEditorActivity.this, "保存成功",
                                LONGTIME).show();
                    } catch (Exception e) {
                        // 产生异常，使用 Toast 显示保存失败
                        Toast.makeText(TextEditorActivity.this, "保存失败",
                                LONGTIME).show();
                    }
                }
            }
        });

        /* 注册 read_button 单击事件监听器。当单击该按钮时，根据文件名读取内容 */
        read_button.setOnClickListener(new View.OnClickListener() {
```

```
            public void onClick(View view) {
                String str_file_name = file_name.getText().toString();
                if (str_file_name == "")
                    Toast.makeText(TextEditorActivity.this,
                        "文件名为空", LONGTIME).show();
                else {
                    try {
                        String str_fiel_content = read(str_file_name);
                        file_content.setText(str_fiel_content);
                    } catch (Exception e) {
                        Toast.makeText(TextEditorActivity.this,
                                R.string.file_read_failed, LONGTIME).show();
                    }
                }
            }
        });
    }

    /* 方法 save()负责将指定的内容(fileContent)写入(file) */
    public void save(String file, String fileContent) throws Exception {
        // 获取文件输出流，操作模式是私有
        FileOutputStream fileOutputStream =
            openFileOutput(file,Context.MODE_PRIVATE);
        // 将内容写入文件
        fileOutputStream.write(fileContent.getBytes());
        //关闭文件输出流
        fileOutputStream.close();
    }

    /* 方法 read 负责读取指定的文件(file) */
    public String read(String file) throws Exception {
        // 获取指定文件的文件输入流
        FileInputStream fileInputStream = openFileInput(file);
        //定义一个字节缓存数组
        byte[] buffer=new byte[fileInputStream.available()];
        //将数据读到缓存区
        fileInputStream.read(buffer);
        //关闭文件输入流
        fileInputStream.close();
        //将缓冲区中的数据转换成字符串并返回
        return new String(buffer);
    }
}
```

上述代码基于文件存储方式实现了简单的文本编辑器。对于文本编辑器，主要的核心操作是保存和读取文件。save(String file, String fileContent)方法实现保存操作，read(String file)方法实现读取文件的操作。

运行程序，输入文件名和内容，并单击“保存数据”按钮，显示结果如图 6-4 所示。清除内容文本后，单击“读取数据”按钮，文件中保存的信息会显示到内容文本框中。

图 6–4 简单的文本编辑器界面

在 DDMS 的“File Explorer”选项卡下，展开“/data/data/com.dh/files”目录，在该目录下可以看到保存数据的文件，如图 6-5 所示。

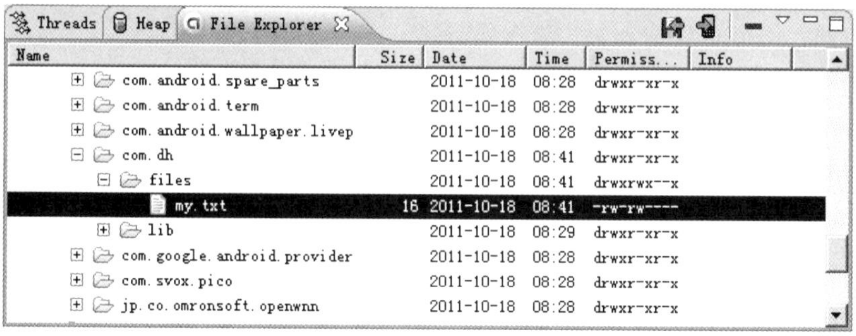

图 6–5 通过 DDMS 查看文件

6.4 SQLite 存储数据

Android 中通过 SQLite 数据库实现结构化的数据存储。SQLite 是一个嵌入式数据库引擎，目的在于为内存等资源有限的设备，如手机、PDA 等，在数据的增、删、改、查等操作上提供一种高效的方法。

6.4.1 SQLite 简介

Android 使用 SQLite 作为存储数据库，SQLite 数据库是一种免费开源的且底层无关的数据库。SQLite 是基于 C 语言设计开发的开源数据库，最大支持 2048GB 数据。它具有如下特征。

- 轻量级：大多数数据库的读写模型是基于 C/S 架构设计的，该架构下的数据库分为客户端和服务器端。C/S 架构数据库是重量型的数据库，系统功能复杂且尺寸较大。SQLite 和 C/S 模式的数据库软件不同，它不使用分布式架构作为数据引擎。SQLite 数据库功能简单且尺寸较小，一般只需要带上一个 DDL，就可使用 SQLite 数据库。
- 独立：SQLite 与底层操作系统无关，其核心引擎既不需要安装，也不依赖任何第三方软件，SQLite 几乎能在所有的操作系统上运行，具有较高的独立性。
- 便于管理和维护：SQLite 数据库具有较强的数据隔离性。SQLite 的一个文件包含了数据库的所有信息（比如表、视图、触发器），有利于数据的管理和维护。
- 可移植性：SQLite 数据库应用可快速无缝移植到大部分操作系统，如 Android、Windows Mobile、Symbian、Palm 等。
- 语言无关：SQLite 数据库与语言无关，支持很多语言，比如 Python、.Net、C/C++、Java、Ruby、Perl 等。
- 事务性：SQLite 数据库采用独立事务处理机制，SQLite 遵守 ACID（Atomicity、Consistency、Isolation、Durability）原则，使用数据库的独占性和共享锁处理事务。这种方式规定必须获得该共享锁后，才能执行写操作。因而，SQLite 既允许数据库被多个进程并发读取，又保证最多只有一个进程写数据。这种方式可有效地防止读脏数据、不可重复读、丢失修改等异常。

SQLite 不需要系统提供太大的资源，占用不到 1MB 的内存空间就可运行，因此，被广泛地应用在小型的嵌入式设备中。SQLite 操作简单，且数据库功能强大，提供了基本数据库、表以及记录的操作，包括数据库的创建、数据库的删除、表的创建、表的删除、记录的插入、记录的删除、记录的更新、记录的查询。

6.4.2 SQLite 数据库操作

Android 提供了创建和使用 SQLite 数据库的 API。SQLiteDatabase 代表一个数据库对象，提供了操作数据库的一些方法，其常用的方法及功能如表 6-4 所示。

表 6-4　SQLiteDatabase 常用的方法及功能

方法	功能描述
openOrCreateDatabase(String path,SQLiteDatabase.CursorFactory factory)	打开或创建数据库
openDatabase(String path, SQLiteDatabase.CursorFactory factory, int flags)	打开指定的数据库
close()	关闭数据库

（续表）

方法	方法描述
insert(String table,String nullColumnHack,ContentValues values)	插入一条记录
delete(String table,String whereClause,String[] whereArgs)	删除一条记录
query (boolean distinct, String table, String[] columns, String selection, String[] selectionArgs, String groupBy, String having, String orderBy, String limit)	查询记录
update(String table,ContentValues value,String whereClause, String[] whereArgs)	修改记录
execSQL(String sql)	执行一条 SQL 语句

1. 数据库操作

（1）创建或打开数据库

openDatabase()方法用于打开指定的数据库，该方法有以下三个参数。

- path：用于指定数据库的路径，若指定的数据库不存在，则抛出 FileNotFoundException 异常；
- factory：用于构造查询时的游标，若 factory 为 null，则表示使用默认的 factory 构造游标；
- flags：指定了数据库打开的模式，SQLite 定义了 4 种数据库打开模式，这 4 种模式分别如下。
  - OPEN_READONLY：以只读方式打开数据库；
  - OPEN_READWRITE：以可读可写的方式打开数据库；
  - CREATE_IF_NECESSARY：首先检查数据库是否存在，若不存在，则创建数据库；
  - NO_LOCALIZED_COLLATORS：打开数据库时，不按照本地化语言对数据进行排序。

数据库打开模式可以同时指定多个，中间使用“|”进行分隔即可。

使用 openOrCreateDatabase()创建打开数据库时，数据库默认不按照本地化语言对数据进行排序，其作用同 openDatabase(path, factory, CREATE_IF_NECESSARY)一样。因为创建 SQLite 数据库也就是在文件系统中创建一个 SQLite 数据库的文件，所以应用程序必须对创建数据库的目录有可写的权限，否则会抛出 SQLiteException 异常。

使用 openDatabase()方法打开指定的数据库代码如下：

```
SQLiteDatabase sqliteDatabase = SQLiteDatabase
        .openDatabase("qdu_Student.db", null, NO_LOCALIZED_COLLATORS);
```

使用 openOrCreateDatabase()方法打开或创建指定的数据库代码如下：

```
SQLiteDatabase sqliteDatabase = SQLiteDatabase
        .openOrCreateDatabase ("qdu_Student.db", null);
```

（2）删除数据库

android.content.Context.deleteDatabase()方法用于删除指定的数据库，例如，在 Activity 中可使用下列代码删除数据库：

```
deleteDatabase("qdu_Student.db");  //删除数据库 qdu_Student.db
```

（3）关闭数据库

close()方法用于关闭数据库，例如：

```
sqliteDatabase.close(); //关闭数据库
```

2. 表操作

（1）创建表

数据库包含多个表，每个表可存储多条记录。数据库创建之后，下一步需要创建表。SQLite 没有提供专门的方法创建表，可通过 execSQL()方法并指定 SQL 语句来创建表：

```
//创建表的 SQL 语句
String SQL_CT
= "CREATE TABLE student (ID INTEGER PRIMARY KEY, age INTEGER,name TEXT)";
//执行该 SQL 语句创建表
sqliteDatabase.execSQL(SQL_CT);
```

（2）删除表

通过 execSQL()方法并指定 SQL 语句删除表：

```
//删除表的 SQL 语句
String SQL_DROP_TABLE= "DROP TABLE student";
//删除表 student
sqliteDatabase.execSQL(SQL_DROP_TABLE);
```

3. 记录操作

（1）插入记录

向表中插入记录有两种实现方式：insert()方法和 execSQL()方法。

1）insert()方法。

可使用 SQLiteDatabase 的 insert()方法向 SQLite 数据库的表中插入数据，其格式如下：

```
insert(String table,String nullColumnHack,ContentValues values)
```

其中：

- 第 1 个参数是要插入数据的表名称；
- 第 2 个参数是空列的默认值；
- 第 3 个参数是 android.content.ContentValues 类型的对象，它是一个封装了列名称和列值的 Map，代表一条记录信息。

使用 insert()方法插入记录的代码如下：

```
//创建 ContentValues 对象
ContentValues contentValues = new ContentValues();
//将 ID、age 和 name 放入 contentValues
contentValues.put("ID", 1);
contentValues.put("age", 26);
contentValues.put("name", "StudentA");
//调用 insert()方法将 contentValues 对象封装的数据插入到 student 表中
sqliteDatabase.insert("student" , null, contentValues);
```

2）execSQL()方法。

使用 execSQL()方法向数据库中插入数据时，需要先编写插入数据的 SQL 语句，然后执行 execSQL()方法，代码如下：

```
//定义插入 SQL 语句
String SQL_INSERT= "INSERT INTO student (ID,age,name) values (1, 26, 'StudentA')";
//调用 execSQL()方法执行 SQL 语句，将数据插入到 student 表中
sqliteDatabase.execSQL(SQL_INSERT);
```

（2）更新记录

与插入记录类似，更新记录也有两种实现方式：update()方法和 execSQL()方法。

1）update()方法。

可使用 SQLiteDatabasede 的 update()方法对数据库表中的数据进行更新，格式如下：

```
update(String table,ContentValues value,String whereClause, String[] whereArgs)
```

其中：

- 第 1 个参数是要更新表数据的名称；
- 第 2 个参数是更新的记录信息 ContentValues 对象；
- 第 3 个参数是更新条件（where 子句）；
- 第 4 个参数是更新条件值数组。

以修改 StudentA 的年龄为例，使用 update()更新记录的代码如下：

```
//创建 ContentValues 对象
ContentValues contentValues = new ContentValues();
contentValues.put("ID", 1);
//更新 age 为 25
contentValues.put("age", 25);
contentValues.put("name", "StudentA");
//调用 update()方法更新 student 表中名为 StudentA 的数据
sqliteDatabase.update("student", contentValues, "name=StudentA", null);
```

2）execSQL()方法。

使用 execSQL()方法更新数据时，需先编写更新数据的 SQL 语句，然后执行 execSQL()方法来更新一条记录，代码如下：

```
//定义更新 SQL 语句
String  SQL_UPDATE= "UPDATE student SET age=25 where name='StudentA'";
//调用 execSQL()方法执行 SQL 语句更新 student 表中的记录
sqliteDatabase.execSQL(SQL_UPDATE);
```

（3）查询记录

使用 SQLiteDatabase 的 query()方法可以查询记录。SQLiteDatabase 提供了 6 种 query()方法用于不同方式的查询，其中常用的 query()方法是：

```
public Cursor query (boolean distinct, String table, String[] columns, String selection, String[] selectionArgs, String groupBy, String having, String orderBy, String limit);
```

该方法的参数说明如下：

- distinct：一个可选的布尔值，用来说明返回的值是否只包含唯一的值；
- table：表名称；
- columns：列名称数组；
- selection：条件 where 子句，可以包含“?”通配符，将被参数数组中的值替换；
- selectionArgs：参数数组，替换 where 子句中的“?”；
- groupBy：分组列；
- having：分组条件；
- orderBy：排序类；
- limit：一个可选的字符串，用来定义返回的行数的限制，即分页查询限制。

query()方法的返回值是一个 Cursor 游标对象，相当于结果集 ResultSet。游标提供了一种对从表中检索出的数据进行操作的灵活手段，它实际上是一种能从包括多条数据记录的结果集中每次提取一条记录的机制。游标总是与一条 SQL 选择语句相关联，因为游标由结果集（可以是零条、一条或由相关的选择语句检索出的多条记录）和结果集中指向特定记录的游标位置组成。当决定对结果集进行处理时，必须声明一个指向该结果集的游标。Cursor 游标常用的方法如表 6-5 所示。

表 6–5　Cursor 游标常用的方法及功能

方法	功能描述
move(int offset)	以当前的位置为基准，将 Cursor 移动到偏移量为 offset 的位置。若移动成功，则返回 true，失败则返回 false。注意，offset 为正值时，游标向前移动；为负值时，向后移动

（续表）

方法	功能描述
moveToPosition(int position)	将 Cursor 移动到绝对位置 position 处，若移动成功，则返回 true，失败则返回 false。注意，moveToPosition 移动到一个绝对位置，而 move 以当前位置为基准移动
moveToNext()	将 Cursor 向前移动一个位置，成功则返回 true，失败则返回 false。其功能等同于 move (1)
moveToLast()	将 Cursor 移动到最后一条记录，成功则返回 true，失败则返回 false。若当前记录数为 count，则其功能等同于 moveToPosition (count)
moveToFisrt()	将 Cursor 移动到第一条记录，成功则返回 true，失败则返回 false。其功能等同于 moveToPosition (1)
isBeforeFirst()	判断 Cursor 是否指向第一项数据之前。若指向第一项数据之前，则返回 true；否则返回 false
isAfterLast()	判断 Cursor 是否指向最后一项数据之后。若指向最后一项数据之后，则返回 true；否则返回 false
isClosed()	判断 Cursor 是否关闭。若 Cursor 关闭，则返回 true；否则返回 false
isFirst()	判断 Cursor 是否指向第一项记录
isLast()	判断 Cursor 是否指向最后一条记录
isNull(int columnIndex)	判断指定的位置 columnIndex 的记录是否存在
getCount()	获取当前表的行数（即记录总数）
getInt(int columnIndex)	获取指定列索引的 int 类型值
getString(int columnIndex)	获取指定列索引的 String 类型值

以查询 StudentA 的记录为例，使用 query()方法查询记录的代码如下：

```
//查询获得游标
Cursor cursor=sqliteDatabase.query(true, "student", null, "name=StudentA", null,
null, null,null,null);
//将游标移动到第一条记录，并判断
if(cursor.moveToFirst()){
    //获得列信息
    int id=cursor.getInt(0);
    int age=cursor.getInt(1);
    String name=cursor.getString(3);
    //输出
    System.out.println(id+":"+age+":"+name);
}
```

（4）删除记录

与插入、修改记录相同，删除记录也有以下两种实现方式：

- 第一种是通过 SQLiteDatabase 的 delete()方法删除；
- 第二种是先编写删除记录的 SQL 语句，再执行 execSQL()方法来删除记录。

1）delete()方法。

可使用 SQLiteDatabasede 的 delete()方法删除数据库表中的表数据，格式如下：

```
delete(String table,String whereClause,String[] whereArgs)
```

其中：

- 第 1 个参数是要对其进行删除操作的表名称；
- 第 2 个参数是删除条件；
- 第 3 个参数是删除条件参数数组。

以删除 StudentA 的记录为例，使用 delete()方法的代码如下：

```
sqliteDatabase.delete("student","name=?",new String[]{"StudentA"});
```

2）execSQL()方法。

使用 execSQL()方法删除表数据需要先编写删除记录的 SQL 语句，然后再执行 execSQL()方法来完成操作，代码如下：

```
//定义更新 SQL 语句
String SQL_DELETE= "DELETE FORM student where name='StudentA'";
//调用 execSQL()方法执行 SQL 语句更新 student 表中的记录
sqliteDatabase.execSQL(SQL_DELETE);
```

6.4.3 SQLiteOpenHelper

SQLiteOpenHelper 是 SQLiteDatabase 的一个帮助类，用来管理数据库的创建和版本更新。通过实现 SQLiteOpenHelper，可以隐藏那些用于决定一个数据库在被打开之前是否需要被创建或者升级的逻辑。一般用法是定义一个类继承 SQLiteOpenHelper，并实现 onCreate()和 onUpgrade()两个方法。SQLiteOpenHelper 类的常用方法如表 6-6 所示。

表 6–6 SQLiteOpenHelper 常用的方法

方法	功能描述
SQLiteOpenHelper(Context context,String name, SQLiteDatabase.CursorFactory,int version)	构造函数，第二个参数是数据库名称
onCreate(SQLiteDatabase db)	创建数据库时调用
onUpgrade(SQLiteDatabase db,int oldVersion,int newVersion)	版本更新时调用
getReadableDatabase()	创建或打开一个只读数据库
getWritableDatabase()	创建或打开一个读写数据库

下述内容用于实现任务描述 6.D.3，使用 SQLiteOpenHelper 实现音乐播放列表的添加、删除和浏览功能，具体步骤如下。

01 创建一个数据库工具类 DBHelper，该类继承 SQLiteOpenHelper，重写 onCreate()和 onUpgrade()方法，并添加 insert()、delete()、query()方法，分别实现数据的添加、删除和查询。DBHelper 类的代码如下。

【描述 6.D.3】DBHelper.java

```
public class DBHelper extends SQLiteOpenHelper {
    // 数据库名称
    private static final String DB_NAME = "music.db";
    // 表名
    private static final String TBL_NAME = "MusicTbl";
    // 声明 SQLiteDatabase 对象
    private SQLiteDatabase db;

    // 构造函数
    DBHelper(Context c) {
        super(c, DB_NAME, null, 2);
    }

    @Override
    public void onCreate(SQLiteDatabase db) {
        // 获取 SQLiteDatabase 对象
        this.db = db;
        // 创建表
        String CREATE_TBL = "create table MusicTbl(_id integer primary key
autoincrement,name text,singer text) ";
        db.execSQL(CREATE_TBL);
    }

    // 插入
    public void insert(ContentValues values) {
        SQLiteDatabase db = getWritableDatabase();
        db.insert(TBL_NAME, null, values);
        db.close();
    }

    // 查询
    public Cursor query() {
        SQLiteDatabase db = getWritableDatabase();
        Cursor c = db.query(TBL_NAME, null, null, null, null, null, null);
        return c;
    }

    // 删除
```

```
    public void del(int id) {
        if (db == null)
            db = getWritableDatabase();
        db.delete(TBL_NAME, "_id=?", new String[] { String.valueOf(id) });
    }

    // 关闭数据库
    public void close() {
        if (db != null)
            db.close();
    }

    @Override
    public void onUpgrade(SQLiteDatabase db, int oldVersion, int newVersion) {
    }
}
```

02 创建添加音乐的 AddMusicActivity，该类的界面中提供两个文本框和一个按钮，文本框分别用于输入音乐名和歌手名，当单击“添加”按钮时，将数据插入到表中。具体代码如下。

【描述 6.D.3】AddMusicActivity.java

```
public class AddActivity extends Activity {

    private EditText et1, et2;
    private Button b1;

    @Override
    public void onCreate(Bundle savedInstanceState) {
        super.onCreate(savedInstanceState);
        setContentView(R.layout.add);
        this.setTitle("添加收藏信息");

        et1 = (EditText) findViewById(R.id.EditTextName);
        et2 = (EditText) findViewById(R.id.EditTextSinger);
        b1 = (Button) findViewById(R.id.ButtonAdd);

        b1.setOnClickListener(new OnClickListener() {
            public void onClick(View v) {
                // 获取用户输入的文本信息
                String name = et1.getText().toString();
                String singer = et2.getText().toString();
                // 创建 ContentValues 对象，封装记录信息
```

```
            ContentValues values = new ContentValues();
            values.put("name", name);
            values.put("singer", singer);

            // 创建数据库工具类 DBHelper
            DBHelper helper = new DBHelper(getApplicationContext());
            // 调用 insert()方法插入数据
            helper.insert(values);
            // 跳转到 QueryActivity，显示音乐列表
            Intent intent = new Intent(AddActivity.this,
                    QueryActivity.class);
            startActivity(intent);
        }
    });
  }
}
```

运行上述代码，当单击“添加”按钮时，先将用户输入的音乐名和歌手信息封装到 ContentValues 对象中，再调用 DBHelper 的 insert()方法将记录插入到数据库中，最后跳转到 QueryActivity 显示音乐列表。

03 创建显示音乐列表的 QueryActivity，具体代码如下。

【描述 6.D.3】QueryActivity.java

```
public class QueryActivity extends ListActivity {
    @Override
    public void onCreate(Bundle savedInstanceState) {
        super.onCreate(savedInstanceState);
        this.setTitle("浏览音乐列信息");
        final DBHelper helpter = new DBHelper(this);
        // 查询数据，获取游标
        Cursor c = helpter.query();

        // 列表项数组
        String[] from = { "_id", "name", "singer" };
        // 列表项 ID
        int[] to = { R.id.text0, R.id.text1, R.id.text2 };
        // 适配器
        SimpleCursorAdapter adapter = new SimpleCursorAdapter(this,
                R.layout.row, c, from, to);
        //列表视图
        ListView listView = getListView();
        //为列表视图添加适配器
        listView.setAdapter(adapter);
```

```
        //提示对话框
        final AlertDialog.Builder builder = new AlertDialog.Builder(this);

        //设置 ListView 单击监听器
        listView.setOnItemClickListener(new OnItemClickListener() {
            @Override
            public void onItemClick(AdapterView<?> arg0, View arg1, int arg2,
                    long arg3) {
                final long temp = arg3;
                builder.setMessage("真的要删除该记录吗? ")
                    .setPositiveButton("是",
                        new DialogInterface.OnClickListener() {
                            public void onClick(DialogInterface dialog,
                                    int which) {
                                //删除数据
                                helpter.del((int) temp);
                                //重新查询数据
                                Cursor c = helpter.query();
                                String[] from = { "_id", "name", "singer" };
                                int[] to = { R.id.text0, R.id.text1, R.id.text2 };

                                SimpleCursorAdapter adapter
                                    = new SimpleCursorAdapter(
                                        getApplicationContext(), R.layout.row,
                                        c, from, to);
                                ListView listView = getListView();
                                listView.setAdapter(adapter);
                            }
                        }).setNegativeButton("否",
                        new DialogInterface.OnClickListener() {
                            public void onClick(DialogInterface dialog,
                                    int which) {
                            }
                        });
                AlertDialog ad = builder.create();
                ad.show();
            }
        });
        helpter.close();
    }
}
```

上述代码中，调用 DBHelper 的 query()方法查询数据库并返回一个 Cursor 游标，然后使用 SimpleCursorAdapter 适配器将数据绑定到 ListView 控件上，并在 ListView 控件上注册单击监听，当单击一条记录时，显示一个警告对话框提示是否删除，单击“是”按钮，则调用 DBHelper 的 del()方法删除指定记录的信息。

运行程序，添加音乐信息，如图 6-6 所示。

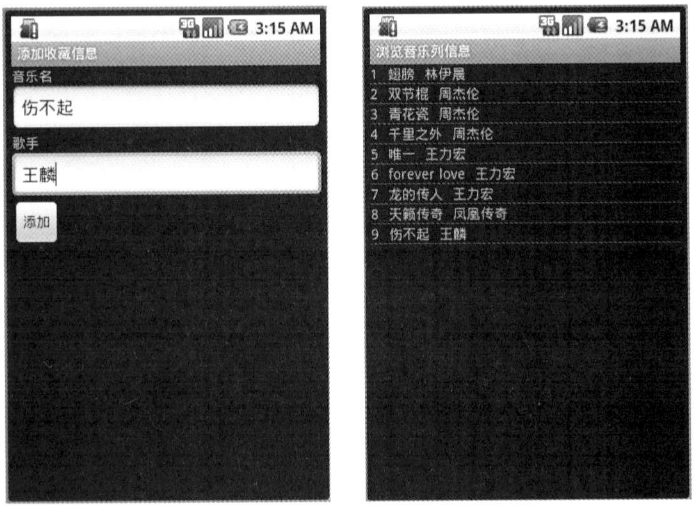

图 6–6　添加音乐记录

在音乐列表页面中单击一条记录，弹出警告对话框删除一条记录，如图 6-7 所示。

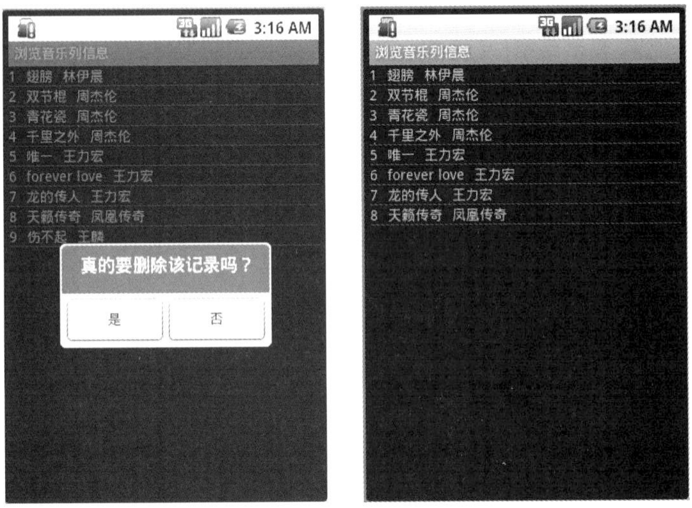

图 6–7　删除音乐记录

6.5　数据共享 Content Provider

Content Provider（内容提供器）是所有应用程序之间数据存储和检索的一个桥梁，其作用是使各个应用程序之间实现数据共享。

6.5.1 ContentProvider

ContentProvider 是 Android 提供的应用组件，定义在 android.content 包下面，通过这个组件可访问 Android 提供的应用数据（如联系人列表）。作为应用程序之间唯一的共享数据的途径，ContentProvider 的主要功能是存储、检索数据，并向应用程序提供访问数据的接口。Android 系统为一些常见的应用（如音乐、视频、图像、联系人列表等）定义了相应的 ContentProvider，它们被定义在 android.provider 包下。需要特别指出的是，只有在 AndroidManifest.xml 配置文件中添加许可，才能访问 ContentProvider 中的数据。ContentProvider 的常用方法如表 6-7 所示。

表 6-7 ContentProvider 常用的方法

方法	功能描述
insert(Uri,ContentValues)	插入数据
delete(Uri,String,String[])	删除数据
update(Uri,ContentValues,String,String[])	更新数据
query(Uri,String[],String,String[],String)	查询数据
getType(Uri)	获得 MIME 数据类型
onCreate()	创建 ContentProvider 时调用
getContext()	获得 Context 对象

定义一个 ContentProvider 必须实现 insert()、delete()、update()、query()和 getType()这几个操作数据的抽象方法。

在 ContentProvider 中，数据模型和 URI 是两个重要的概念，详细内容如下。

1. 数据模型

ContentProvider 将其存储的数据以数据表的形式提供给访问者。在数据表中，每一行为一条记录，而每一列为具有特定类型和意义的字段。每一条数据记录都包括一个“_ID”数据列，该字段唯一标识一个记录。

2. URI

每一个 ContentProvider 都对外提供一个自身数据集的唯一标识，这个唯一标识就是 URI。若一个 ContentProvider 管理多个数据集，这个 ContentProvider 将会为每个数据集分配一个独立且唯一的 URI。所有的 ContentProvider 的 URI 都以“content://”开头，其中“content:”用来标识 ContentProvider 所管理的 schema。

URI 的一般格式如下：

```
content://数据路径/标识 ID（可选）
```

例如：

```
content://media/internal/images   （该 URI 返回设备上存储的所有图片）
content://contacts/people/5       （该 URI 返回 ID 为 5 的联系人信息）
```

Android 中使用 Uri 类来定义 URI，例如：

```
Uri uri = Uri.parse("content://media/internal/images");
Uri uri = Uri.parse("content://contacts/people/5");
```

URI 后面可以加上记录的 ID 值，Android 提供了两种方法用于在 URI 后扩展一个记录的 ID。

01 withAppendedId()：该方法是 ContentUris 类的方法。除了 withAppendedId()方法之外，ContentUris 还提供了 parseId()方法用于从路径中获取 ID 部分。使用 ContentUris 的方法来添加和获取 ID 的代码如下：

```
Uri uri = Uri.parse("content://qdu.edu/student");
Uri resultUri = ContentUris.withAppendedId(uri, 3);
//生成后的 Uri 为：content://qdu.edu/student/3
Uri uri = Uri.parse("content://qdu.edu/student/3") ;
long personid = ContentUris.parseId(uri); //获取的结果为 3
```

02 withAppendedPath()：该方法是 Uri 的方法。通过 withAppendedPath()方法可以很简单地在 URI 后扩展一个 ID。比如，要在联系人数据库中查找记录 41，代码如下：

```
Uri uri= Uri.withAppendedPath(Contacts.CONTENT_URI, 41);
```

几乎所有的 ContentProvider 的操作都会用到 URI，因此，通常将 URI 定义为常量，例如 android.provider.ContactsContract.Contacts.CONTENT_URI 就是联系人列表的 CONTENT_URI 常量，这样在简化开发的同时也提高了代码的可维护性。

6.5.2　ContentResolver

应用程序不能直接访问 ContentProvider 中的数据，可通过 Android 系统提供的 ContentResolver（内容解析器）来间接访问。ContentResolver 提供了对 ContentProvider 的数据进行查询、插入、修改和删除等操作的方法，在开发过程中是间接通过操作 ContentResolver 来操作 ContentProvider 的。通常，ContentProvider 是单实例的，但可以有多个 ContentResolver 在不同的应用程序和不同的进程之间与 ContentProvider 进行交互。

每个应用程序的上下文都有一个 ContentResolver 实例，可以使用 getContentResolver()方法获取该实例对象，代码如下：

```
ContentResolver cr= getContentResolver();
```

1. 查询

使用 ContentResolver 的 query()方法查询数据与 SQLite 查询一样，返回一个指向结果集的游标 Cursor，代码如下：

```
ContentResolver resolver = getContentResolver();//获取 ContentResolver 对象
```

```
Cursor cursor = resolver.query(Contacts.CONTENT_URI, null, null, null, null);
```

注意 使用 Activity 的 managedQuery()方法也可以查询 ContentProvider 中的数据，与 ContentResolver 的 query()方法类似，它们的第一个参数都是 ContentProvider 的 CONTENT_URI 常量。这个常量用来标识某个特定的 ContentProvider 和数据集。query()和 managedQuery()方法都返回一个 Cursor 对象。两者之间的唯一区别是：Activity 可使用 managedQuery 方法来管理 Cursor 的生命周期，然而，ContentResolver 却无法通过 query() 方法来管理 Cursor 的生命周期。

2. 插入

使用 ContentResolver.insert()方法向 ContentProvider 中增加一个新的记录时，需要先将新记录的数据封装到 ContentValues 对象中，然后调用 ContentResolver.insert()方法。insert()方法将返回一个 URI，该 URI 的内容是由 ContentProvider 的 URI 加上该新记录的扩展 ID 得到的，可以通过该 URI 对该记录做进一步的操作。代码如下：

```
ContentValues contentValues = new ContentValues();
values.put(Contacts._ID, 1);//联系人 ID
contentValues .put(Contacts.DISPLAY_NAME, "zhangsan");//联系人名
ContentResolver resolver = getContentResolver();//获取 ContentResolver 对象
Uri uri = resolver.insert(Contacts.CONTENT_URI, contentValues);//插入
```

3. 删除

如果要删除单个记录，可以调用 ContentResolver.delete()方法，通过给该方法传递一个特定行的 URI 参数来实现删除操作。如果要对多行记录执行删除操作，就需要给 delete()方法传递需要被删除的记录类型的 URI 以及一个 where 子句来实现。代码如下：

```
ContentResolver resolver = getContentResolver();//获取 ContentResolver 对象
//删除单个记录
resolver.delete(Uri.withAppendedPath(Contacts.CONTENT_URI, 41), null, null);
//删除前 5 行记录
resolver.delete(Contacts.CONTENT_URI, "_id<5", null);
```

4. 更新

使用 ContentResolver.update()方法实现记录的更新操作，代码如下：

```
//创建一个新值
ContentValues contentValues = new ContentValues();
contentValues .put(Contacts.DISPLAY_NAME, "zhangsan");
ContentResolver resolver = getContentResolver();//获取 ContentResolver 对象
resolver.update(Contacts.CONTENT_URI, contentValues, "_id=5",null); //更新
```

6.5.3　ContentProvider 应用

下述代码用于实现任务描述 6.D.4，使用 ContentProvider 访问联系人信息。CPActivity 程序代码如下。

【描述 6.D.4】CPActivity.java

```
public class CPActivity extends Activity {
    // 联系人的 URI
    Uri contact_uri = Contacts.CONTENT_URI;
    TextView textview; // 声明 TextView 对象
    int textcolor = Color.GREEN; // 定义文本颜色

    public void onCreate(Bundle savedInstanceState) {
        super.onCreate(savedInstanceState);
        setContentView(R.layout.main); // 根据 main.xml 设置程序 UI
        textview = (TextView) findViewById(R.id.textview); // 创建 textview 对象
        // 调用 getContactInfo()方法获取联系人的信息
        String result = getContactInfo();
        textview.setTextColor(textcolor); // 设置文本框的颜色
        textview.setTextSize(20.0f); // 定义字体大小
        textview.setText("记录\t 名字\n" + result); // 设置文本框的文本
    }

    // getContactInfo()获取联系人列表的信息,返回 String 对象
    public String getContactInfo() {
        String result = "";
        // 获取 ContentResolver 对象
        ContentResolver resolver = getContentResolver();
        // 查询联系人
        Cursor cursor = resolver.query(contact_uri, null, null, null, null);
        // 获得_ID 字段的索引
        int idIndex = cursor.getColumnIndex(Contacts._ID);
        // 获得 Name 字段的索引
        int nameIndex = cursor.getColumnIndex(Contacts.DISPLAY_NAME);
        // 遍历 Cursor 提取数据
        for(cursor.moveToFirst();(!cursor.isAfterLast());cursor.moveToNext()){
            result = result + cursor.getString(idIndex) + "\t\t\t";
            result = result + cursor.getString(nameIndex) + "\t\n";
        }
        // 使用 close 方法关闭游标
        cursor.close();
        // 返回结果
        return result;
```

```
    }
}
```

上述实例使用 ContentProvider 访问联系人信息。在 Android 中，用户可使用 Contacts 应用来添加、修改、编辑以及删除联系人。在桌面上有“Contacts”应用图标，单击该应用程序，则进入联系人列表页面，如果没有联系人，则显示如图 6-8 所示的信息。

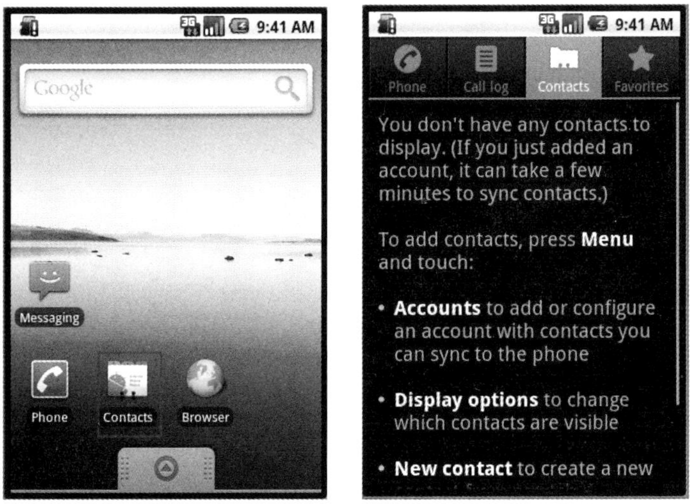

图 6-8　Contacts 应用

在“Contacts”中单击“MENU”菜单，选择“New contact”，可以添加新联系人，如图 6-9 所示，添加了三个联系人信息。

图 6-9　Contacts 中的联系人

Contacts 对应一个 SQLite 数据库，用于存放联系人信息。因而对 Contact 的操作结果最终要存储到一个 SQLite 数据库中，其路径位于“/data/data/com.android.provides.contacts/databases”目录下，如图 6-10 所示。

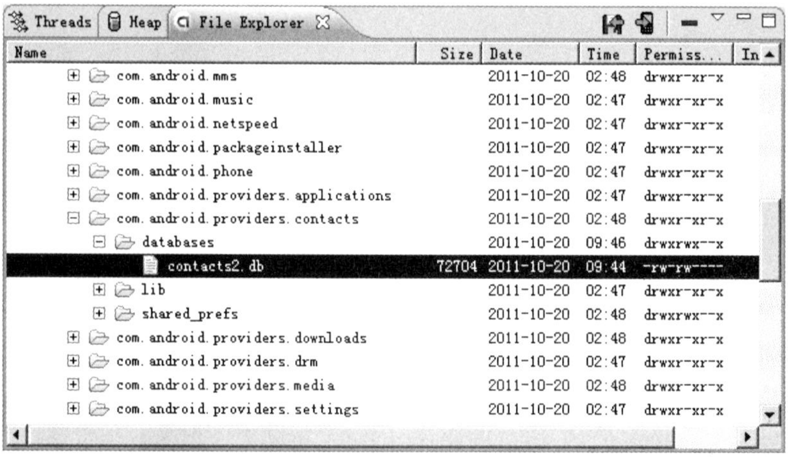

图 6–10　Contact 数据库

本实例使用 ContentResolver 来实现联系人的查询，ContentResolver 提供了 query()方法来查询 ContentProvider 中的数据。执行完 query()方法后，会返回一个游标对象。可通过该对象获取表对应字段的索引，然后使用游标的 getXXX()方法获取该索引对应的值。注意，要让程序能够读取 Contacts 信息，必须在配置文件 AndroidManifest.xml 中添加如下权限：

```
<uses-permission android:name="android.permission.READ_CONTACTS">
</uses-permission>
```

运行程序，手机中所有联系人记录的 ID 以及名字均在屏幕上显示，运行结果如图 6-11 所示。

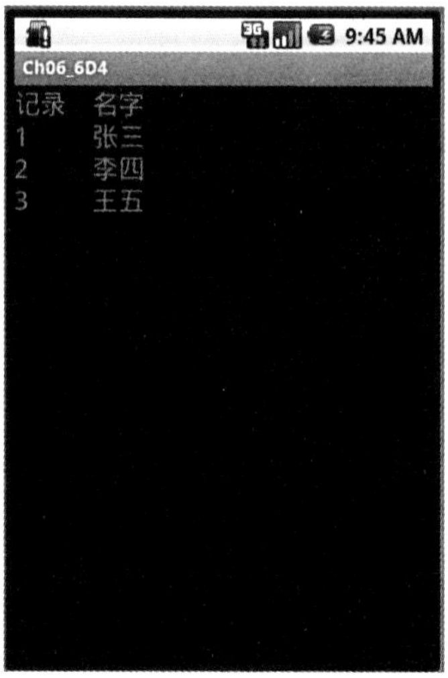

图 6–11　使用 ContentProvider 访问联系人信息

小结

通过本章的学习，读者应该能够学会：

- Preference 提供了一种轻量级的数据存储方式，以“key-value”方式将数据保存在一个 XML 配置文件中；
- 通过 Context.openFileInput()方法可以获取标准的文件输入流（FileInputStream），读取设备上的文件；通过 Context.openFileOuput()方法可以获取标准的文件输出流（FileOutputStream）；
- Android 中通过 SQLite 数据库实现结构化的数据存储；
- SQLiteOpenHelper 是 SQLiteDatabase 的一个帮助类，用来管理数据库的创建和版本更新；
- Content Provider（内容提供器）是所有的应用程序之间数据存储和检索的一个桥梁，其作用就是使各个应用程序之间实现数据共享；
- Android 系统为一些常见的应用（如音乐、视频、图像、联系人列表等）定义了相应的 ContentProvider，它们被定义在 android.provider 包下。

练习

1. 适合结构化数据存储的是______。
   A. Preference　B. 文件方式　C. SQLite　D. 网络
2. 可以存储为 XML 文件的存储方式是______。
   A. Preference　B. 文件方式　C. SQLite　D. 网络
3. 关于 Android 数据存储的说法，不正确的是______。
   A. Preference 适合小数据量的存储
   B. 文件方式适合大文件存储
   C. SQLite 适合嵌入式设备进行数据存储
   D. Android 的文件存储无法使用标准 Java（Java SE）中的 IO 机制
4. 关于 SQLite 的说法，不正确的是______。
   A. SQLite 不支持事务
   B. SQLite 只能用于 Android 系统
   C. SQLite 不支持完整的 SQL 规范
   D. SQLite 允许网络访问
5. Android 的 4 种数据存储机制是______、______、______、______。
6. 编写代码，读取所有的联系人的信息，并存储在自定义的 SQLite 表中。
7. 使用 SQLite 实现个人信息管理系统，个人信息包括姓名、年龄、性别以及学历。

第 7 章　网络通信

本章目标

- 了解 Android 中网络通信的方式
- 理解 Socket、ServerSocket 原理及常用方法
- 掌握使用 Socket 和 ServerSocket 进行网络通信
- 掌握 HttpURLConnection 的使用
- 掌握 HttpClient 的使用
- 熟悉 WebKit 的组成及原理
- 掌握使用 WebView 组件浏览网页

学习导航

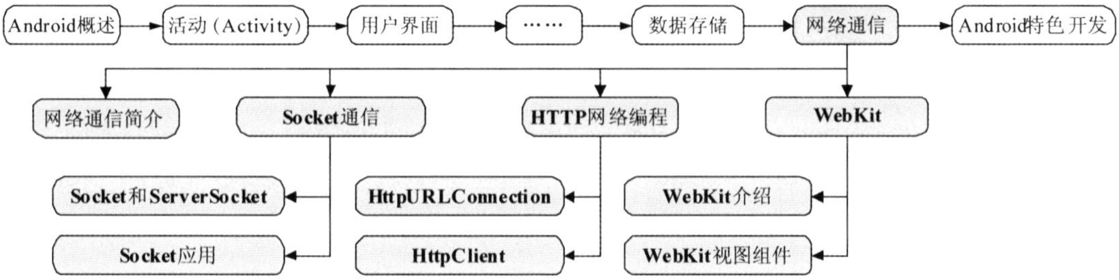

任务描述

【描述 7.D.1】

使用 Socket 和 ServerSocket 实现一个简易聊天室。

【描述 7.D.2】

使用 HttpURLConnection 访问 Servlet，实现用户登录功能。

【描述 7.D.3】

修改 7.D.2，使用 HttpClient 访问 Servlet，实现用户登录功能。

【描述 7.D.4】

使用 WebView 视图组件来访问网页。

7.1　网络通信简介

无线网络的产生为人们的生活提供了不少方便，比如高速的无线宽带上网、视频通话、无线搜索、手机音乐、网游等。无线网络的迅猛发展，使人们不必受时间和空间的限制，可以随时随地进行数据交换，浏览 Internet，并使用网络来处理一些事务。因此，在 Android 中，掌握网络通信便可以开发一些优秀的网络应用程序。

网络通信应该包含三部分内容：发送方、接收方以及协议栈。发送方和接收方是参与通信的主体，协议栈是发送方和接收方进行通信的规约。按照服务类型，网络通信可分为面向连接和无连接的方式。面向连接是在通信前建立通信链路，而通信结束后释放该链路。无连接的方式则不需要在通信前建立通信连接，这种方式不保证传输的质量。

Android 提供了多种网络通信的方式，Java 中提供的网络编程，在 Android 中都提供了支持。Android 中常用的网络编程方式如下：

- 针对 TCP/IP 协议的 Socket 和 ServerSocket；
- 针对 HTTP 协议的网络编程，如 HttpURLConnection 和 HttpClient；
- 直接使用 WebKit 访问网络。

7.2　Socket 通信

Socket 通信是指双方采用 Socket 机制交换数据。Socket 是比较低层的网络编程方式，其他的高级协议（如 HTTP）都是建立在此基础之上的，而且 Socket 是跨平台的编程方式，可以在异构语言之间进行通信，所以掌握 Socket 网络编程是掌握其他网络编程方式的基础。

7.2.1　Socket 和 ServerSocket

Socket 通常也称为“套接字”，这个套接字用来描述通信链的句柄：IP 地址和端口。通过套接字，应用程序之间可传输信息。常见的网络通信协议有 TCP 和 UDP 两种，TCP 协议是可靠的、面向连接的协议，这种方式需要在通信前建立通信双方的连接链路，而通信结束后又释放该链路。而 UDP 数据报协议是不可靠的、无连接的协议，这种协议不需要在通信前建立通信双方的连接。因而 UDP 使用可靠性来换取传输开销，其传输开销比 TCP 小。

java.net 包中提供了以下两个 Socket 类。

- java.net.Socket 是客户端的 Socket 对应的类；
- java.net.ServerSocket 是服务器端的 Socket 对应的类，这个类表示一个等待客户端连接的服务器端套接字。

1. Socket 类

Socket 类常用的方法如表 7-1 所示。

表 7-1　Socket 的常用方法及功能描述

方法	功能描述
Socket(String host ,int port)	Socket 提供 7 个构造函数。该构造函数带两个参数，用于创建一个到主机为 host、端口号为 port 的套接字，并连接到远程主机
bind(SocketAddress localAddr)	将该 Socket 同参数 localAddr 指定的地址和端口绑定
InetAddress getInetAddress()	获取该 Socket 连接的目标主机的 IP 地址
synchronized int getReceiveBufferSize()	获取该 Socket 的接收缓冲区的尺寸
synchronized void close()	关闭 Socket
InputStream getInputStream()	获取该 Socket 的输入流，这个输入流用来读取数据
boolean isConnected()	判断该 Socket 是否连接
boolean isOutputShutdown()	判断该 Socket 的输出管道是否关闭
boolean isInputShutdown()	判断该 Socket 的输入管道是否关闭
SocketAddress getLocalSocketAddress()	获取此 Socket 的本地地址和端口
int getPort()	获取端口号

一般情况下，Socket 的工作步骤如下：

01 根据指定地址和端口创建一个 Socket 对象。

02 调用 getInputStream()方法或 getOutputStream()方法打开连接到 Socket 的输入/出流。

03 客户端与服务器根据一定的协议交互，直到关闭连接。

04 关闭客户端的 Socket。

下述代码片段是一个典型的创建客户端 Socket 的过程。

```
try {
    // 127.0.0.1 是 TCP/IP 协议中默认的本机地址
    Socket socket = new Socket("127.0.0.1", 4700);
} catch (IOException ioe) {
    System.out.println("Error:" + ioe);
} catch(UnknownHostException uhe) {
    System.out.println("Error:" + uhe);
}
```

2. ServerSocket 类

ServerSocket 用于监听在特定端口的 TCP 连接，当客户端的 Socket 试图与服务器指定端口建立连接时，服务器被激活，判定客户程序的连接，一旦客户端与服务器建立了连接，则两者之间就可以相互传送数据。ServerSocket 常用的方法如表 7-2 所示。

表 7-2　ServerSocket 常用的方法及功能

方法	功能描述
ServerSocket(int port)	ServerSocket 构造函数
Socket accept()	等待客户端的连接，当客户端请求连接时，返回一个 Socket
void close()	关闭服务器 Socket

（续表）

方法	功能描述
SocketAddress getLocalSocketAddress()	获取此 Socket 的本地地址和端口
int getLocalPort()	获取端口号
InetAddress getInetAddress()	获取该 Socket 的 IP 地址
boolean isClosed()	判断连接是否关闭
void setSoTimeout(int timeout)	设置 accept 的超时时间

一般情况下，ServerSocket 的工作步骤如下：

01 根据指定端口创建一个新的 ServerSocket 对象。

02 调用 ServerSocket 的 accept()方法，在指定的端口监听到来的连接。accept()一直处于阻塞状态，直到有客户端试图建立连接。这时 accept()方法返回连接客户端与服务器的 Socket 对象。

03 调用 getInputStream()方法或 getOutputStream()方法建立与客户端交互的输入/输出流。

04 服务器与客户端根据一定的协议交互，直到关闭连接。

05 关闭服务器端的 Socket。

06 回到第 02 步，继续监听下一次的连接。

下述代码片段是一个典型的创建服务器端 ServerSocket 的过程。

```
ServerSocket server = null;
try {
    //创建一个 ServerSocket 在端口 4700 监听客户请求
    server = new ServerSocket(4700);
} catch (IOException e) {
    System.out.println("can not listen to :" + e);
}
Socket socket = null;
try {
    //accept()是一个阻塞方法，一旦有客户请求，它就会返回一个 Socket 对象用于同客户进行交互
    socket = server.accept();
} catch (IOException e) {
    System.out.println("Error:" + e);
}
```

7.2.2 Socket 应用

下述内容用于实现任务描述 7.D.1，使用 Socket 和 ServerSocket 实现一个简易聊天室。使用 Socket 进行双方通信至少需要实现服务器端和客户端两部分。服务器端的代码如下。

【描述 7.D.1】Server.java

```
public class Server {
```

```
    private int ServerPort = 9898; // 定义端口
    private ServerSocket serversocket = null; // 声明服务器套接字
    private OutputStream outputStream = null; // 声明输出流
    private InputStream inputStream = null; // 声明输入流
    private PrintWriter printWriter = null; // 声明打印流，用于将数据发送给对方
    private Socket socket = null; // 声明套接字，注意同服务器套接字不同
    private BufferedReader reader = null; // 声明缓冲流，用于读取接收的数据

    /* Server 类的构造函数 */
    public Server() {
        try {
            // 根据指定的端口号，创建套接字
            serversocket = new ServerSocket(ServerPort);
            System.out.println("服务启动...");
            socket = serversocket.accept(); // 用 accept 方法等待客户端的连接
            System.out.println("客户已连接...\n");
        } catch (Exception ex) {
            ex.printStackTrace(); // 打印异常信息
        }

        try {
            // 获取套接字输出流
            outputStream = socket.getOutputStream();
            // 获取套接字输入流
            inputStream = socket.getInputStream();
            // 根据 outputStream 创建 PrintWriter 对象
            printWriter = new PrintWriter(outputStream, true);
            // 根据 inputStream 创建 BufferedReader 对象
            reader = new BufferedReader(new InputStreamReader(inputStream));
            // 根据 System.in 创建 BufferedReader 对象
            BufferedReader in = new BufferedReader(new InputStreamReader(
                    System.in));
            while (true) {
                // 读客户端的传输信息
                String message = reader.readLine();
                // 将接受的信息打印出来
                System.out.println("Client: " + message);
                // 若消息为 Bye 或者 bye，则结束通信
                if (message.equals("Bye") || message.equals("bye"))
                    break;
                message = in.readLine();// 接收键盘输入
                printWriter.println(message); // 将输入的信息向客户端输出
            }
```

```
            outputStream.close(); // 关闭输出流
            inputStream.close(); // 关闭输入流
            socket.close(); // 关闭套接字
            serversocket.close(); // 关闭服务器套接字
            System.out.println("Client is disconnected");
        } catch (Exception e) {
            e.printStackTrace(); // 打印异常信息
        } finally {
        }
    }

    /* 程序入口，程序从 main 函数开始执行 */
    public static void main(String[] args) {
        new Server();
    }
}
```

上述代码作为服务器端等待客户端的连接，此程序运行在 Windows 系统中，而不是 Android 系统中。

客户端 ClientActivity 的代码如下。

```
public class ClientActivity extends Activity implements Runnable {
    // 声明文本视图 chatmessage，用于显示聊天记录
    private TextView chatmessage = null;
    // 声明编辑框 sendmessage，用于用户输入短信内容
    private EditText sendmessage = null;
    // 声明按钮 send_button，用于发送短信
    private Button send_button = null;
    private static final String HOST = "192.168.2.152"; // 服务器的 IP 地址
    private static final int PORT = 9898; // 服务器端口号
    private Socket socket = null; // 声明套接字类，传输数据
    private BufferedReader bufferedReader = null;
    private PrintWriter printWriter = null;
    private String string = "";

    public void onCreate(Bundle savedInstanceState) {
        super.onCreate(savedInstanceState);
        setContentView(R.layout.main);
        chatmessage = (TextView) this.findViewById(R.id.chatmessage);
        sendmessage = (EditText) this.findViewById(R.id.sendmessage);
        send_button = (Button) this.findViewById(R.id.SendButton);
        try {
            // 指定 IP 和端口号创建套接字
```

```
            socket = new Socket(HOST, PORT);
            // 使用套接字的输入流构造 BufferedReader 对象
            bufferedReader = new BufferedReader(new InputStreamReader(socket
                    .getInputStream()));
            // 使用套接字的输出流构造 PrintWriter 对象
            printWriter = new PrintWriter(new BufferedWriter(
                    new OutputStreamWriter(socket.getOutputStream())), true);
        } catch (Exception e) {
            e.printStackTrace(); // 打印异常
            CreateDialog(e.getMessage()); // 调用 CreateDialog()方法生成对话框
        }
        /* 注册 send_button 的鼠标单击监听器。当单击按钮时，发送指定的信息 */
        send_button.setOnClickListener(new Button.OnClickListener() {
            public void onClick(View view) {
                // 获取输入框的内容
                String message = sendmessage.getText().toString();
                // 判断 socket 是否连接
                if (socket.isConnected()) {
                    if (!socket.isOutputShutdown()) {
                        // 将输入框的内容发送到服务器
                        printWriter.println(message);
                        // 设置 chatmessage 的内容
                        chatmessage.setText(chatmessage.getText().toString()
                                + "\n" + "Client: " + message);
                        // 清空 sendmessage 的内容，以便下次输入
                        sendmessage.setText("");
                    }
                }
            }
        });
        new Thread(this).start(); // 启动线程
    }

    /* CreateDialog 产生对话框 */
    public void CreateDialog(String msmessage) {
        android.app.AlertDialog.Builder builder = new AlertDialog.Builder(this);
        // 首先获取 AlertDialog 的 Builder 类，该 Builder 对象用于构造对话框
        builder.setTitle("异常"); // 指定对话框的标题
        builder.setMessage(msmessage); // 设置显示的信息
        builder.setPositiveButton("Yes", new DialogInterface.OnClickListener(){
            public void onClick(DialogInterface dialog, int which) {
            }
        });
        // 设置 PositiveButton 的名称以及监听器
```

```
        builder.setNegativeButton("No", new DialogInterface.OnClickListener() {
            public void onClick(DialogInterface dialog, int which) {
            }
        });
        // 设置 NegativeButton 的名称以及监听器
        builder.show(); // 显示对话框
    }

    /* 线程运行的代码 */
    public void run() {
        try {
            while (true) {
                // 若套接字同服务器的链接存在且输入流也存在，则发送消息
                if (socket.isConnected()) {
                    if (!socket.isInputShutdown()) {
                        if ((string = bufferedReader.readLine()) != null) {
                            Log.i("TAG", "++ " + string);
                            string += " ";
                            messegner.sendMessage(messegner.obtainMessage());
                        } else {
                            // TODO
                        }
                    }
                }
            }
        } catch (Exception ex) {
            ex.printStackTrace(); // 显示异常信息
            Log.w("TAG", "-- " + ex.toString());// 将信息输出到日志里,级别为 Warn
        }
    }

    /* 创建 Handler 对象 messegner */
    public Handler messegner = new Handler() {
        public void handleMessage(Message msg) {
            super.handleMessage(msg);
            Log.i("TAG", "-- " + msg); // 将消息打印到日志里，级别为 Inf
            chatmessage.setText(chatmessage.getText().toString() + "\n"
                    + "Server: " + string);
        }
    };
}
```

上述代码作为客户端运行在 Android 系统中，客户端通过套接字绑定服务器端的 IP 地址

和端口号。注意，这里的 IP 地址是服务的 IP 地址，即使服务器端和 Android 的模拟器在同一机器上运行，也不能使用回环地址（127.0.0.1）作为服务器的 IP 地址，否则，程序会出现拒绝连接的错误。

对于服务器端的消息，使用 Handler 消息处理机制，这种处理机制是异步的。对于发送和接收信息，Handler 有不同的处理方式，向消息队列发送消息时会立即返回，而从消息队列中接收消息时会阻塞。其中读取消息时会执行 Handler 中的 handleMessage(Message msg) 方法，因此，在创建 Handler 时应该重写该方法，在该方法中写上读取到消息后的操作，使用 Handler 的 obtainMessage()来获得消息对象。

要让客户端能够访问服务器，必须在 AndroidManifest.xml 配置文件中增加如下权限：

```
<uses-permission android:name="android.permission.INTERNET"></uses-permission>
```

先启动 Server 服务器，再运行客户端 ClientActivity 程序，在客户端界面的文本框中输入信息并单击“发送”按钮，信息会发送给服务器；在服务器端通过键盘输入返回信息，这样服务器与客户端就可以通信。客户端的显示结果如图 7-1 所示。

图 7-1　客户端显示结果

服务器端的输出结果如下：

```
服务启动...
客户已连接...


Client: 111
2222
Client: 3333
4444
```

7.3　HTTP 网络编程

HTTP 协议是 Internet 上使用最广泛的通信协议。随着移动互联网时代的来临，基于 HTTP 的手机等移动终端的应用也会更加广泛。在 Android 中，针对 HTTP 进行网络通信有以下两种：

- HttpURLConnection；
- Apache HTTP 客户端组件 HttpClient。

7.3.1　HttpURLConnection

如果网上某个资源 URL 是基于 HTTP 的，则可以使用 java.net.HttpURLConnection 进行请求和响应。每个 HttpURLConnection 实例都可用于生成单个请求，可以透明地共享连接到 HTTP 服务器的基础网络。HttpURLConnection 常用的方法如表 7-3 所示。

表 7-3　HttpURLConnection 常用方法

方法	功能描述
InputStream getInputStream()	返回从此处打开的连接读取的输入流
OutputStream getOutputStream()	返回写入到此连接的输出流
String getRequestMethod()	获取请求方法
int getResponseCode()	获取状态码，如 HTTP_OK、HTTP_UNAUTHORIZED
void setRequestMethod(String method)	设置 URL 请求的方法
void setDoInput(boolean doinput)	设置输入流，如果使用 URL 连接进行输入，则将 DoInput 标志设置为 true（默认值）；如果不打算使用，则设置为 false
void setDoOutput(boolean dooutput)	设置输出流，如果使用 URL 连接进行输出，则将 DoOutput 标志设置为 true；如果不打算使用，则设置为 false（默认值）
void setUseCaches(boolean usecaches)	设置连接是否使用任何可用的缓存
void disconnect()	关闭连接

HttpURLConnection 是一个抽象类，无法直接实例化，其对象主要通过 URL 的 openConnection()方法获得。例如，下述代码获取一个 HttpURLConnection 连接：

```
//创建 URL
URL url=new URL("http://www.google.com/");
//获取 HttpURLConnection 连接
HttpURLConnection urlConn=(HttpURLConnection)url.openConnection();
```

在进行连接操作之前，可以对 HttpURLConnection 的一些属性进行设置，例如：

```
//设置输出、输入流
urlConn.setDoOutput(true);
urlConn.setDoInput(true);
//设置方式为 POST
urlConn.setRequestMethod("POST");
```

```
//请求不能使用缓存
urlConn.setUseCaches(false);
```

连接完成之后可以关闭连接，代码如下：

```
urlConn.disconnect();
```

下述内容用于实现任务描述 7.D.2，使用 HttpURLConnection 访问 Servlet，实现用户登录功能。具体操作步骤如下：

01 创建 Android 项目，设计登录界面布局并编写 LoginActivity。其中 LogingActivity 的代码如下。

【描述 7.D.2】LoginActivity.java

```
public class LoginActivity extends Activity {
    // 声明使用到的 Button 和 EditText 视图组件
    private Button cancelBtn, loginBtn;
    private EditText userEditText, pwdEditText;

    @Override
    public void onCreate(Bundle savedInstanceState) {
        super.onCreate(savedInstanceState);
        setContentView(R.layout.main);
        // 实例化视图组件
        cancelBtn = (Button) findViewById(R.id.cancelButton);
        loginBtn = (Button) findViewById(R.id.loginButton);
        userEditText = (EditText) findViewById(R.id.userEditText);
        pwdEditText = (EditText) findViewById(R.id.pwdEditText);
        //设置登录按钮监听器
        loginBtn.setOnClickListener(new OnClickListener() {
            @Override
            public void onClick(View v) {
                String username = userEditText.getText().toString();
                String pwd = pwdEditText.getText().toString();
                login(username, pwd);
            }
        });
        //设置取消按钮监听器
        cancelBtn.setOnClickListener(new OnClickListener() {
            @Override
            public void onClick(View v) {
                finish();
            }
        });
```

```
    }
    //定义一个显示提示信息的对话框
    private void showDialog(String msg) {
        AlertDialog.Builder builder = new AlertDialog.Builder(this);
        builder.setMessage(msg).setCancelable(false).setPositiveButton("确定",
                new DialogInterface.OnClickListener() {
                    public void onClick(DialogInterface dialog, int id) {
                    }
                });
        AlertDialog alert = builder.create();
        alert.show();
    }
    //通过用户名称和密码进行查询，发送请求，获得响应结果
    private void login(String username, String password) {
        //URL 地址，访问指定网站的 Servlet
        String urlStr
            = "http://192.168.2.152:8080/ch07_7D2Server/LoginServlet?";
        //请求参数，传递用户名和密码值
        String queryString = "username=" + username + "&password=" + password;
        urlStr += queryString;
        try {
            //根据地址创建 URL 对象
            URL url = new URL(urlStr);
            //获取 HttpURLConnection 连接
            HttpURLConnection conn = (HttpURLConnection) url.openConnection();

            //获取状态码并判断其值是否为 HTTP_OK
            if (conn.getResponseCode() == HttpURLConnection.HTTP_OK) {
                //获取输入流
                InputStream in = conn.getInputStream();
                //创建一个缓冲字节数组
                byte[] buffer= new byte[in.available()];
                //从输入流中读取数据并存放到缓冲字节数组中
                in.read(buffer);
                //将字节数据转换成字符串
                String msg = new String(buffer);
                //使用对话框显示信息
                showDialog(msg);
                //关闭输入流
                in.close();
            }
            //关闭连接
            conn.disconnect();
```

```
        } catch (Exception e) {
            showDialog(e.getMessage());
        }
    }
}
```

在 AndroidManifest.xml 配置文件中添加能够访问网络的权限：

```
<uses-permission android:name="android.permission.INTERNET"></uses-permission>
```

02 创建一个动态 Web 项目，并添加一个名为 LoginServlet 的 Servlet，其代码如下。

【描述 7.D.2】LoginServlet.java

```
public class LoginServlet extends HttpServlet {
    protected void doGet(HttpServletRequest request,
            HttpServletResponse response) throws ServletException, IOException {
        String username = request.getParameter("username");
        String password = request.getParameter("password");
        System.out.println(username + ":" + password);
        response.setContentType("text/html");
        response.setCharacterEncoding("utf-8");
        PrintWriter out = response.getWriter();
        String msg = null;
        if (username != null && username.equals("admin") && password != null
                && password.equals("1")) {
            msg = "登录成功!";
        } else {
            msg = "登录失败!";
        }
        out.print(msg);
        out.flush();
        out.close();
    }
    protected void doPost(HttpServletRequest request,
            HttpServletResponse response) throws ServletException, IOException {
        doGet(request, response);
    }
}
```

上述代码实现了 Servlet 的 doGet()和 doPost()方法，在 doGet()方法中，首先调用 request 请求对象的 getParameter()方法获取客户端传来的用户名和密码信息；然后调用 response 响应对象的 getWriter()方法获得打印输出流；最后验证用户名和密码是否正确，并将验证结果通过打印输出流向客户端输出返回信息。

03 先启动 Web 项目，再运行 Android 客户端应用，运行结果如图 7-2 所示。

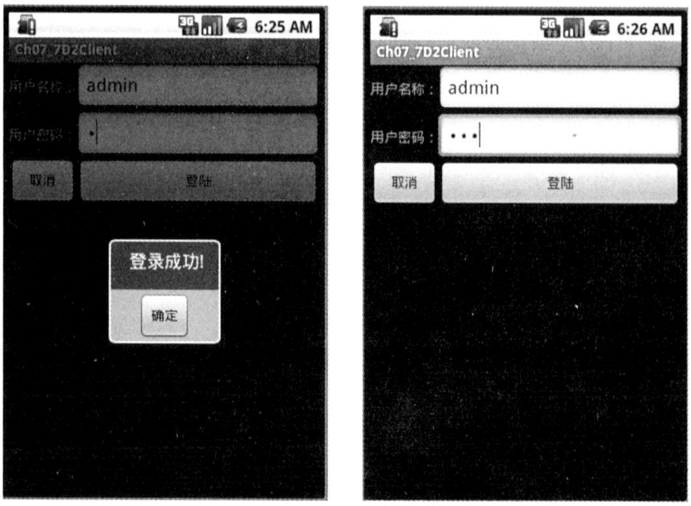

图 7–2　使用 HttpURLConnection 登录

7.3.2　HttpClient

Apache 提供了 HTTP 客户端组件 HttpClient，它对 java.net 中的类进行封装和抽象，更适合在 Android 上开发网络应用，使得针对 HTTP 编程更加方便、高效。HttpClient 本身不是一个浏览器，而是一个客户端的 HTTP 传输库，其目的是为了让 HttpClient 接收和发送 HTTP 消息。HttpClient 最重要的作用是执行 HTTP 方法，执行一个 HTTP 方法涉及一个或几个 HTTP 请求或响应的交互，根据请求方法的不同，会用到 HttpGet 和 HttpPost 两个对象，而 HttpClient 负责将该项请求转送到目标服务器，并返回一个相应的响应对象。因此，HttpClient API 的主要部分是定义上面功能的 HttpClient 接口。HttpClient 接口代表了最基本的 HTTP 请求执行规约。它没有在请求执行的过程中强加任何限制或特定的具体细节，不关心连接管理细节、状态管理细节，也不关心认证和重定向处理个别的实现。这使得使用额外的功能实现接口变得容易。

通常使用 HttpClient 的子类 DefaultHttpClient 进行操作，DefaultHttpClient 是 HttpClient 的默认实现类，用来负责处理 HTTP 协议的某一方面功能，如重定向或认证处理、关于保持连接和保活时间的决策。这使得用户可以选择性地使用特定的应用替换默认的功能。

下述代码是一个使用 HttpClient 请求执行过程的简单例子。

```
//使用 DefaultHttpClient 生成一个 HttpClient 对象
HttpClient httpclient = new DefaultHttpClient();
//定义一个 URL 地址
String uri = "http://test/";
//定义一个以 Get 方式提交的 HttpGet 请求对象
HttpGet httpget = new HttpGet(uri);
//执行 HttpClient 对象的 execute()方法，即将请求对象提交给服务器，并返回一个响应对象
```

```
HttpResponse httpesponse = httpclient.execute(httpget);
//获取响应信息
HttpEntity httpentity = httpresponse.getEntity();
......
```

下述内容用于实现任务描述 7.D.3，对 7.D.2 进行修改，使用 HttpClient 访问 Servlet，实现用户登录功能。服务器 Servlet 无须变动，只需将 LoginActivity 中的 login()方法进行修改，修改后的代码如下。

【描述 7.D.3】LoginActivity.java 中的 login()

```
private void login(String username, String password) {
    // URL 地址，访问指定网站的 Servlet
    String urlStr
        = "http://192.168.2.152:8080/ch07_7D2Server/LoginServlet";
    //定义一个以 Post 方式提交的 HttpPost 请求对象
    HttpPost request = new HttpPost(urlStr);
    // 如果传递参数个数比较多，可以对传递的参数进行封装
    List<NameValuePair> params = new ArrayList<NameValuePair>();
    //添加用户名和密码参数
    params.add(new BasicNameValuePair("username", username));
    params.add(new BasicNameValuePair("password", password));
    try {
        //设置请求参数项及其编码字符集
        request.setEntity( new UrlEncodedFormEntity(params,HTTP.UTF_8));
        //使用 DefaultHttpClient 生成一个 HttpClient 对象
        HttpClient httpclient=new DefaultHttpClient();
        //执行 HttpClient 对象的 execute()方法，将请求对象提交给服务器，并返回一个响应对象
        HttpResponse response =httpclient.execute(request);
        //判断请求是否成功
        if(response.getStatusLine().getStatusCode()==HttpStatus.SC_OK){
            //调用响应对象的 getEntity()方法获取响应信息，并转换成字符串
            String msg = EntityUtils.toString(response.getEntity());
            showDialog(msg);
        }
    } catch (Exception e) {
        e.printStackTrace();
    }
}
```

上述代码中使用 HttpPost 封装请求，Post 方式要比 Get 方式复杂，需要使用 NameValuePair 来保存要传递的参数，此处先使用 BasicNameValuePair 来构造一个传递的参数，然后通过 add()方法添加到 NameValuePair 列表中，代码如下：

```
// 如果传递参数个数比较多，可以对传递的参数进行封装
List<NameValuePair> params = new ArrayList<NameValuePair>();
//添加用户名和密码参数
params.add(new BasicNameValuePair("username", username));
params.add(new BasicNameValuePair("password", password));
```

Post 方式需要设置所用的编码字符集，并调用 HttpPost 请求对象的 setEntity()方法设置参数项，即将参数列表添加到请求对象中，代码如下：

```
request.setEntity( new UrlEncodedFormEntity(params,HTTP.UTF_8));
```

与 Get 方式一样，调用 HttpClient 对象的 execute()方法执行请求并返回一个响应对象，根据响应对象的状态码判读请求是否成功，如果成功，则调用 getEntity()获取响应信息，运行结果如图 7-3 所示。

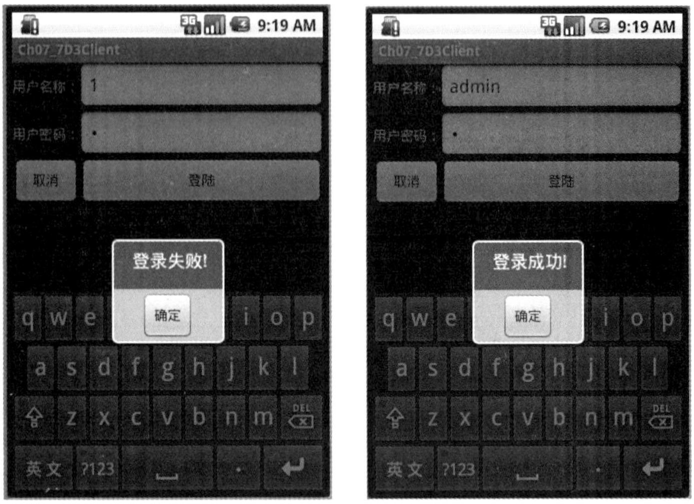

图 7-3　使用 HttpClient 访问 Servlet

7.4　WebKit

Android 提供了内置的浏览器，该浏览器使用了开源的 WebKit 引擎。相比其他浏览器引擎，WebKit 浏览器引擎不仅具有较好的渲染效果，而且兼容 Web 标准、可扩展性好，因而被多种手机操作系统所采纳。

7.4.1　WebKit 介绍

在 Android 平台中，WebKit 引擎可分为 Java 引擎库和 WebCore 引擎库两个部分。

- Java 引擎库使用 JavaScript 实现，该引擎负责与 Android 应用程序进行通信；

■ WebCore 引擎库负责处理实际的网页生成与版面元素。

这两个引擎之间使用 JNI 和 Bridge 相互调用。如图 7-4 所示显示了 WebKit 引擎子模块的调用关系。

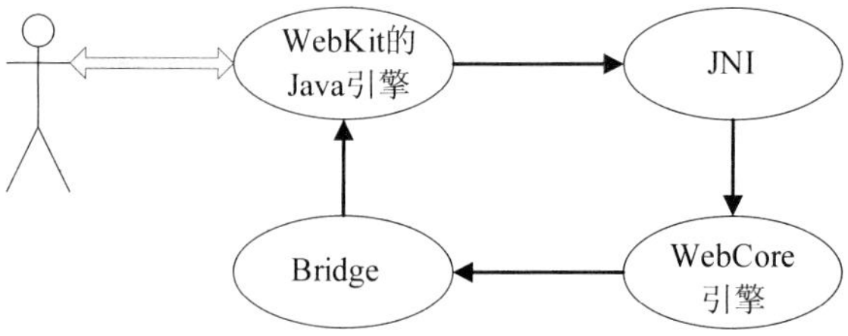

图 7-4 引擎子模块的调用关系

Android 对 WebKit 进行封装，为开发者提供丰富的接口和类，定义在 android.webkit 包中。通过 webkit 包中提供的类，可实现 Internet 的访问。WebKit 引擎中主要的类及其功能如表 7-4 所示。

表 7-4 WebKit 主要的类及其功能

类名	功能
BrowserFrame	BrowserFrame 类是一个封装器，封装了 WebCore 库中的 Frame 类。使用该类可创建 WebCore 中定义的 Frame，并且创建该对象的事件监听方法
WebView	WebView 类是 WebKit 模块 Java 层的视图类，所有需要使用 Web 浏览功能的 Android 应用程序都要创建该视图对象显示和处理请求的网络资源
HttpAuthHandler	Http 认证处理类
DownloadManagerCore	DownloadManagerCore 类负责管理下载网络资源，所有的网络资源的下载均由该类管理。该类实例运行在 WebKit 线程中，通过调用 CallbackProxy 对象实现与 UI 线程的交互
CacheLoader	缓存加载器，用于加载缓存内容
DataLoader	数据加载器，用于载入网页数据
FileLoader	文件加载器，用于将文件数据加载到 Frame 中
WebViewDatabase	Web 视图数据库类，该类封装了 WebKit 引擎对 SQLiteDatabase 的操作
CacheSyncManager	Cache 同步管理器，该类负责同步浏览器缓存数据
Network	该类封装了网络连接逻辑，为开发人员提供更高级的网络连接
CallbackProxy	回调代理类，该类用于 UI 和 WebCore 之间的交互。与用户相关的通知方法是在该类中定义的。当 WebCore 完成相应的数据处理后，就会调用 CallbackProxy 类中对应的方法，这些方法通过消息方式间接调用相应处理对象的处理方法
SslErrorHandler	Ssl 错误处理器，该类提供了处理 SSL 错误的方法
JsResult	Js 结果类，该类用于用户交互
WebChromeClient	WebChrome 客户端，该类定义了一系列的事件，这些事件与浏览窗口修饰相关，例如接收到 Title、进度变化等
CellList	CellList 类定义了图片集合中的 Cell，该类用于管理 Cell 图片的绘制、状态变化以及索引
LoadListener	加载监听器。当有下载事件时，该类的 DownloadFileMethod 会被调用

（续表）

类名	功能
WebViewClient	Web 视图客户端类定义了页面载入、资源载入、页面访问错误等情况发生时的处理方法
DragClient	拖动客户端类定义了与页面拖动相关的处理
StreamLoader	包含三种类型的载入器。 CacheLoader（缓存加载器）：加载缓存内容； DataLoader（数据加载器）：用于载入网页数据； FileLoader（文件加载器）：将文件数据加载到 Frame 中。

7.4.2 WebView 视图组件

WebView 是 WebKit 中专门用来浏览网页的视图组件，它作为应用程序的 UI 接口，为用户提供了一系列的网页浏览、用户交互接口，通过这些接口显示和处理请求的网络资源。WebView 具有以下几个优点：

- 功能强大，支持 CSS、JavaScript 和 HTML，并很好地融入布局，使页面更加美观；
- 能够对浏览器控件进行详细的设置，例如字体、背景颜色、滚动条样式；
- 能够捕捉到所有浏览器的操作，例如，单击、打开或关闭 URL。

WebView 提供了一些浏览器方法，如表 7-5 所示。

表 7-5 WebView 常用的方法

方法	功能描述
loadUrl()	打开一个指定的 Web 资源页面
loadData()	显示 HTML 格式的网页内容
getSettings()	获取 WebView 的设置对象
addJavascriptInterface()	将一个对象添加到 JavaScript 的全局对象 Window 中，这样可以通过 Window.*XXX* 进行调用，与 JavaScript 进行交互
clearCache()	清除缓存
destory()	销毁 WebView

下述内容用于实现任务描述 7.D.4，使用 WebView 视图组件来浏览网页。首先在布局文件中添加一个 WebView 组件，代码如下。

【描述 7.D.4】main.xml

```
<?xml version="1.0" encoding="utf-8"?>
<LinearLayout xmlns:android="http://schemas.android.com/apk/res/android"
    android:orientation="vertical" android:layout_width="fill_parent"
    android:layout_height="fill_parent">
    <WebView android:id="@+id/mywebview" android:layout_width="fill_parent"
        android:layout_height="fill_parent" />
</LinearLayout>
```

在 AndroidManifest.xml 配置文件中添加能够访问网络的权限：

```
<uses-permission android:name="android.permission.INTERNET"></uses-permission>
```

创建一个名为 WebViewActivity 的 Activity，其代码如下。

【描述 7.D.4】WebViewActivity.java

```
public class WebViewActivity extends Activity {
    /** Called when the activity is first created. */
    @Override
    public void onCreate(Bundle savedInstanceState) {
        super.onCreate(savedInstanceState);
        setContentView(R.layout.main);
        WebView webView = (WebView) findViewById(R.id.mywebview);
        String url = "http://www.google.com";
        webView.loadUrl(url);
    }
}
```

上述代码中，使用 WebView 组件的 loadUrl()方法直接打开 Web 网页，运行结果如图 7-5 所示。

图 7-5　使用 WebView 控件浏览网络

也可以使用 WebView 组件的 loadData()方法显示 HTML 页面，例如：

```
String html = "";
html += "<html>";
html += "<body>";
html += "<a href=http://www.google.com>Google Home</a>";
html += "</body>";
```

```
html += "</html>";
webView.loadData(html, "text/html", "utf-8");
```

上述代码中，WebView 组件的 loadData()方法有三个参数，其中：

- 第 1 个参数是 html 内容；
- 第 2 个参数是 MIME 类型，即指明文本类型是 HTML 格式；
- 第 3 个参数是编码字符集。

小结

通过本章的学习，读者应该能够学会：

- Socket 通常也称为“套接字”，这个套接字用来描述通信链的句柄：IP 地址和端口；
- ServerSocket 用于监听特定端口的 TCP 连接，其 accept()方法用于监听到来的连接，并返回一个 Socket；
- HttpURLConnection 用于连接基于 HTTP 协议的 URL 网络资源；
- HttpURLConnection 是一个抽象类，无法直接实例化，其对象主要通过 URL 的 openConnection()方法获得；
- Apache 提供了 HTTP 客户端组件 HttpClient，它对 java.net 中的类进行封装和抽象，更适合在 Android 上开发网络应用；
- HttpClient 通常使用 DefaultHttpClient 生成 HttpClient 对象。DefaultHttpClient 是默认的实现 HttpClient 类；
- 根据请求方法的不同，会用到 HttpGet 和 HttpPost 两个对象，HttpGet 封装以 Get 方式提交请求，而 HttpPost 封装以 Post 方式提交请求；
- Android 提供了内置的浏览器，该浏览器使用了开源的 WebKit 引擎；
- WebView 是 WebKit 中专门用来浏览网页的视图组件，它作为应用程序的 UI 接口，为用户提供了一系列的网页浏览、用户交互接口，通过这些接口显示和处理请求的网络资源。

练习

1. 下列不属于 Android 内置网络支持的是______。

   A. Socket

   B. HttpClient

   C. HttpURLConnection

   D. Firefox 浏览器

2. 关于使用 Socket 和 ServerSocket 进行网络通信的说法，不正确的是______。
   A. Socket 的 accept()方法用于接收客户端连接
   B. ServerSocket 的 accept()方法用于接收客户端连接
   C. 服务器端无须使用 Socket
   D. 客户端无须使用 ServerSocket
3. 关于 HttpClient 的说法，不正确的是______。
   A. HttpClient 是 Apache 的开源项目
   B. HttpClient 是针对 HTTP 的开发包
   C. HttpClient 提供了 HTML 的渲染支持
   D. HttpClient 提供了 JavaScript 的解释器
4. 在 Android 中，针对 HTTP 进行网络通信有______和______两种。
5. 编写代码，使用 HttpClient 上传文件。

第 8 章　Android 特色开发

本章目标

- 了解电话功能结构
- 掌握 SMS 发送短信
- 了解 Android 中内置的传感器
- 熟悉传感器的使用
- 了解 Google Map 和 GPS 概念
- 掌握 GPS 定位
- 掌握本地搜索

学习导航

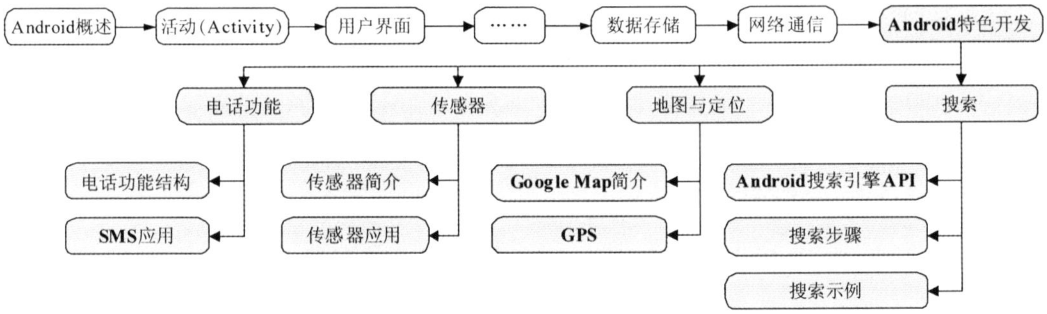

任务描述

【描述 8.D.1】

使用 SmsManager 发送短信。

【描述 8.D.2】

演示传感器的应用。

【描述 8.D.3】

使用 GPS 进行定位。

【描述 8.D.4】

演示 Android 搜索功能的实现。

8.1 电话功能

Android 作为一个智能手机平台，电话（Telephony）部分的功能自然是其特点，如呼叫（Call）、短消息服务（SMS）、数据的连接、SIM 卡以及电话本等功能。Android 提供这些功能的 API，用于监视移动语音和数据的连接以及传入和传出的呼叫，并发送和接收 SMS 消息。

8.1.1 电话功能结构

Android 的电话功能主要分为 MODEM 驱动、RIL（Radio Interface Layer）、电话服务框架、应用等 4 层结构。

- **MODEM 驱动：** 实现电话功能的主要硬件是调制解调器 MODEM，MODEM 通过与通信网络进行沟通传输语音及数据，完成呼叫、短信等相关电话功能。对于目前大部分独立通信模块而言，无论是 2G 还是 3G，都已非常成熟，模块化相当完善，硬件接口非常简单，也有着相对统一的软件接口。一般的 MODEM 模块装上 SIM 卡即可工作，自动完成初始的寻找网络以及网络注册等工作，完成这些工作后，用户即可拨打电话、发送短信等。
- **RIL：** 提供了电话服务和 Radio 硬件之间的抽象层，RIL 负责数据的可靠传输、AT 命令的发送以及请求的解析。AT 命令是一个调制解调器命令语言，每条命令以“AT”开头。
- **电话服务框架：** Android 电话功能部分 Java 框架的代码在“frameworks/base/telephony/java”路径下，实现了 android.telephony.gsm、com.android.internal.telephony 等类。
- **应用：** 在应用中可以通过 TelephonyManager 进行呼叫管理，通过 SmsManager 实现短信发送以及与 SIM 卡短信相关的操作。

以呼叫应用为例，其框架示意图如图 8-1 所示。

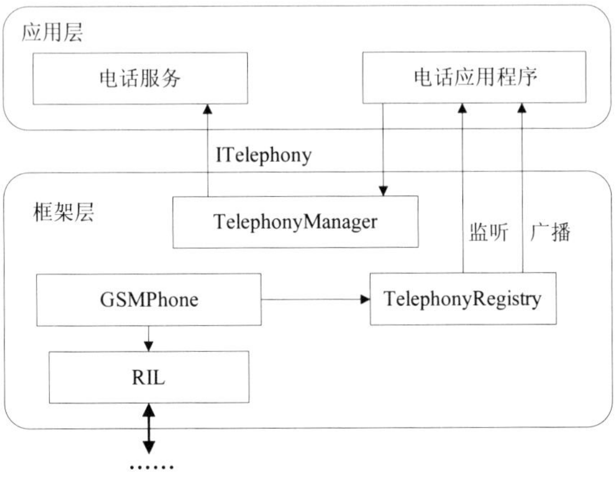

图 8-1 电话呼叫应用

电话部分除了呼叫、短信和数据连接几种关键应用模式，还有 SIM 卡、电话簿、联系人、USSD、STK、网络选择等众多功能。

8.1.2 SMS 应用

SMS 是手机不可缺少的应用，通过手机提供的短信功能，用户可以与好友进行聊天、发送祝福等。Android 提供了 android.telephony.SmsManager 类用于发送短信，提供了短信业务的操作，例如，发送数据、文本、SMS 消息。SmsManager 类只提供了 5 个方法，且没有构造函数，只能通过调用静态方法 SmsManager.getDefault()获取短信管理器对象。SmsManager 常用的方法如表 8-1 所示。

表 8–1　SmsManager 常用的方法

方法	功能描述
SmsManager getDefault()	获取短信管理器对象，该方法是一个静态的方法
ArrayList<String> divideMessage(String text)	将过长的短信分割，参数 text 指定了欲分割的短信
void sendDataMessage(String dest,String scAddress, short port, byte[] data, PendingIntent p1, PendingIntent p2)	发送数据短信，参数 dest 指定了目的地址，scAddress 指定源地址，port 指定端口号，data 指定发送的消息，p1 指定消息成功发送或失败时广播的 PendingIntent，p2 指定消息成功传送到接收者时广播的 PendingIntent
void sendMultipartTextMessage(String dest, String scAddress, ArrayList<String> parts, ArrayList<PendingIntent> p1, ArrayList<PendingIntent> p2)	发送多条短信
void sendTextMessage(String dest, String scAddress, String text, PendingIntent p1, PendingIntent p2)	发送文本短信

下述内容用于实现任务描述 8.D.1，使用 SmsManager 进行短信管理。

【描述 8.D.1】SmsActivity.java

```
public class SMSActivity extends Activity {
    private static final String[] phonenumberStr = new String[] { "88888888",
            "85668888", "7777777", "86666666", "7377777" };
            // 用于自动完成提示的号码表
    /* 声明 Button 与 AutoCompleteTextView 对象名称 */
    private Button send_message_button; // 声明短信发送按钮
    private EditText send_message_text; // 声明短信文本编辑框
    private AutoCompleteTextView autoCompletePhone; // 定义自动提示输入文本控件
    private SmsManager smsManager; // 声明短信管理器对象 smsManager
    PendingIntent pendingIntent; // 声明 PendingIntent 对象
    public void onCreate(Bundle savedInstanceState) {
        super.onCreate(savedInstanceState);
        setContentView(R.layout.main);
```

```
        autoCompletePhone
            = (AutoCompleteTextView) findViewById(R.id.autoCompletePhone);
        send_message_text = (EditText) findViewById(R.id.send_message_text);
        send_message_button = (Button) findViewById(R.id.send_message_button);
        // 创建一个默认模式的 SmsManager 对象
        smsManager = SmsManager.getDefault();
        // 创建一个广播的 Intent
        PendingIntent.getBroadcast(SMSActivity.this, 0, new Intent(), 0);
        // 以 phonenumberStr 字符串数组生成 ArrayAdapter 对象
        ArrayAdapter<String> adapter = new ArrayAdapter<String>(this,
                android.R.layout.simple_dropdown_item_1line, phonenumberStr);
        // 通过 setAdapter()读取 ArrayAdapter 里的数据:phonenumberStr
        autoCompletePhone.setAdapter(adapter);
        // 设置 Button 对象的 OnClickListener 来监听 OnClick 事件
        send_message_button.setOnClickListener(new MyButtonClickListener());
    }
    private class MyButtonClickListener implements OnClickListener {
        public void onClick(View view) {
            try {
                String receiver = autoCompletePhone.getText().toString();
                String message = send_message_text.getText().toString();
                // 设置 vaild_expression 为仅包含数字的字符串
                String vaild_expression = "([0-9]+)$";
                // 设置 vaild_expression 为仅包含字母的字符串
                String invalid_expression = "([a-zA-Z]+)$";
                // 若输入的号码包含数字，不包含字母，且字符串长度在 4~9 之间，
                // 则调用 Android 系统的拨号应用。
                if (ValidDigitalPhoneNumber(receiver, vaild_expression)
                        && !ValidDigitalPhoneNumber(receiver,
                                invalid_expression)
                        && VaildNumberLen(receiver, 4, 9)) {
                    //若为空信息，弹出对话框提示用户是否发送
                    if (MessageLen(message) == 0)
                        CreateDialog("Send anyway", "Cancel", "确定发送空信息? ",
                                new PositiveButtonListener(),
                                new NegativeButtonListener());
                    //若长度大于 70，弹出对话框提示用户是否发送
                    else if (MessageLen(message) > 70)
                    CreateDialog("Send anyway", "Cancel", "确定发送超长信息? ",
                                new PositiveButtonListener(),
                                new NegativeButtonListener());
                    //若长度小于 70，弹出对话框提示用户是否发送
                    else
```

```
                        CreateDialog("Send", "Cancel", "确定发送信息? ",
                                new PositiveButtonListener(),
                                new NegativeButtonListener());
                }
                else {
                    autoCompletePhone.setText("");
                    send_message_text.setText("");
                    Toast.makeText(SMSActivity.this, "无效电话号码格式",
                            Toast.LENGTH_LONG).show();
                }
            } catch (Exception e) {
                //若出现异常，则显示异常的 Toast 消息
                Toast.makeText(SMSActivity.this, "异常错误: " + e.toString(),
                        Toast.LENGTH_LONG).show();
            } finally {
            }
        }
    }
    /* 判断输入的电话号码的长度是否在 mixlen 和 maxlen 之间: 若长度正确，则返回 true; 否则返回
false */
    public static boolean VaildNumberLen(String phone_number, int mixlen,
            int maxlen) {
        // 获取电话号码的长度
        int len = phone_number.length();
        // 判断电话号码是否在 mixlen 和 maxlen 之间
        if (len >= mixlen && len <= maxlen)
            return true;
        return false;
    }
    /* 检查电话号码是否包含正则表达式定义的字符串，若包含，则返回 true; 否则返回 false */
    public static boolean ValidDigitalPhoneNumber(String phone_number,
            String regexp) {
        Pattern pattern = Pattern.compile(regexp);
        //根据正则表达式 regexp 生成模式对象
        Matcher matcher = pattern.matcher(phone_number);
        // 模式对象利用正则表达式 regexp 匹配 phone_number，返回 Matcher 对象
        if (matcher.matches()) {
            return true;
        }
        return false;
        /*通过 Matcher 的 matches 方法判断匹配是否成功，即 phone_number 是否含有正则表达式
    * regexp 定义的字符串。若包含 regexp 定义的字符串，则返回 true; 否则返回 false*/
    }
```

```
/* sendMessage 方法用于发送短信 */
public void sendMessage(SmsManager smsManager, String destination,
        String source, String strMessage, PendingIntent pintent,
        PendingIntent dintent) {
    /* 若发送长度大于 70，则使用 divideMessage 方法拆分短信 */
    if (MessageLen(strMessage) > 70) {
        ArrayList<String> messagearray
            = smsManager.divideMessage(strMessage);
        for (String msg : messagearray) {
    smsManager.sendTextMessage(destination, source, msg, pintent,dintent);
        }
    } else
        smsManager.sendTextMessage(destination, source, strMessage,
                pintent, dintent);
}
public int MessageLen(String message) {
    return message.length();
}
// CreateDialog 根据指定的属性产生对话框
void CreateDialog(String PositiveButtontext, String NegativeButtontext,
        String title, PositiveButtonListener positiveButtonListener,
        NegativeButtonListener negativeButtonListener) {
    //新建 Builder 对象，该 Builder 对象用于构造对话框
    Builder mybuilder = new AlertDialog.Builder(this);
    // 设置 PositiveButton 按钮的标题和单击监听器
    mybuilder.setPositiveButton(PositiveButtontext, positiveButtonListener);
    // 设置 NegativeButton 的标题和单击监听器
    mybuilder.setNegativeButton(NegativeButtontext, negativeButtonListener);
    // 设置对话框的标题
    mybuilder.setTitle(title);
    // 显示对话框
    mybuilder.show();
}
/* 定义私有类 PositiveButtonListener 用于实现 PositiveButton 的单击事件监听，
 * 该类实现对话框监听事件的接口类 DialogInterface.OnClickListener。
 */
private class PositiveButtonListener implements
        DialogInterface.OnClickListener {
    // 发生单击事件时，该方法被执行。
    public void onClick(DialogInterface dialoginterface, int which) {
        // 获取接收方地址
        String receiver = autoCompletePhone.getText().toString();
        // 发送方地址，可以置为 null（5554）
```

```
            String sender = null;
            // 获取发送消息
            String message = send_message_text.getText().toString();
            PendingIntent pintent = pendingIntent;
            PendingIntent dintent = null;
            // 发送短信
            sendMessage(smsManager, receiver, sender, message, pintent, dintent);
        }
    }
    /*定义私有类 NegativeButtonListener 用于实现 PositiveButton 的单击事件监听，
     * 该类实现对话框监听事件的接口类 DialogInterface.OnClickListener。*/
    private class NegativeButtonListener implements
            DialogInterface.OnClickListener {
        //发生单击事件时，该方法被执行
        public void onClick(DialogInterface dialoginterface, int which) {
            // 取消发送短信,清空短信文本框和号码文本框
            autoCompletePhone.setText("");
            send_message_text.setText("");
        }
    }
}
```

上述代码中，sendMessage()方法用于发送短信，首先判断发送短信的长度是否超过最大限制，若超过最大限制，则使用 SmsManager 的 divideMessage()方法拆分短信后再发送，否则不拆分短信，直接调用 SmsManager 的 sendTextMessage()发送短信。

布局文件 main.xml 中采用 AbsoluteLayout 布局，代码如下。

【描述 8.D.1】main.xml

```
<?xml version="1.0" encoding="utf-8"?>
    <!-- 采用 AbsoluteLayout 布局，子元素垂直分布。高度和宽度与父元素相同 -->
<AbsoluteLayout xmlns:android="http://schemas.android.com/apk/res/android"
    android:orientation="vertical" android:layout_width="fill_parent"
    android:layout_height="fill_parent">
    <!--
        AutoCompleteTextView 作为号码输入框。控件在指定的位置上显示（0px，30px），高度随
    内容变化，且宽度与父元素相同
    -->
    <AutoCompleteTextView android:id="@+id/autoCompletePhone"
        android:layout_width="fill_parent"
        android:layout_height="wrap_content"
        android:layout_x="0px" android:layout_y="30px" android:hint="请输入对方手
机号码" />
    <!-- EditText 作为短信输入框。控件在指定位置（0px，90px）上显示，高度为 70px，且宽度
```

```
随内容变化-->
    <EditText android:id="@+id/send_message_text"
        android:layout_width="wrap_content" android:layout_height="70px"
        android:layout_x="0px" android:layout_y="90px" android:hint="请输入短信内
容" />
    <!-- Button 作为短信发送按钮。控件在指定位置(50px，50px)上显示，高度和宽度随内容变化 -->
    <Button android:id="@+id/send_message_button"
        android:layout_gravity="center" android:layout_width="wrap_content"
        android:layout_height="wrap_content" android:layout_x="80px"
        android:layout_y="200px" android:text="发送短信" />
</AbsoluteLayout>
```

在 AndroidManifest.xml 配置文件中增加如下权限：

```
<uses-permission android:name="android.permission.SEND_SMS" />
```

运行程序如图 8-2 所示。

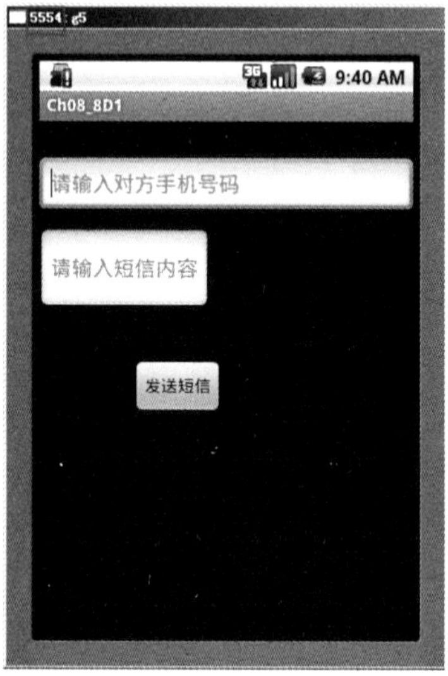

图 8-2　端口号是 5554 的虚拟机

打开“Window→Android SDK and AVD Manager”，再单独启动另一个虚拟机，如图 8-3 所示，单击“Start”按钮启动虚拟机。

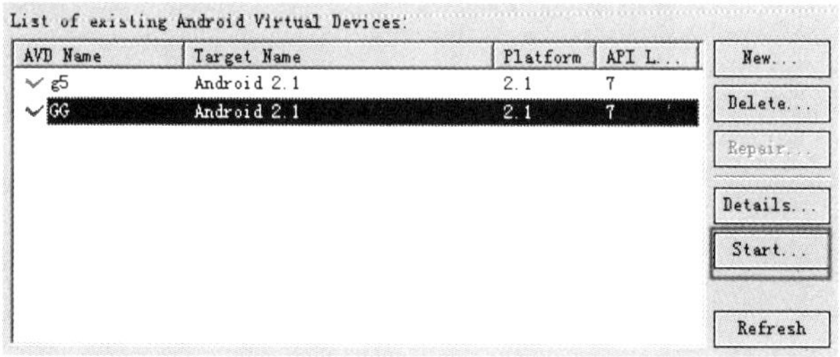

图 8-3　Android SDK and AVD Manager

此时启动的虚拟机占用的端口号是 5556，如图 8-4 所示。

可以使用虚拟机的端口号作为手机号，模拟两个手机之间发送短信。如图 8-5 所示，输入对方的手机号和短信内容，单击“发送短信”按钮，在弹出的对话框中选择“Send”按钮发送短信。

图 8–4　端口是 5556 的虚拟机

图 8–5　发送短信

如图 8-6 所示，在端口为 5556 的虚拟机的“Messaging”中收到短信。

图 8–6　收到短信

8.2　传感器

现代移动电话已不仅仅是简单的通信设备，随着麦克风、摄像头、加速计、指南针、温度计以及亮度探测器等功能的引入，智能电话已经变成了辅助传感设备，从而使用户能够了解更多的信息。

8.2.1　传感器简介

传感器是一种检测装置，能够探测和感受外界的信号、物理条件（如光、热、湿度）或化学组成（如烟雾），并将探知的信息按照一定规律变换成为电信号或其他所需形式的信息输出，以满足对信息的传输、处理、存储、显示、记录和控制等要求，传感器是实现自动检测和自动控制的首要环节。

Android 操作系统中内置了很多传感器，比如，一个非常实用的加速感应器（微型陀螺仪），它能够支持重力感应、方向判断等功能，在部分游戏或软件中可以自动识别屏幕的横屏、竖屏方向来改变屏幕显示布局。Android 对每个设备的传感器实现进行了抽象处理，Sensor 类用于描述每个硬件传感器的属性，包括其类型、名称、制造商以及与精确度和范围有关的详细信息。Sensor 类包含了一个常量集合，用于描述当前 Sensor 对象所表示的硬件传感器类型，这些常量具有 Sensor.TYPE_<TYPE>的形式。Android 的传感器类型如表 8-2 所示。

表 8-2　Android 传感器类型

类型常量	功能描述
Sensor.TYPE_ACCELEROMETER	加速传感器，它沿着三个坐标轴返回当前的加速度
Sensor.TYPE_GYROSCOPE	陀螺仪传感器，在三个坐标轴上以角度为单位返回当前设备方向
Sensor.TYPE_LIGHT	亮度传感器，以 lux（勒克斯）为单位返回单个值的环境光传感器，描述了环境光强度，用于动态控制屏幕亮度
Sensor.TYPE_MAGNETIC_FIELD	地磁传感器，沿着三个坐标轴确定当前的磁场
Sensor.TYPE_ORIENTATION	方向传感器，返回设备的方向
Sensor.TYPE_PRESSURE	压力传感器，以 kPa（千帕斯卡）为单位返回单个值的压力传感器，该值表示了在当前设备上所施加的压力
Sensor.TYPE_PROXIMITY	近程传感器，以米为单位指示设备与目标对象之间距离的邻近距离传感器，如何选择目标对象以及支持的距离，将取决于邻近距离探测器的硬件实现。邻近距离传感器的一个典型的用法是在用户的耳朵承受该设备时进行检测并自动调整屏幕的亮度或者初始化一个语音命令
Sensor.TYPE_TEMPERATURE	温度传感器，以摄氏度为单位返回温度的温度计，所返回的温度可以是周围房间的温度、设备电池温度或者远程传感器温度

要在 Android 中使用传感器，需要使用传感器管理器类 SensorManager 和传感器事件监听类 SensorEventListener。

1. SensorManager

SensorManager 是传感器的一个综合管理类，包括对传感器的种类、采样率、精准度等管理，其常用的方法如表 8-3 所示。

表 8-3　SensorManager 常用的方法及功能

方法	功能描述
getSensorList()	获得指定传感器类型的所有可用的传感器列表
registerListener()	注册一个传感器监听器
unregisterListener()	注销一个传感器监听器
getDefaultSensor()	获得默认的传感器对象
getInclination()	得到地磁传感器倾斜角的弧度值
getOrientation()	得到设备旋转的方向

SensorManager 中对采样率的接收频度定义了相应的常量，按照降序排列如表 8-4 所示。

表 8-4　SensorManager 中的接收频度常量

常量	功能描述
SENSOR_DELAY_FASTEST	以最快速的更新速率
SENSOR_DELAY_GAME	选择一个适合在控制游戏中使用的更新速率
SENSOR_DELAY_NORMAL	默认更新速率
SENSOR_DELAY_UI	指定一个适于更新 UI 功能的速率

SensorManager 中对传感器精准度的反馈值定义了相应的常量，如表 8-5 所示。

表 8-5　SensorManager 中的精确度反馈值

常量	功能描述
SENSOR_STATUS_ACCURACY_LOW	传感器的精确度很低并且需要校准
SENSOR_STATUS_ACCURACY_MEDIUM	传感器的数据具有平均精确度，校准可能会改善阅读效果
SENSOR_STATUS_ACCURACY_HIGH	传感器使用的是最高精确度
SENSOR_STATUS_UNRELIABLE	传感器数据不可靠，需要校准传感器且当前不能读取数据

可以通过 getSystemService()方法获取一个 SensorManager 对象，代码如下：

```
SensorManager sm=(SensorManager)getSystemService(SENSOR_SERVICE);
```

调用 SensorManager 对象的 getSensorList()方法来获得指定传感器类型的所有可用的传感器列表。下面的语句可以得到一个所有可用的方向传感器对象：

```
List<Sensor> sensors=sm.getSensorList(Sensor.TYPE_ORIENTATION);
```

为了查找所有可用的传感器，可以使用 getSensorList()并传入 Sensor.TYPE_ALL，代码如下：

```
List<Sensor> sensors=sm.getSensorList(Sensor.TYPE_ALL);
```

2. SensorEventListener

SensorEventListener 是传感器监听接口，包括以下两个方法。

- onSensorChanged(SensorEvent event)方法：监控传感器值的改变，该方法的参数是一个 SensorEvent 对象，该对象具有 sensor（传感器对象）、accuracy（精确度）、values（新值）、timestamp（事件）4 个描述传感器事件的属性。
- onAccuracyChanged(Sensor sensor,int accuracy)方法：响应传感器精准度的变化，该方法具有两个参数，第 1 个参数表示传感器；第 2 个参数是传感器精准度的反馈值。

要与传感器交互，应用程序必须注册一个监听，以监测一个或多个传感器相关的活动。可以使用 registerListener()注册一个传感器监听器，使用 unregisterListener()注销一个传感器监听器，代码如下：

```
//注册一个传感器监听器
sm.registerListener(this,sensor,SensorManager.SENSOR_DELAY_NORMAL);
//注销传感器监听器
sm.unregisterListener(this);
```

registerListener()方法包括 3 个参数：第 1 个参数是接收信号的 Listener 实例；第 2 个参数是传感器对象；第 3 个参数是采样率的接收频度。

注意　在活动 Activity 的 onResume()方法中注册传感器监听器，在 onPause()方法中注销其传感器监听器，以确保仅在活动可用时使用传感器，这是一种实用的好方法。

8.2.2 传感器应用

下述内容用于实现任务描述 8.D.2，演示传感器的应用，具体代码如下。

【描述 8.D.2】SensorActivity.java

```
public class SensorActivity extends Activity implements SensorEventListener {
    // 声明一个传感器管理器 SensorManager
    private SensorManager sm;
    private boolean regFlag;
    @Override
    public void onCreate(Bundle savedInstanceState) {
        super.onCreate(savedInstanceState);
        setContentView(R.layout.main);
        // 获取 SensorManger 实例
        sm = (SensorManager) this.getSystemService(SENSOR_SERVICE);
        regFlag=false;
    }
    @Override
    protected void onResume() {
        super.onResume();
        // 获取方向传感器列表
        List<Sensor> sensors = sm.getSensorList(Sensor.TYPE_ORIENTATION);
```

```
        if (sensors.size() > 0) {
            // 获取传感器对象
            Sensor sensor = sensors.get(0);
            // 注册传感器监听器
            regFlag=sm.registerListener(this,
                sensor,SensorManager.SENSOR_DELAY_FASTEST);
        }
    }
    @Override
    protected void onPause() {
        //如果注册了传感器监听器，则使用unregistListener()来注销
        if(regFlag){
            sm.unregisterListener(this);
            regFlag=false;
        }
        super.onPause();
    }
    @Override
    public void onAccuracyChanged(Sensor sensor, int accuracy) {
        // 处理精准度变化
    }
    @Override
    public void onSensorChanged(SensorEvent event) {
        // 处理传感器值的改变
        if(event.sensor.getType()==Sensor.TYPE_ORIENTATION){
            //获取数据
            float x=event.values[SensorManager.DATA_X];
            float y=event.values[SensorManager.DATA_Y];
            float z=event.values[SensorManager.DATA_Z];
            //由于模拟器上无法测试效果，因此暂不处理数据
            Log.i("Sensor", "("+x+","+y+","+z+")");
            ......
        }
    }
}
```

上述代码 SensorActivity 实现了 SensorEventListener 接口，其本身就是一个传感器监听器实例。在活动的 onResume()方法中获取方向传感器列表并注册传感器监听器，在活动的 onPause()方法中注销传感器监听对象。在 onSensorChanged()方法中可以获取传感器的数值来进行需要的操作。由于模拟器上无法进行传感器模拟，因此，看不到结果数据。

8.3　地图与定位

目前，基于地图服务的各种应用已经如雨后春笋般到处萌发，对于 Android 系统来说，地图是必不可少的特色。

8.3.1　Google Map 简介

Google Map 是 Google 公司提供的电子地图服务，包括局部详细的卫星照片，它能提供三种视图：一是矢量地图（传统地图），可提供政区和交通以及商业信息；二是不同分辨率的微型照片；三是地形视图，可以用以显示地形和等高线。

在手机上应用 Google Map 包括如下功能。

- 我的位置：在地图上显示你当前的位置，即使没有 GPS，也可以确定自己的位置，它是通过识别用户附近无线发射塔的信息广播而确定用户的位置。
- 地图和卫星视图：提供查看地区的地图和卫星视图，其界面的使用感觉与在 PC 上相同，可沿其中一个方向滚动，以查看地图上的更多内容或使用快捷键进行缩放。
- 商户列表：借助于 Google 的本地搜索引擎，可以按名称或类型搜索商家，查看商店的营业时间和评分，甚至不需要输入当前位置，即可方便地找到附近的商家。
- 驾车路线：可以很方便地获得驾车路线，其中会很清楚地标明路况信息，如路标、转弯等。
- 公交换车：查看公交和地铁线路，确定转车路线，制定多个城市之间的出行计划。
- 路况信息：Google 地图中的公路会根据实时路况信息，以绿色、黄色或红色显示。
- 收藏夹：将经常去的地方加上书签，以便能在地图上非常方便地返回到这些地方。

实现上述功能非常简单，只需使用 Android Maps API（地图 API）和 Android Location API（定位 API）即可。在 Android 中可以通过 MapActivity 和 MapView 直接调用 Google Map，也可以进行地图的缩放、查找、定位等各项功能。

8.3.2　GPS

GPS（Global Positioning System）称为全球卫星定位系统，其最初是为陆、海、空三大领域提供实时、全天候和全球性的导航服务，并主要用于情报收集、核爆监测和应急通信等一些军事目的。GPS 是一个中距离圆形轨道卫星导航系统，它可以为地球表面的绝大部分地区（98%）提供准确的定位、测速和高精度的时间标准。该系统由美国国防部研制和维护，可满足定位于全球任何地方或近地空间的军事用户连续、精确的确定三维位置、三维运动和时间的需要。

随着手机的推广普及，GPS 已成为手机的一个基本功能。通过手机的 GPS，使用者可很方便地进行定位、查找以及查看好友的位置。一个完整的 GPS 由三部分组成：空间卫星部分、地面控制系统以及用户接收设备部分。

- GPS 的空间部分是由若干个导航卫星组成的，这些卫星均匀分布在 6 个轨道面上。因为这种特别的分布方式，全球任何地方、任何时间都可观测到 4 颗以上的卫星。但 GPS 的卫星因为大气摩擦等问题，随着时间的推移，导航精度会逐渐降低。
- 地面控制系统由监测站（Monitor Station）、主控制站（Master Monitor Station）、地面天线（Ground Antenna）所组成。
- 用户接收设备部分主要功能是能够捕获到按一定卫星截止角所选择的待测卫星，并跟踪这些卫星的运行。其当接收机捕获到跟踪的卫星信号后，就可测量出接收天线至卫星的伪距离和距离的变化率，解调出卫星轨道参数等数据。根据这些数据，接收机中的微处理计算机就可按定位解算方法进行定位计算，计算出用户所在地理位置的经纬度、高度、速度、时间等信息。

GPS 广泛应用于军事、物流、地理、移动电话、数码相机、航空等领域，具有非常强大的功能，主要包括以下内容。

- 精确定时：广泛应用在天文台、通信系统基站、电视台中。
- 工程施工：道路、桥梁、隧道的施工中大量采用 GPS 设备进行工程测量。
- 探测测绘：野外探测及城区规划中都能用到。
- 导航：如武器（导弹）导航、车辆导航、船舶导航、飞机导航、星际导航和个人导航。
- 定位：车辆防盗系统，手机、PDA、PPC 等通信移动设备防盗以及电子地图、定位系统，儿童及特殊人群的防走失系统。

GPS 定位的基本原理是根据高速运动的卫星瞬间位置作为已知的起算数据，采用空间距离后方交会的方法，确定待测点的位置。假设 t 时刻在地面待测点上安置 GPS 接收机，可以测定 GPS 信号到达接收机的时间 $\triangle t$，再加上接收机所接收到的卫星星历等其他数据，就可进行定位。图 8-7 展示了 GPS 位置计算原理。

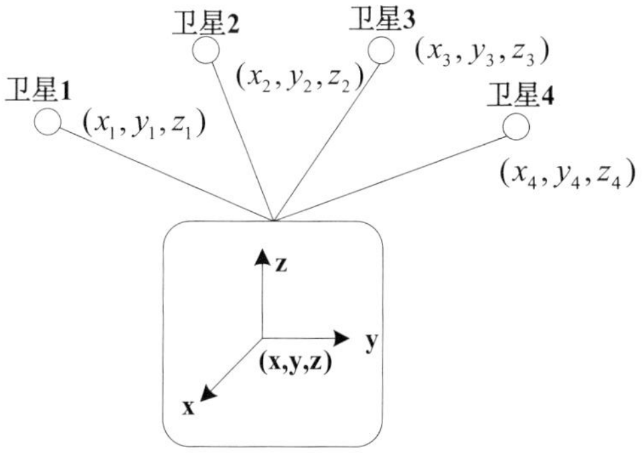

$$[(x_1-x)^2+(y_1-y)^2+(z_1-z)^2]^{1/2}+c(v_{t_1}-v_{t_0})=d_1$$

$$[(x_2-x)^2+(y_2-y)^2+(z_2-z)^2]^{1/2}+c(v_{t_2}-v_{t_0})=d_2$$

$$[(x_3-x)^2+(y_3-y)^2+(z_3-z)^2]^{1/2}+c(v_{t_3}-v_{t_0})=d_3$$

$$[(x_4-x)^2+(y_4-y)^2+(z_4-z)^2]^{1/2}+c(v_{t_4}-v_{t_0})=d_4$$

图 8-7 GPS 位置计算原理

Android 支持地理定位服务的 API，通过该服务来获取当前设备的地理位置，应用程序可以定时请求更新设备当前的地理定位信息。比如，应用程序可以借助 Google Map API 完成更多的内容。GPS 的 API 都定义在 android.location 包内，表 8-6 列举了 android.location 包的类和接口。

表 8-6 android.location 包的主要类和接口

类名	功能描述	类型
GpsStatus.Listener	GPS 状态改变监听器	接口
GpsStatus.NmeaListener	收到 NMEA 信息的监听器	接口
LocationListener	位置改变监听器，提供定位信息发生改变时的回调功能	接口
Criteria	该类设置筛选位置的标准，供应商可根据准确性、电量、海拔、速度、方向与计费排序	类
Geocoder	该类提供了位置编码和反编码的功能，地理编码是指将地址或其他描述转变为经度和纬度，反向地理编码则是将经度和纬度的坐标。getFromLocation()方法可以得到一组关于地址的数组	类
GpsSatellite	代表当前卫星状态的类	类
GpsStatus	代表 GPS 以前状态的类	类
Location	在某一特定时间内的地理位置	类
LocationManager	系统位置服务类，本类提供访问定位服务的功能，也提供获取最佳定位提供者的功能。另外，临近警报功能也可以借助该类来实现	类
LocationProvider	位置提供商类，具备周期性报告设备地理位置的功能	类

要使用地理定位，首先需要获得 LocationManager 的实例，在 Android 中，获得 LocationManager 的唯一方法是通过 getSystemService()方法调用，代码如下：

```
LocationManager lm=(LocationManger)getSystemService(Context.LOCATION_SERVICE);
```

LocationManager 类常用的属性和方法如表 8-7 所示。

表 8-7 LocationManager 常用的属性和方法

属性或方法名称	功能描述
GPS_PROVIDER	静态字符串常量，表明 LocationProvider 是 GPS
NETWORK_PROVIDER	静态字符串常量，表明 LocationProvider 是网络
addGpsStatusListener(GpsStatus.Listener listener)	添加一个 GPS 状态监听器
addProximityAlert(double latitude,double longitude,float radius,long expiration,PendingIntent intent)	添加一个趋近警告
getAllProviders()	获得所有的 LocationProvider 列表
getBestProvider(Criteria criteria,boolean enabledOnly)	根据 Criteria 返回最合适的 LocationProvider
getLastKnownLocation(String provider)	根据 Provider 获得位置信息
getProvider(String name)	获得指定名称的 LocationProvider
getProviders(boolean enabledOnly)	获得可利用的 LocationProvider 列表
removeProximityAlert(PendingIntent intent)	删除趋近警告
requestLocationUpdates(String provider,long minTime,float minDistance,LocationListener listener)	通过给定的 Provider 名称，周期性地通知当前 Activity

LocationListener 中的方法如表 8-8 所示。

表 8–8　LocationListener 中的方法

方法	功能描述
onLoctionChanged(Location location)	当坐标改变时触发此函数
onProviderDisabled(String provider)	Provider 禁用时触发此函数
onProviderEnabled(String provider)	Provider 启用时触发此函数
onStausChanged(String provider,int status,Bundle extras)	Provider 在可用、暂时不可用和无服务三个状态直接切换时触发此函数

Criteria 类中提供的常量如表 8-9 所示。

表 8–9　Criteria 提供的常量

常量	功能描述	值
ACCURACY_COARSE	模糊精度	2 (0x00000002)
ACCURACY_FINE	精确精度	1 (0x00000001)
NO_REQUIREMENT	没有要求	0 (0x00000000)
POWER_HIGH	高耗电	3 (0x00000003)
POWER_LOW	低耗电	1 (0x00000001)
POWER_MEDIUM	介于高耗电与低耗电之间	2 (0x00000002)
ACCURACY_MEDIUM	介于高精确与低精确之间	2 (0x00000002)
ACCURACY_LOW	低精确	1 (0x00000001)
ACCURACY_HIGH	高精确	3 (0x00000003)

除了提供的常量之外，Criteria 还提供了用于设置过滤标准的方法，如表 8-10 所示。

表 8–10　ImageSwitcher 方法

方法	功能描述
setAccuracy(int accuracy)	设置位置解析的精度如：Criteria.ACCURACY_FINE（精确模式）和 Criteria.ACCURACY_COARSE（模糊模式）
setAltitudeRequired(boolean altitudeRequired)	是否提供海拔高度信息
etBearingRequired(boolean bearingRequired)	是否提供方向信息
setCostAllowed(boolean costAllowed)	是否允许运营商计费
setPowerRequirement(int level)	电池消耗如 Criteria.NO_REQUIREMENT
setSpeedRequired(boolean speedRequired)	是否提供速度信息

下述代码用于实现任务描述 8.D.3，使用 GPS 进行定位。

【描述 8.D.3】GPSActivity.java

```
public class GPSActivity extends Activity {
    // 声明位置管理器对象
    private LocationManager locationManager;
    // 声明位置监听器对象
    private LocationListener locationlistener;
    // 声明字符串变量
```

```
    String locationprovider;
    // 声明文本视图组件
    private TextView textview;

    public void onCreate(Bundle bunlde) {
        super.onCreate(bunlde);
        setContentView(R.layout.main);
        textview = (TextView) findViewById(R.id.textview);
        try {
            // 新建Criteria类
            Criteria locationcriteria = new Criteria();
            // 设置精确度为精准模式
            locationcriteria.setAccuracy(Criteria.ACCURACY_FINE);
            // 是否提供海拔高度信息
            locationcriteria.setAltitudeRequired(false);
            // 是否提供方向信息
            locationcriteria.setBearingRequired(false);
            // 是否允许运营商计费
            locationcriteria.setCostAllowed(true);
            // 设置电池消耗为低耗模式
            locationcriteria.setPowerRequirement(Criteria.POWER_LOW);
             // 使用getSystemService()方法获取位置管理器对象
            locationManager
                = (LocationManager) getSystemService(Context.LOCATION_SERVICE);
            Toast.makeText(GPSActivity.this, "getSystemService",
                    Toast.LENGTH_LONG).show();
            // 检查GPS功能是开启
            if (checkgps())
            {
                 //根据Criteria返回合适的LocationProvider
                locationprovider
                    = locationManager.getBestProvider(locationcriteria, true);
                Log.d("provider", locationprovider);
                // 注册位置监听器
                locationlistener = new MyLocationListener();
                locationManager.requestLocationUpdates(locationprovider, 1000
                , 0, locationlistener);
            }
        }
        /* catch 捕捉异常,若出现异常, 则显示异常的Toast消息 */
        catch (Exception e) {
            Toast.makeText(GPSActivity.this, "异常错误: " + e.toString(),
                    Toast.LENGTH_LONG).show();
```

```
        }
    }
    /*MyLocationListener 为地理位置监听器,需要实现 onStatusChanged、onProviderEnabled、
onProviderDisabled 和 onProviderDisabled 等方法 */
    private class MyLocationListener implements LocationListener {
        // 若位置发生变化，onLocationChanged 方法被调用
        public void onLocationChanged(Location location) {
            Log.i("位置发生变化", "Invoke");
            // 若位置有效，则显示当前经纬度
            if (location != null) {
                //获得经度
                double longitude=location.getLongitude();
                //获得纬度
                double latitude=location.getLatitude();
                //在文本组件中显示纬度和经度
                textview.setText("经度: "+longitude+"纬度: "+latitude);
            }
        }
        // 若屏蔽提供商，该方法被调用
        @Override
        public void onProviderDisabled(String provider) {
            Log.i("屏蔽提供商", "Invoke");
        }
        // 若激活提供商，该方法被调用
        @Override
        public void onProviderEnabled(String arg0) {
            Log.i("激活提供商", "Invoke");
        }
        // 若状态发生变化，该方法被调用
        @Override
        public void onStatusChanged(String provider, int status, Bundle extras) {
            Log.i("状态发生变化", "Invoke");
        }
    }
    /* checkgps 检查 GPS 是否激活 */
    private boolean checkgps() {
        // 获取 Provider 是否被激活
        boolean providerEnabled
            = locationManager.isProviderEnabled(LocationManager.GPS_PROVIDER);
        // 若被激活，则返回真值
        if (providerEnabled == true) {
            Toast.makeText(this, "GPS 模块正常", Toast.LENGTH_SHORT).show();
            return true;
```

```
        }
        // 若未被激活，则返回假值
        else {
            Toast.makeText(this, "请开启GPS！", Toast.LENGTH_SHORT).show();
            return false;
        }

    }
}
```

上述代码中，通过使用 getSystemService()方法获得 LocationManager 位置管理器对象。调用该对象的 getBestProvider()方法可以根据设置好的 Criteria 返回合适的 LocationProvider 位置提供者。再调用 LocationManager 的 requestLocationUpdates()方法注册位置监听器。若位置发生变化，则 onLocationChanged()方法被调用，此时获取 Location 位置的经度和纬度并显示。

在 AndroidManifest.xml 配置文件中添加如下几个权限。

【描述 8.D.3】AndroidManifest.xml

```
<uses-permission android:name="android.permission.ACCESS_FINE_LOCATION" />
<uses-permission android:name="android.permission.ACCESS_MOCK_LOCATION" />
<uses-permission android:name="android.permission.UPDATE_DEVICE_STATS" />
```

运行结果如图 8-8 所示，此时 GPS 模块激活。

图 8-8　GPS 模块启动

在真实的设备中要想获得 GPS 位置，需要 GPS 硬件的支持，但在开发和测试中，一般使用 Android 模拟器比较方便，因此，ADT 提供了这方面的支持。将 Eclipse 视图模式切换到 DDMS 模式，找到“Emulator Control→Manual”，如图 8-9 所示，设置经度和纬度，单击“Send”按钮，就可以将定制的 GPS 的位置信息发送给 Android 模拟器。

此时模拟器将输出经度和纬度值，如图 8-10 所示。

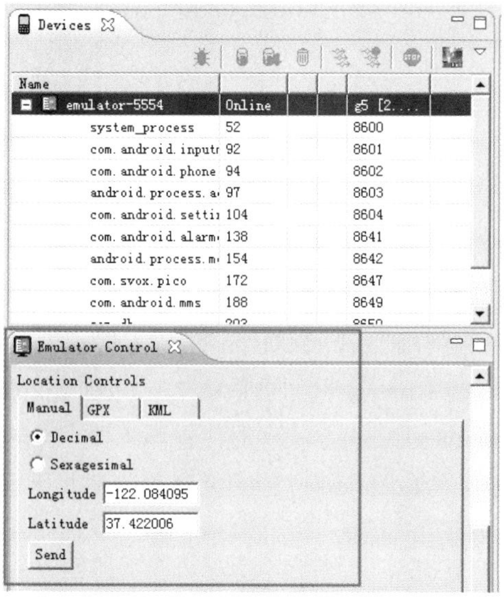

图 8-9　位置模拟测试

图 8-10　显示经纬度

8.4　搜索

搜索引擎是一种查找信息的方式，例如，使用 Google 和 Baidu 搜索查找资料等。使用搜索引擎，用户可快速检索到感兴趣的信息。Android 手机支持搜索引擎的开发，并开放了搜索相关的 API。图 8-11 是一个手机搜索单词的例子。

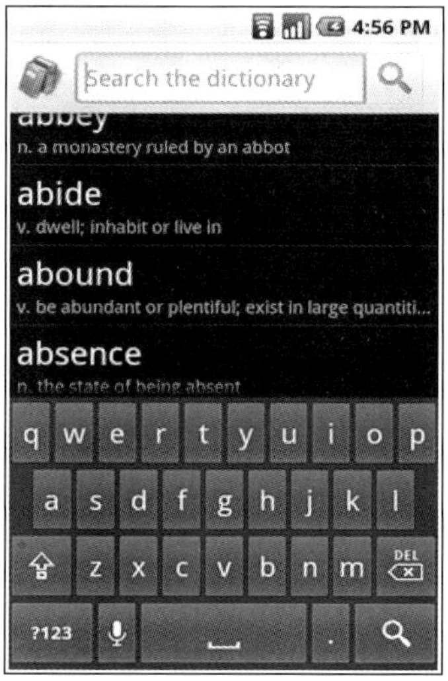

图 8-11　Android 单词搜索

手机作为智能终端，承载越来越多的业务。随着数据爆发式的增加，如何使用手机进行信息过滤是一个非常重要的问题。本节主要讲述搜索引擎在手机中的应用。

8.4.1　Android 搜索引擎 API

搜索引擎是 Android 的核心用户应用，用户通过搜索引擎能够搜索到任何可用的数据，这些数据可能位于本地设备中，也可能位于互联网中。搜索服务在整个系统中应该是无缝和一致的，因而，为用户提供了一个搜索框架，开发人员可根据搜索服务为用户提供一个熟悉的搜索对话框和友好界面的搜索体验。Android 的搜索框架提供了一个用户界面，用户可以使用该框架执行查询和交互，不必去建立自己的搜索活动。相反，一个搜索对话框出现在界面的上方，不会影响当前的活动。搜索框架管理搜索对话框，当用户执行一项搜索时，搜索框架将查询文本传给实施查询的应用，一旦使用搜索对话框，应用程序可以实施以下操作。

- 使用语音搜索；
- 基于最近提供搜索建议用户的查询；
- 提供用户搜索建议；
- 提供应用程序搜索建议。

Android 提供了 android.app.SearchManager 以完成搜索功能，该类继承了 DialogInterface.OnCancelListener 和 DialogInterface.OnDismissListener 接口。SearchManager 向终端用户开放了搜索 API，使用这些 API 可定制相应的搜索功能，如表 8-11 所示。

表 8-11　SearchManager 方法

方法	功能描述
SearchableInfo getSearchableInfo(ComponentName c)	返回搜索活动的信息
List<SearchableInfo> getSearchablesInGlobalSearch()	返回全局搜索的 Searchable 活动的列表
void setOnCancelListener(SearchManager.OnCancelListener listener)	设置取消搜索 UI 的监听器
void startSearch(String i, boolean s, ComponentName l, Bundle a, boolean g)	启动搜索
void stopSearch()	停止搜索
void triggerSearch(String q, ComponentName l,Bundle a)	激活搜索

为了实现浮动搜索框的功能，使用 setDefaultKeyMode()方法设置按键启动搜索框的功能，该方法的参数是模式常量，这些模式是由 Activity 类定义的常量，如表 8-12 列举了常用的模式。

表 8-12　Activity 类提供的常用的模式常量

常量	功能描述
DEFAULT_KEYS_DISABLE	键盘屏蔽模式，Activity 对按键不做任何响应
DEFAULT_KEYS_DIALER	键盘拨号模式，Activity 监听按键后触发拨号程序
DEFAULT_KEYS_SEARCH_GLOBAL	键盘全局搜索模式，Activity 监听按键后触发全局搜索
DEFAULT_KEYS_SEARCH_LOCAL	键盘本地搜索模式，Activity 监听按键后触发本地搜索
DEFAULT_KEYS_SHORTCUT	键盘快捷键模式，Activity 监听按键后触发快捷键

8.4.2 搜索步骤

按照搜索类型的不同，Android 的搜索服务可分为 Web 搜索和本地搜索。

- 本地搜索是基于本地的资源如图片、文本、文件等进行查找；
- Web 搜索是 Google 擅长的搜索方式，Google 包含强大的搜索引擎来支持用户的 Web 信息查找。

本地搜索和 Web 搜索都经过以下几个步骤。

01 搜索配置。

在 res/xml 目录下，创建一个搜索配置文件。例如，创建一个 searchable.xml 的文件。

```
<?xml version="1.0" encoding="utf-8"?>
<searchable xmlns:android=http://schemas.android.com/apk/res/android
    <!-- android:label 指定显示的文本，hint 指定文本框的提示文本-->
    android:label="Search" android:hint="Search Application"
    android:searchMode="showSearchLabelAsBadge"
    <!-- 语音搜索配置 -->
    android:voiceSearchMode="showVoiceSearchButton|launchRecognizer"
    android:voiceLanguageModel="free_form"
    android:voicePromptText="@string/search_invoke"
    <!-- 配置搜索建议 -->
    android:searchSuggestAuthority="com.android.cbin.SearchSuggestionSampleProv
ider" android:searchSuggestSelection=" ? "/>
```

搜索框配置文件是一个用来配置应用程序中搜索框设置的 XML 文件，该文件一般命名为“searchable.xml”，并且必须保存在项目的 res/xml/目录下。

然后在 AndroidManifest.xml 配置文件中创建本地搜索的 Intent 过滤器。

```
<intent-filter>
    <action android:name="android.intent.action.SEARCH" />
</intent-filter>
```

如果是 Web 搜索的 Intent 过滤器，则代码如下：

```
<intent-filter>
    <action android:name="android.intent.action.WEB_SEARCH" />
</intent-filter>
```

在 AndroidManifest.xml 配置文件中添加搜索配置的元数据：

```
<meta-data android:name="android.app.searchable"
    android:resource="@xml/searchable" />
```

```
</activity>
```

在 AndroidManifest.xml 配置文件中添加默认的搜索配置：

```
<meta-data android:name="android.app.default_searchable"
    android:value=".SearchApplication" >
</meta-data>
```

02 生成搜索的 Intent。

03 启动新任务标志。

04 生成搜索信息。

05 启动搜索。

下述代码实现一个本地搜索的例子。

```
String key = edittext.getText();
Intent search = new Intent(Intent.ACTIONSEARCH); //生成搜索的 Intent
search.addFlags(Intent.FLAG_ACTIVITY_NEW_TASK); //启动新任务标志
search.putExtra(SearchManager.QUERY, key ); //放入所要搜索的文字
search.putExtra(SearchManager.APP_DATA,
    getIntent().getBundleExtra(SearchManager.APP_DATA));
startActivity(search); //启动搜索
```

上述代码中，使用了 addFlags(Intent.FLAG_ACTIVITY_NEW_TASK)启动任务，该方法指定了任务的启动方式。

图 8-12 显示了运行结果，在输入框中输入关键字，Android 会根据该关键字查找相应的应用。

图 8-12　本地搜索

下述代码实现一个 Web 搜索的例子。

```
String key = edittext.getText();
Intent search = new Intent(Intent.ACTION_WEB_SEARCH); //生成 Web 搜索的 Intent
search.addFlags(Intent.FLAG_ACTIVITY_NEW_TASK); //启动新任务标志
search.putExtra(SearchManager.QUERY, key ); //放入所要搜索的文字
search.putExtra(SearchManager.APP_DATA,
getIntent().getBundleExtra(SearchManager.APP_DATA));
startActivity(search); //启动 Web 搜索
```

图 8-13 显示了运行结果。在 Web 输入框中输入关键字，Android 会根据该关键字查找 Web 上与该关键字匹配的网页。

图 8-13 Web 搜索

8.4.3 搜索示例

下述内容用于实现任务描述 8.D.4，演示 Android 搜索功能的实现。

在 res/xml 目录下，创建一个搜索配置文件 searchable.xml，代码如下。

【描述 8.D.4】searchable.xml

```
<?xml version="1.0" encoding="utf-8"?>
<searchable xmlns:android="http://schemas.android.com/apk/res/android"
    android:label="搜索"
    android:hint="输入搜索条件"
android:voiceSearchMode="showVoiceSearchButton|launchRecognizer"/>
```

SearchActivity 的代码如下。

【描述 8.D.4】SearchActivity.java

```
public class SearchActivity extends Activity {
```

```
// 定义私有整型变量，该变量值在运行后不能修改
private final int MENU = 1;
// 声明 Intent 对象
private Intent intent;
// 定义键盘模式为按键搜索模式
private final int KeyMode = Activity.DEFAULT_KEYS_SEARCH_LOCAL;
// 使用 android 自定义的图标
private final int icon = android.R.drawable.ic_menu_search;

@Override
public void onCreate(Bundle savedInstanceState) {
    super.onCreate(savedInstanceState);
    try {
        setContentView(R.layout.main);
        // 设置键盘模式，按键弹出搜索框
        setDefaultKeyMode(KeyMode);
        // 获取 Intent 对象
        intent = getIntent();
        searchWeb(intent);
    } catch (Exception e) {
        Toast.makeText(SearchActivity.this, "异常错误：" + e.toString(),
                Toast.LENGTH_LONG).show();
    }
}

/* searchWeb 根据意图的行为盘算是否进行 Web 搜索 */
private void searchWeb(Intent intent) {
    // 获取意图的行为
    String action = intent.getAction();
    // 若意图的行为是 Web 搜索，则搜索
    if (Intent.ACTION_WEB_SEARCH.equals(action)) {
        searchHandler(intent); // 调用 searchHandler
    }
}

@Override
protected void onNewIntent(Intent intent) {
    // 设置 Intent
    setIntent(intent);
    searchWeb(intent);
}

/* searchHandler()获取 SearchManager 的查询 */
```

```
    private void searchHandler(Intent intent) {
        final String query = intent.getStringExtra(SearchManager.QUERY);
        Toast.makeText(this, query, Toast.LENGTH_LONG).show();
    }

    @Override
    public boolean onCreateOptionsMenu(Menu menu) {
        boolean result = super.onCreateOptionsMenu(menu);
        // 添加菜单选项
        MenuItem menuitem = menu.add(0, MENU, 0, getText(R.string.searchMenu));
        // 设置图标
        menuitem.setIcon(icon);
        // 返回结果
        return result;
    }

    @Override
    public boolean onMenuItemSelected(int featureId, MenuItem item) {
        switch (item.getItemId()) {
        case MENU:
            onSearchRequested();
            return true;
        default:
            return super.onMenuItemSelected(featureId, item);
        }
    }
}
```

上述代码中，searchWeb()方法根据意图的行为判断是否进行 Web 搜索，若调用意图的行为与 Intent.ACTION_WEB_SEARCH 相同，则调用 searchHandler()方法获取 SearchManager 的查询。

并重写父类的 onCreateOptionsMenu()方法，实现菜单选项创建监听器，以及 onMenuItemSelectedu()方法来实现菜单元素选择监听器。

AndroidManifest.xml 配置文件中的代码如下。

```
<?xml version="1.0" encoding="utf-8"?>
<manifest xmlns:android="http://schemas.android.com/apk/res/android"
    package="com.dh" android:versionCode="1" android:versionName="1.0">
    <application android:icon="@drawable/icon"
         android:label="@string/app_name">
        <activity android:name=".SearchActivity"
            android:label="@string/app_name">
            <intent-filter>
```

```
                <action android:name="android.intent.action.MAIN" />
                <category android:name="android.intent.category.LAUNCHER" />
            </intent-filter>
            <intent-filter>
                <action android:name="android.intent.action.WEB_SEARCH" />
            </intent-filter>
            <meta-data android:name="android.app.searchable"
                android:resource="@xml/searchable" />
        </activity>
    </application>
    <meta-data android:name="android.app.default_searchable"
        android:value=".SearchActivity" />
    <uses-sdk android:minSdkVersion="7" />
</manifest>
```

运行结果如图 8-14 所示。

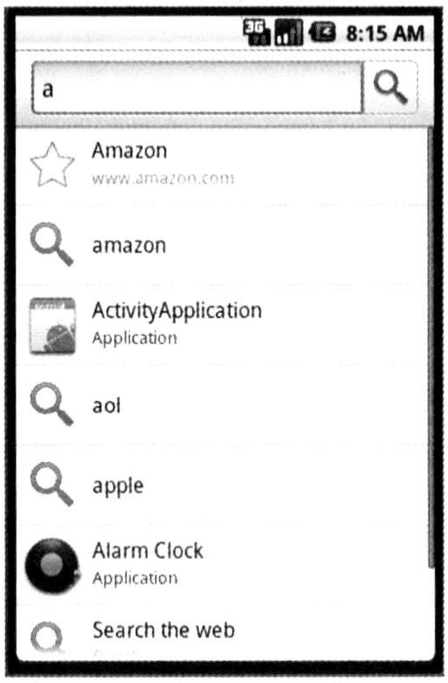

图 8-14　搜索

小结

通过本章的学习，读者应该能够学会：

- Android 的电话功能主要分为 MODEM 驱动、RIL（Radio Interface Layer）、电话服务框架、应用 4 层结构；
- Android 提供了 android.telephony.SmsManager 类用于发送短信，该类提供了短信业务的操作，例如发送数据、文本、SMS 消息；
- Android 对每个设备的传感器实现进行了抽象处理，Sensor 类用于描述每个硬件传感器的属性，其中包括它的类型、名称、制造商以及与精确度和范围有关的详细信息；

- SensorManager 是传感器的一个综合管理类，包括对传感器的种类、采样率、精准度等管理；
- Google Map 是 Google 公司提供的电子地图服务；
- GPS（Global Positioning System）称为全球卫星定位系统，一个完整的 GPS 由空间卫星部分、地面控制系统和用户接收设备部分三部分组成；
- 通过使用 getSystemService()方法获得 LocationManager 位置管理器对象；
- android.app.SearchManager 提供搜索功能；
- Android 的搜索服务可分为 Web 搜索和本地搜索。

练习

1. 下列不属于传感器应用的是______。
   A. 测量体温
   B. 测量海拔高度
   C. 自动横/竖屏变换
   D. 自动检测是否有 Wi-Fi 连接
2. Android 的电话功能主要分为______、______、______、______4 层结构。
3. ______类用于短信操作。
4. 简述 GPS 的功能。
5. 编写代码，使用同一个搜索框搜索本地和 Web 的信息。

实践篇

实践 1　Android 概述

实践指导

实践 1.G.1

Windows 下配置 Android 开发环境，包括 JDK、Eclipse、Android SDK、ADT 插件的下载、安装和配置。

分析

1. Windows 系统下搭建 Android 开发环境，所需的软件如表 1.1 所示。

表 1.1　Android 开发环境所需软件

软件名称	版本	说明
JDK	JDK6.0	进行 Java 开发时所必需的开发包
Android SDK	Android SDK 2.1	Android 开发工具包
Eclipse	Eclipse 3.5	Java 开源集成开发 IDE
开发插件 ADT	ADT（Android Development Tools）0.9.5	Eclipse 开发 Android 应用的必需插件

2. Android SDK 是整个 Android 平台的核心，提供 Android 应用开发所需的 API，可以在 Android 官方网站（http://developer.android.com）下载最新版本的 Android SDK，进行在线安装。
3. Eclipse 的 ADT 插件将模拟器、转换器等开发工具直接集成到 IDE 中来简化 Android 开发，使得 Android 应用程序的开发、测试以及调试过程变得更加快捷和简便。Eclipse 的 ADT 插件的下载地址是 https://dl-ssl.google.com/android/eclipse。

注意　从 Android 的官方网站也可以下载最新版本的 ADT 插件包。由于 SDK 和 ADT 版本更新很快，因此，本书并没有采用最新版本，而是使用 SDK 2.1 和 ADT 0.9.5，并采用离线方式进行安装部署。

参考解决方案

1. 安装 JDK

01 JDK 的官方网址是 http://java.sun.com，下载 jdk-6u18-windows-i586.exe，并运行安装文件，如图 1.1 所示。

02 单击“接受”按钮，出现画面如图 1.2 所示。

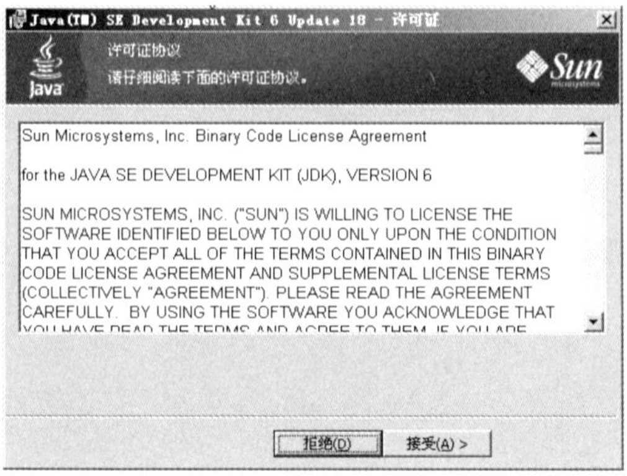

图 1.1

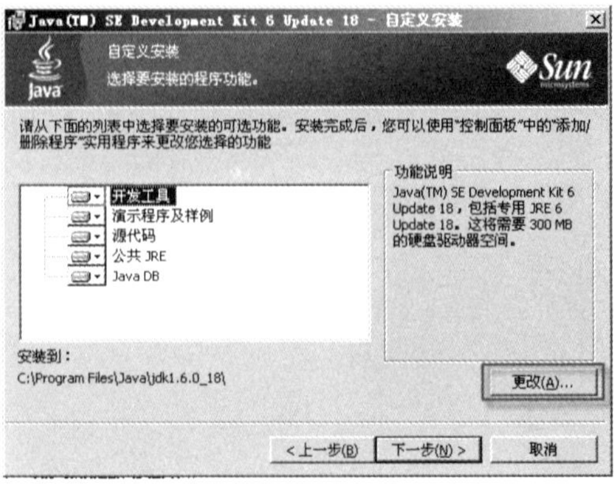

图 1.2

:::▸**03**　单击"更改"按钮，更改安装目录，出现画面如图 1.3 所示。

:::▸**04**　单击"下一步"按钮，进行安装，出现画面如图 1.4 所示。

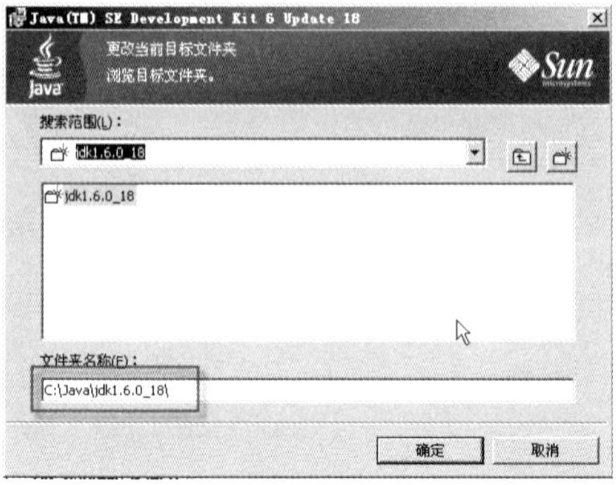

图 1.3

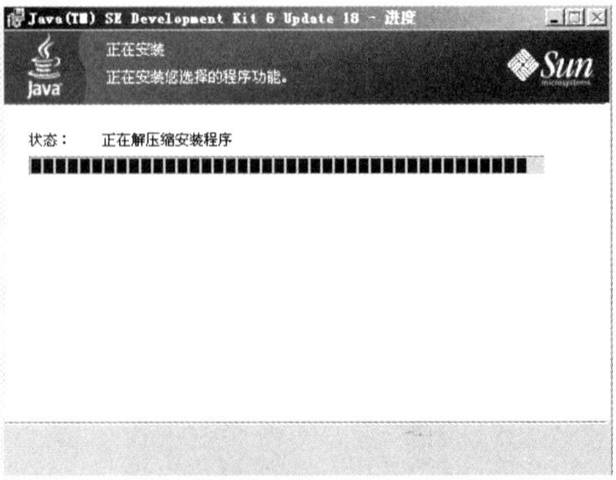

图 1.4

:::▸**05**　安装 jre 时，"更改"安装目录，出现画面如图 1.5 所示。

:::▸**06**　单击"下一步"按钮，出现画面如图 1.6 所示。

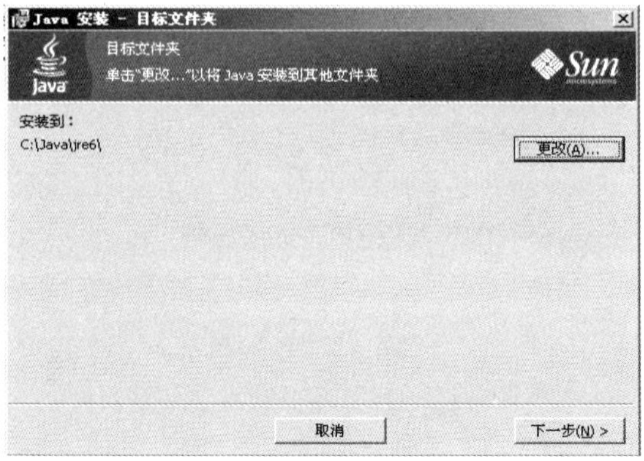

图 1.5

图 1.6

:::▸**07**　安装完毕后出现的画面如图 1.7 所示。

:::▸**08**　单击"完成"按钮，JDK 安装完毕。

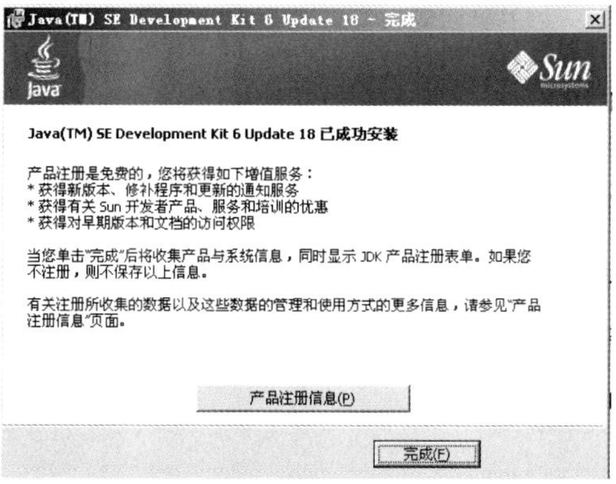

图 1.7

2. 配置 Java 环境变量

01 鼠标右键单击“我的电脑”，在弹出的快捷菜单中单击“属性”，如图 1.8 所示。

02 在系统属性窗口中选择“高级”选项卡，单击“环境变量”按钮，如图 1.9 所示。

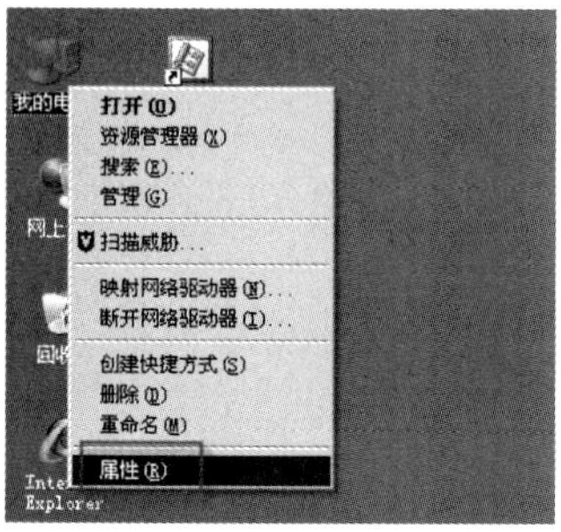

图 1.8

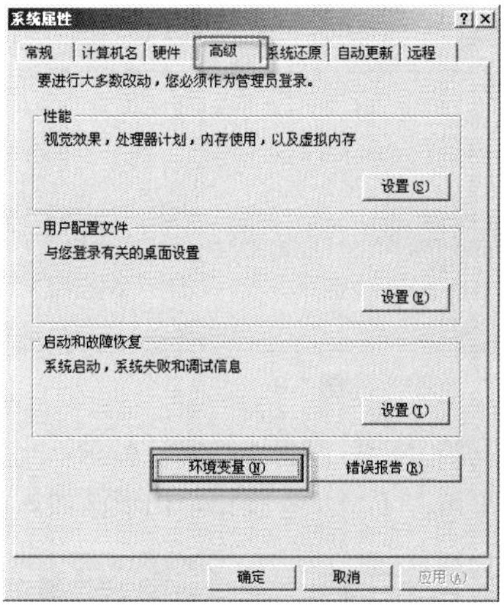

图 1.9

03 在“环境变量”对话框中单击“新建”按钮，如图 1.10 所示。

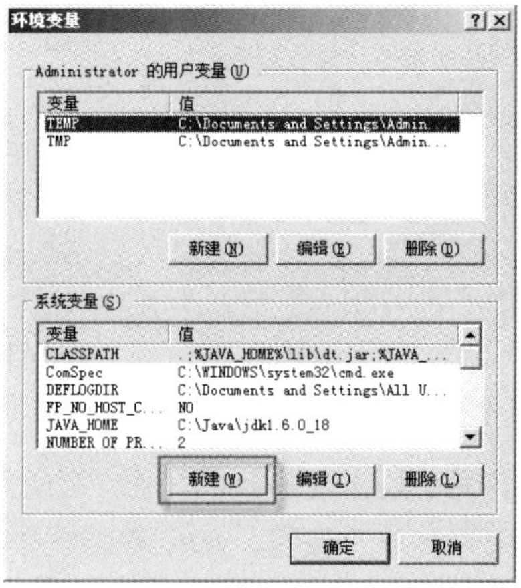

图 1.10

04 建立 JAVA_HOME 变量，并设置变量值为“C: /Java/ jdk1.6.0_18”，此路径是 JDK 的安装根目录，如图 1.11 所示。

05 单击“确定”按钮后，再继续新建 CLASSPATH 变量，并设置变量值为“.;%JAVA_HOME%/lib/dt.jar;%JAVA_HOME%/lib/tools.jar”(Java 类、包的路径)，如图 1.12 所示。

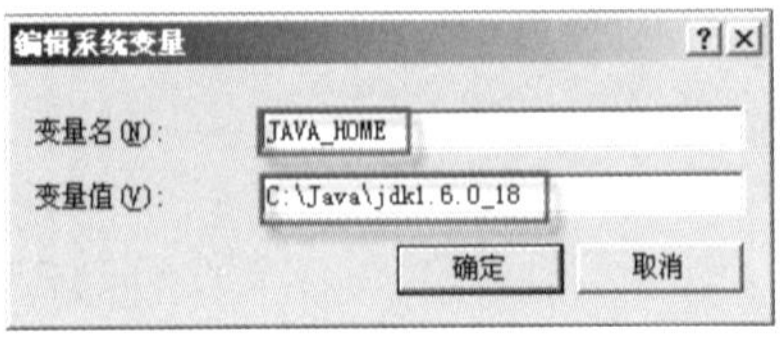

图 1.11

图 1.12

06 单击“确定”按钮后，选中系统变量 Path，把 JDK 的 bin 路径设置进去，如图 1.13 所示。

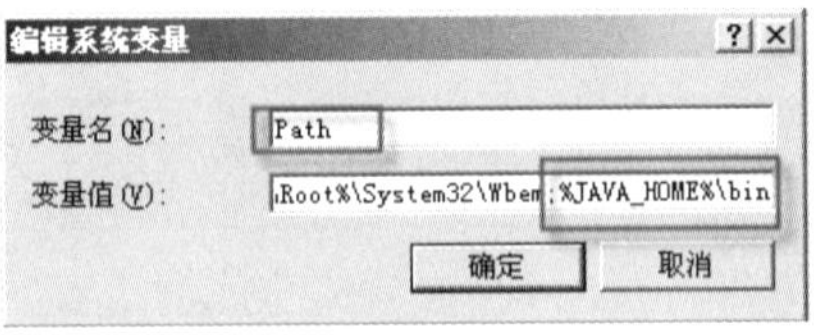

图 1.13

注意　设置 Path 时，可以使用“;”把前面的路径隔开，再把路径“%JAVA_HOME% /bin”附加上。

3. 下载 Eclipse 并解压

在 Eclipse 的官方网站（http://www.eclipse.org/downloads）下载 Eclipse 3.5 压缩包，并将其解压到硬盘根目录下，文件夹为 eclipse。在桌面创建该文件夹下 eclipse.exe 的快捷方式，双击运行 Eclipse，启动界面如图 1.14 所示。

图 1.14

启动界面过后，将显示如图 1.15 所示的选择 Eclipse 工作空间的窗口，在其中设置工作空间的路径后，单击“OK”按钮，即可进入 Eclipse 的主界面。

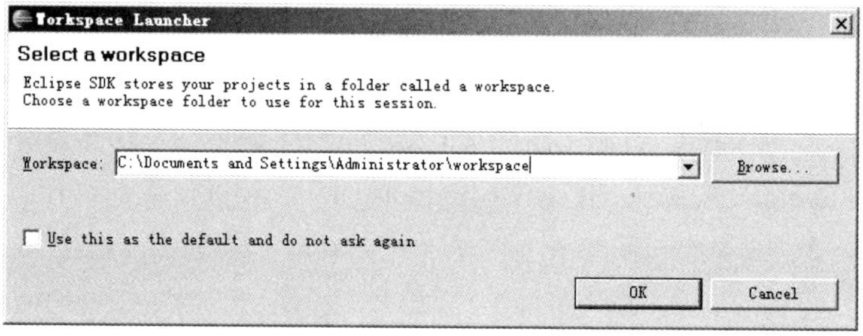

图 1.15

4. 安装 ADT 插件

单击 Eclipse 菜单栏中的“Help→Install New Software...”菜单项，将显示如图 1.16 所示的软件安装窗口。

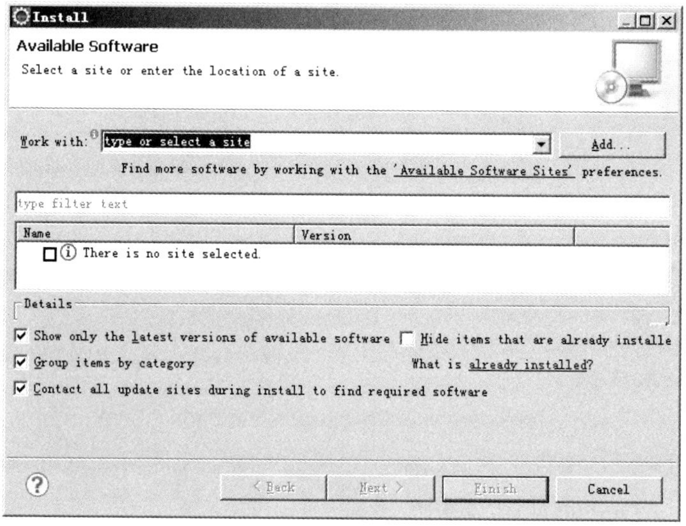

图 1.16

单击“Add...”按钮，将弹出如图 1.17 所示的添加站点对话框。其中在“Name”文本框中输入站点的名称，在“Location”文本框中输入站点的地址。

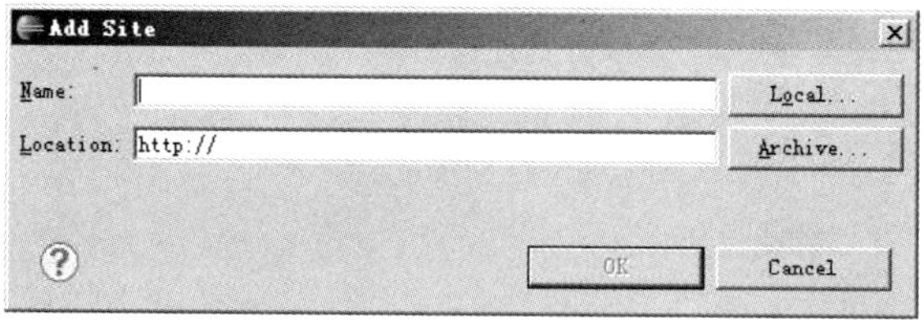

图 1.17

安装 ADT 插件时，可以选择在线安装，也可以选择将插件下载到本地进行安装。在线安装时，在“Location”文本框中输入地址（https://dl-ssl.google.com/android/eclipse/）。本地安装时，单击“Archive...”按钮，选择对应的 zip 插件文件。本书采用的是本地安装方式，选择插件后的安装界面如图 1.18 所示。

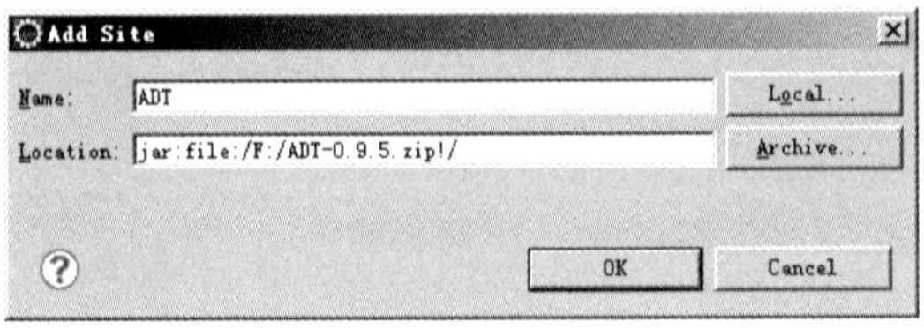

图 1.18

设置完成后，单击“OK”按钮，将显示安装向导窗口，该窗口中包括可以安装的内容，如图 1.19 所示，选中要安装的内容之后，单击“Next”按钮。

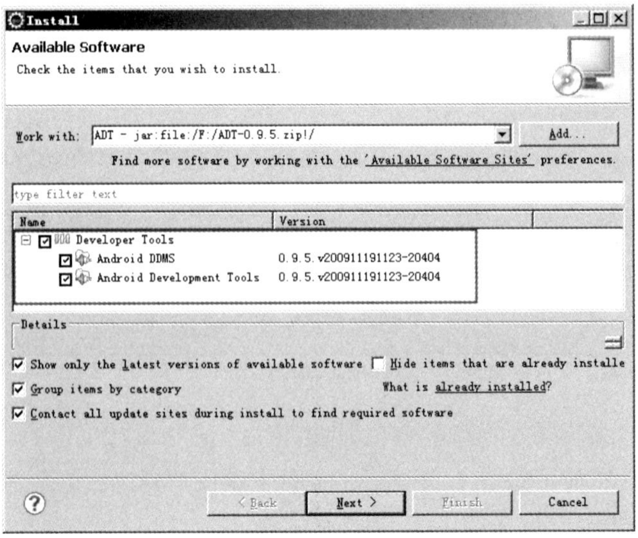

图 1.19

如图 1.20 所示将显示检查安装软件的信息窗口，该窗口显示两项必须安装的程序：Android Development Tools 和 Android DDMS，确认无误后，单击“Next”按钮。

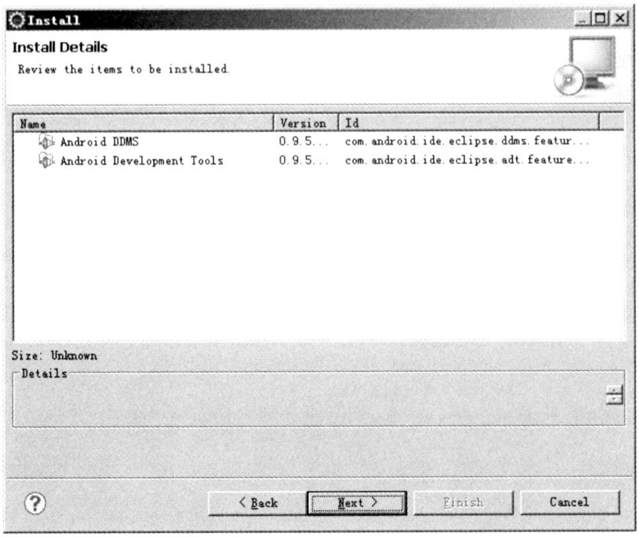

图 1.20

如图 1.21 所示，显示安装授权协议窗口，选择“I accept the terms of the license agreements”选项，同意接受安装协议后，单击“Finish”按钮。

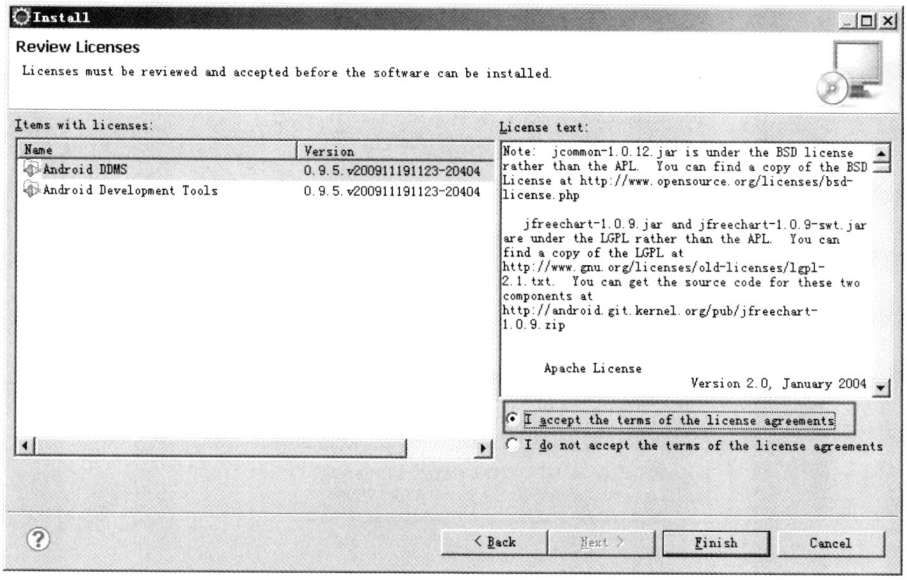

图 1.21

如图 1.22 所示，显示安装 ADT 插件的进度窗口。

当安装完成后，将显示如图 1.23 所示的软件更新成功窗口，单击“Yes”按钮，重新启动 Eclipse，则安装在 Eclipse 中的 ADT 插件将生效。

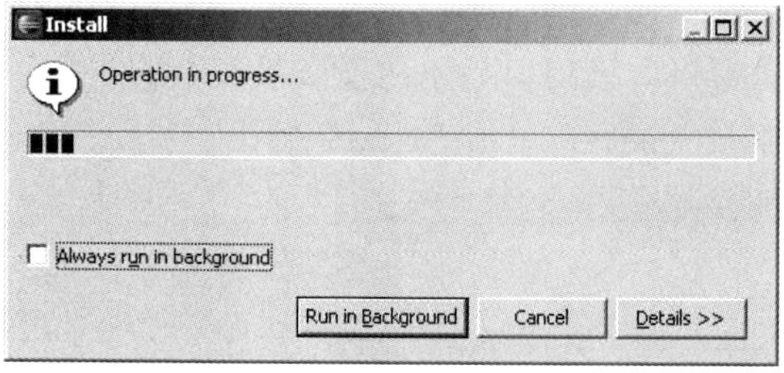

图 1.22

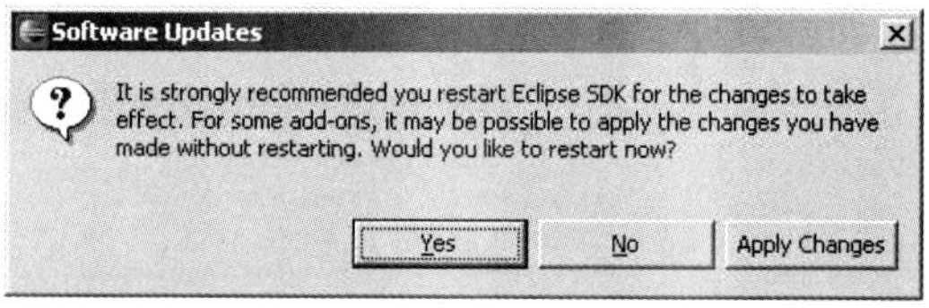

图 1.23

5. 配置 SDK 安装目录

ADT 插件安装完成之后，需要在 Eclipse 中配置 SDK 的安装目录。单击 Eclipse 工具栏中的“Window→Preferences”菜单项，在弹出的如图 1.24 所示的窗口左侧选择“Android”选项，在窗口右侧选择 Android SDK 的安装目录，此时下面的列表中将显示所有可用的目标平台版本规范。

至此，Android 开发环境都已安装并配置成功，随时可以开始建立 Android 项目。

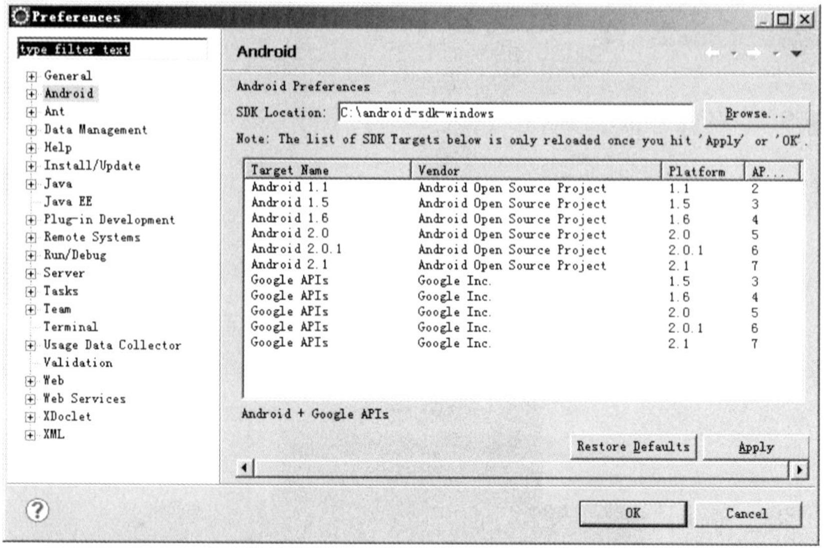

图 1.24

实践 1.G.2

配置运行 Android 应用程序所需的一个 AVD 虚拟设备。

分析

1. 在 Android SDK 1.5 版本以后，运行 Android 应用程序必须至少创建一个 AVD 虚拟设备。AVD 是一个经过配置的模拟器，用来模拟不同设备上可用的软件版本和硬件规范。这样可以针对各种硬件平台测试应用程序，而无须购买多种手机。
2. 创建 AVD 时可以配置支持的 SDK 版本、SD 卡容量、屏幕分辨率，以及一些额外的硬件设置，例如，触摸屏、键盘、跟踪球、GPS、摄像头等。
3. Android SDK 不包含任何预构建的虚拟设备，所以，在模拟器内运行 Android 应用程序时需要至少创建一个 AVD 设备。

参考解决方案

创建一个新的 AVD 的具体步骤如下：

1. 单击 Eclipse 菜单栏中的“Window→Android SDK and AVD Manager”菜单项，在弹出的“Android SDK and AVD Manager”窗口的左侧选择“Virtual Devices”选项，将显示如图 1.25 所示的 AVD 管理窗口。
2. 单击“New...”按钮，将弹出新建的 AVD 窗口，如图 1.26 所示。在“Name”文本框中输入新创建的 AVD 的名字，在“Target”下拉框中选择目标平台版本规范，在“SD Card”中设置模拟的 SD Card 的容量大小，在“Hardware”中设置模拟的硬件设备的属性参数。

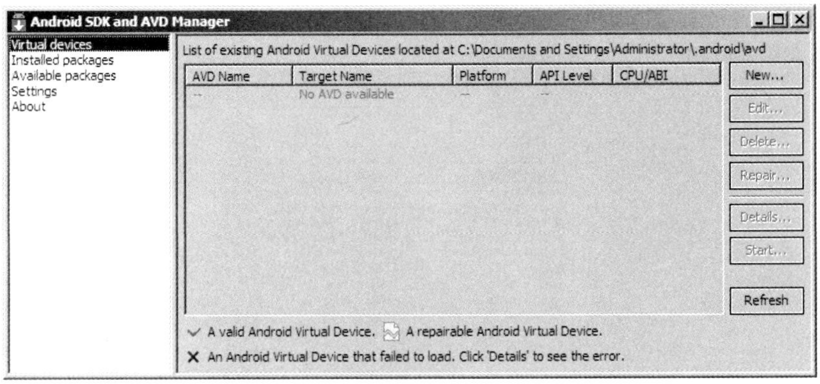

图 1.25

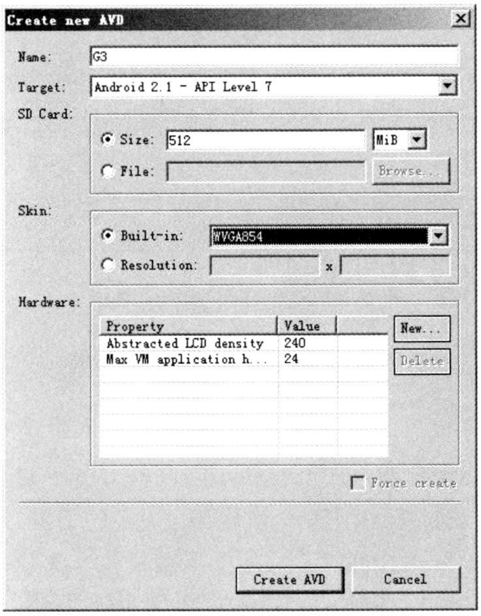

图 1.26

3. 设置完成后，单击“Create AVD”按钮，将显示创建 AVD 成功的提示框，如图 1.27 所示。

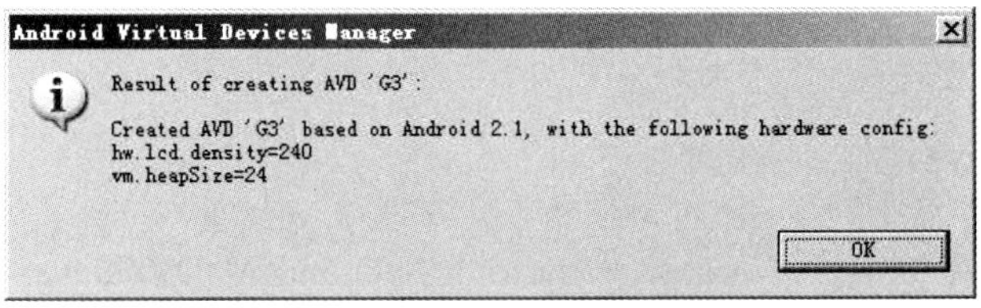

图 1.27

4. 新的 AVD 创建成功后，将会出现在现存的 AVD 列表中，如图 1.28 所示。
5. 选中要运行的 AVD，单击“Start”按钮，将显示如图 1.29 所示的加载运行选项对话框。在该对话框中可以设置 AVD 运行时的外观大小等属性。

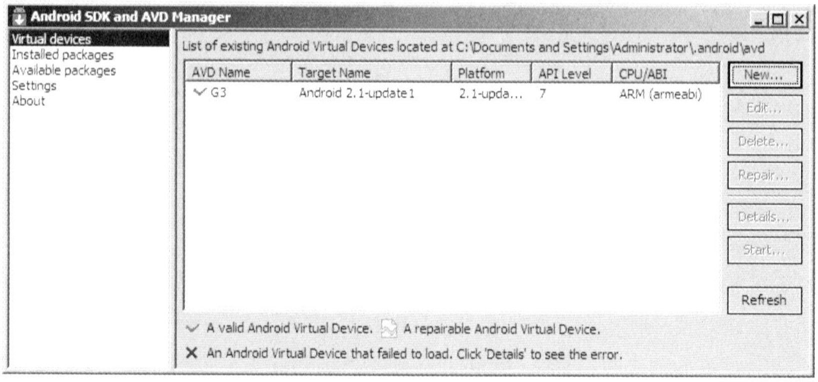

图 1.28

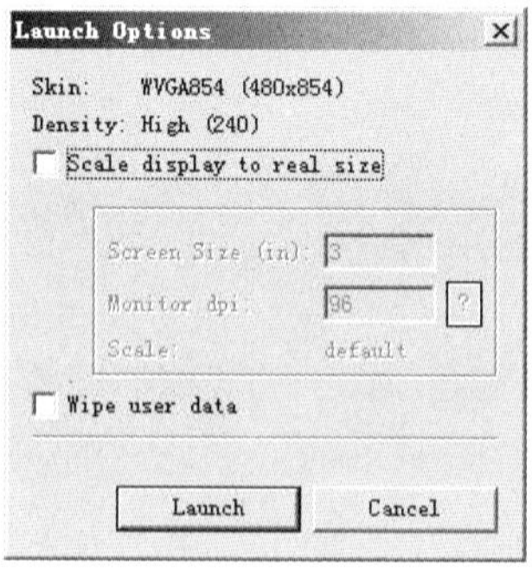

图 1.29

6. 单击“Launch”按钮，将启动 AVD。注意，AVD 首次运行较慢，需要几分钟的时间。当显示如图 1.30 所示的 Android 手机模拟器界面时，表示 AVD 运行成功。

图 1.30

实践 1.G.3

使用 DDMS 对 Android 应用程序进行调试监控。

分析

1. DDMS（Dalvik Debug Monitor Service，Dalvik 调试监视服务）是 Android SDK 的一个服务程序，支持模拟器和实际终端，可以提供诸如为测试设备截屏、查看进程/线程及其堆信息、日志、模拟电话呼叫、模拟短信、虚拟地理坐标等功能。
2. DDMS 是一个可视化的调试监控工具，是在开发 Android 应用程序时必不可少的一个集成工具。

参考解决方案

1. 运行 Android SDK 安装目录中 tools 目录下的 ddms.bat，可以启动 DDMS，启动后的界面如图 1.31 所示。

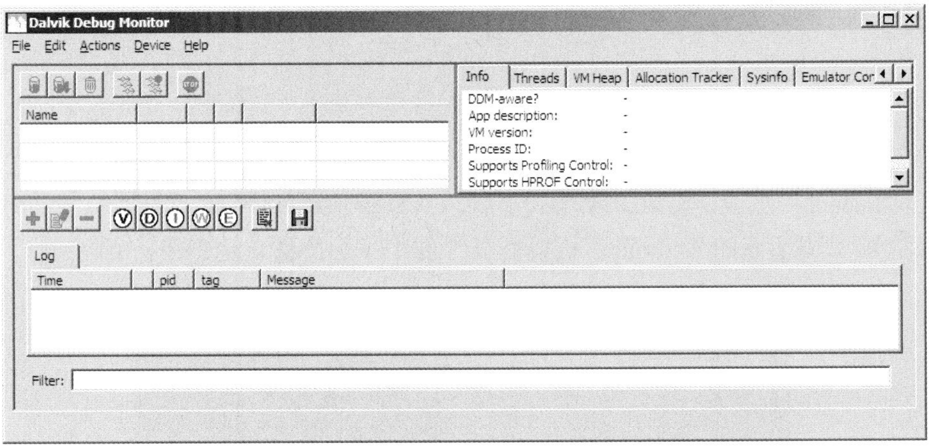

图 1.31

2. Android 的 Eclipse 插件 ADT 也提供了在 Eclipse 环境下的 DDMS 透视图，单击 Eclipse 右上角的“Open Perspective”按钮，选择 Other，在弹出的窗口中选择 DDMS，可以打开 DDMS 透视图，如图 1.32 所示。

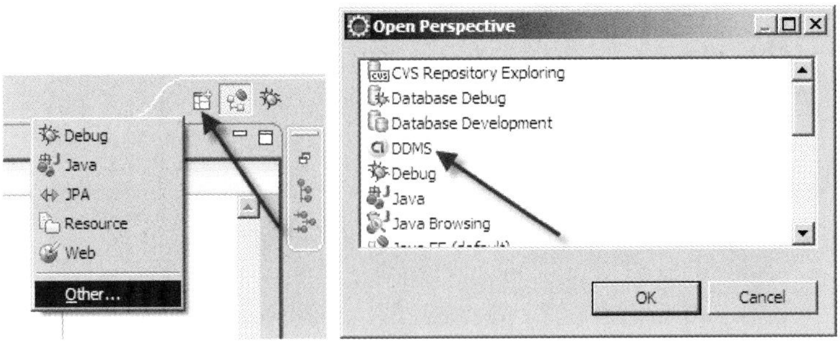

图 1.32

DDMS 透视图如图 1.33 所示（图中显示的是已启动模拟器后的情况）。

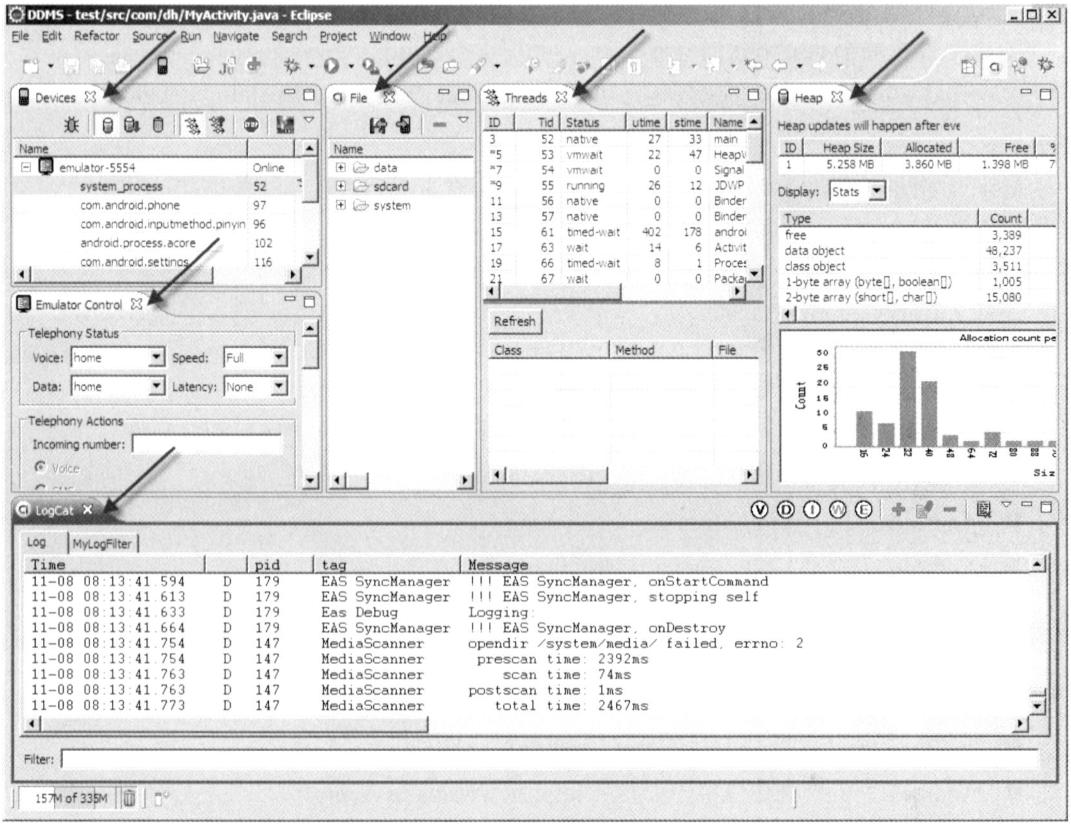

图 1.33

DDMS 透视图包含以下 6 个视图。

- Devices：用于显示当前可用的设备列表，包括模拟器和实际终端；
- Emulator Control：用于使用模拟器进行虚拟操作，例如打电话、发短信等；
- File Explorer：文件浏览器，用于操作设备中的文件，包括模拟器和实际终端；
- Threads：用于查看线程；
- Heap：用于查看进程的堆数据；
- LogCat：用于查看日志。

知识拓展

1. Android 网上资源

Google 为 Android 平台和基于该平台的 Android 应用程序开发提供了大量的信息和有用的服务，例如，扩展 Android 平台的外部库、Android 应用程序、托管的服务和 API、Android

开发人员竞赛等。这些信息和服务都在 Google 为 Android 设置的官方网站中，此网站的所有内容均由 Google 提供。

如果要查找关于 Android 的一般信息，可访问网站 http://www.android.com。如果对开发用于 Android 设备的应用程序感兴趣，可访问 Android 开发人员网站 http://developer.android.com。

除了 Google 提供的 Android 官方网站之外，还有许多 Android 爱好者和组织构建了一些相关的技术网站和论坛，Android 开发者和初学者可以通过这些网上资源进行学习和技术交流。

- 91 手机娱乐门户：http://android.sj.91.com/
- Android 手机网：http://www.android123.com/
- Android 手机资讯网：http://android.hk.cn/
- Android 开发者：http://www.androidin.com/
- Android 开发网：http://www.android123.com.cn/
- Android 论坛：http://bbs.android123.com/
- Android 实验室：http://www.androidlab.cn/
- Android 论坛中文论坛：http://www.androidin.net/bbs/index.php
- Android 中文网：http://www.androidcn.net/
- Google Android 爱好者论坛：http://www.loveandroid.com/
- 台湾 Android 中文资源站：http://android.cool3c.com/
- Android 手机资源中文共享社区：http://www.apkcn.com/
- Google Android 论坛：http://www.android1.net/
- Android 开发者论坛：http://bbs.androidin.com/
- Android 开发资源下载：http://www.androidhere.cn/

2. Android 与 Java ME 的区别

Android 和 Java ME 都是基于 Java 语言针对移动设备开发的，但它们之间的区别在于：

- Android 是一个完整的移动设备操作系统平台，由 Linux 操作系统、中间件、C 类库和核心应用程序组成；
- Java ME 只是 Java 的微型版本，针对移动设备来开发应用程序的开发包，必须有底层操作系统的支持，如 Symbian、Win CE 等。

Android 与 Java ME 的联系并不大，Android 的优势在于开发性和开源，是一个优秀的移动设备操作系统；而 Java ME 是一个移动设备软件开发包，跨平台是其主要特点。

拓展练习

练习 1.E.1

编写一个简单的 Android 应用程序，在 DDMS 日志中输出“您好，欢迎来到 Android 世界！”。

实践 2　活动（Activity）

实践指导

实践 2.G.1

本书实践篇后续章节将实现一个饭店使用的点餐系统，以此作为 Android 开发的实践贯穿案例。

分析

1．传统的餐饮行业中，顾客点餐是通过服务员人工完成的。顾客进入饭店后，服务员根据顾客人数选择合适的桌位，顾客就座后开始点餐，然后服务员将点好的菜单送交前台或厨师开始做菜。在较大的饭店中，点餐的过程将耗费较长时间，而使用无线点餐系统可以解决此问题。

2．无线点餐系统分为以下两部分。

- Android 客户端程序：提供给饭店服务员使用，用于为顾客点餐；
- Web 服务器端程序：供 Android 客户端通过网络访问，并包含数据库用于存储数据。

注意　服务器端程序将在实践篇“实践 7”中完成。

参考解决方案

1. Android 终端通过无线路由器访问 Web 服务器，整个点餐系统的物理架构如图 2.1 所示。

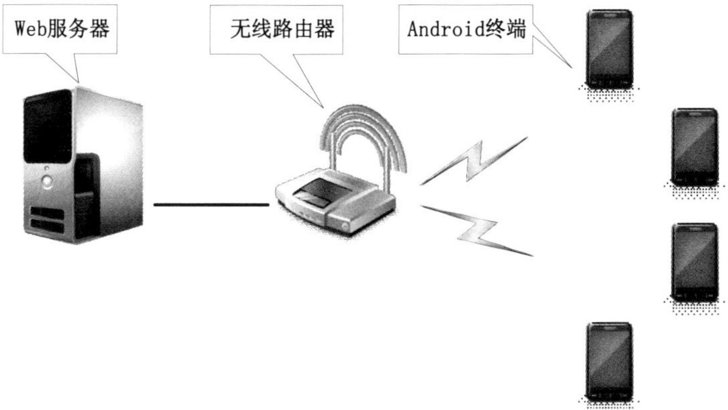

图 2.1

2. 点餐系统的功能如图 2.2 所示。

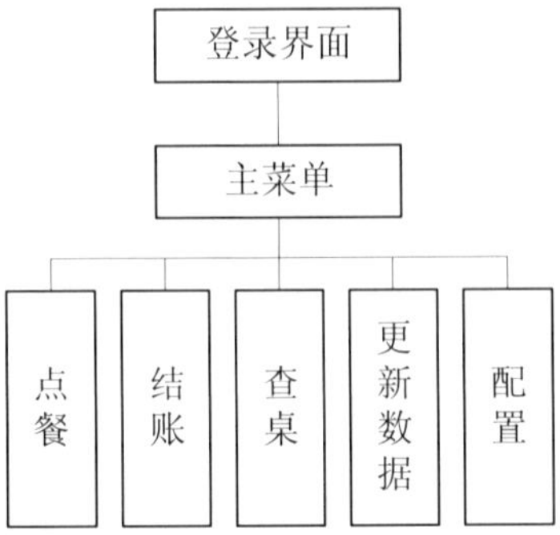

图 2.2

3. 登录界面：用户输入正确的编号和密码后进入主菜单界面。
4. 主菜单：主菜单页面显示点餐、结账、查桌、更新数据、配置五项功能图标。
5. 点餐：用户可以录入桌号、顾客人数、备注信息，还可以选择需要的餐品及数量；确定所选餐品后，可以下单。
6. 结账：用户录入订单编号，系统显示出对应订单的详细信息，用户确认后，可以单击“结账”完成订单。
7. 查桌：用户录入需要的座位数，系统显示出符合条件的桌位。
8. 更新数据：用户单击更新数据后，系统从服务器的数据库中查找餐品等数据，并下载到 Android 客户端作为本地的缓存，以提高运行效率。
9. 配置：用户可以对系统的一些选项进行配置和修改。
10. Android 客户端程序需要的 Activity 类及其功能如表 2. 1 所示。

表 2. 1　Android 客户端的 Activity

Activity	功能
BasicActivity	所有 Activity 的父类，提供一些通用的功能
LoginActivity	登录界面
MainActivity	主菜单界面
OrderActivity	点餐界面
PayActivity	结账界面
TableActivity	查桌界面
ConfigActivity	配置界面

实践 2.G.2

针对点餐系统，在 Eclipse 中建立 Android 项目，建立包结构，并准备图标文件。

分析

1. 项目按照模块化组织，使用不同的 Java 包存放实体类、业务类和界面类。
2. 为了界面的美观，需要准备一些小图标，在按钮、对话框等处可以使用这些图标。

参考解决方案

1. 在 Eclipse 中新建 Android 项目 ph02，并在源代码目录下新建 flyrestaurant.ph02.entity、flyrestaurant.ph02.service、flyrestaurant.ph02.ui 三个 package，分别用于存放实体类、业务类和界面类（Activity），项目结构如图 2.3 所示。

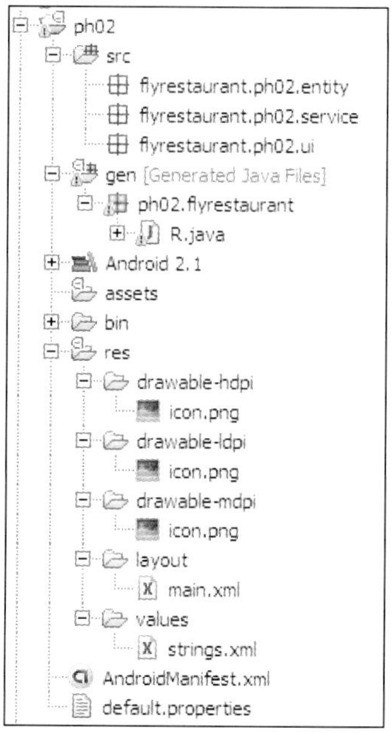

图 2.3

2. 删除项目中 res/drawable-hdpi、res/drawable-ldpi、res/drawable-mdpi 三个目录下自动生成的图片资源 icon.png，并在 res/drawable-mdpi 目录下添加如表 2. 2 所示的图片资源。

表 2. 2　客户端需要的图片资源

名称	样式	名称	样式	名称	样式
icon.png		icon1.png		icon2.png	
icon3.png		icon4.png		icon5.png	
key.png		back.png		coffee.png	
save.png		search.png		money.png	
info.png		warning.png	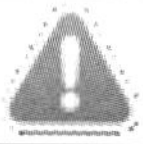	not.png	

注意　res/drawable-hdpi、res/drawable-mdpi、res/drawable-ldpi 三个目录分别用于存放高、中、低三种分辨率下的图标文件，Android 程序运行时，会自动根据当前分辨率到对应的目录下查找图片。

实践 2.G.3

编写点餐系统需要的实体类。

分析

1. 点餐系统需要用户、餐品、餐品类型、餐桌、订单、订单明细等六个实体类。
2. 餐品和餐品类型具有多对一的关系，系统中需要根据餐品类型查找对应的餐品，因此，餐品类中需要一个 typeId 属性表示对应的餐品类型 ID。
3. 订单和订单明细具有一对多的关系，系统中需要根据订单查找对应的明细，因此，订单类中需要一个集合属性保存对应的订单明细。

参考解决方案

1. 在 flyrestaurant.entity 包下新建用户实体类 User.java，代码如下。

```
public class User {
    public int id; // 主键
    public String code; // 编号
    public String password; // 密码
    public String name; // 姓名
}
```

2. 在 flyrestaurant.entity 包下新建餐品实体类 Food.java，代码如下。

```
public class Food {
    public int id; // 主键
    public String code; // 编码
    public int typeId; // 类型
    public String name; // 名称
    public int price; // 价格
    public String description; // 说明
}
```

3. 在 flyrestaurant.entity 包下新建餐品类型实体类 FoodType.java，代码如下。

```
public class FoodType {
    public int id; // 主键
    public String name; // 名称
}
```

4. 在 flyrestaurant.entity 包下新建餐桌实体类 Table.java，代码如下。

```
public class Table {
    public int id; // 主键
```

```
    public String code; // 编号
    public int seats; // 座位数
    public int customers; // 当前就餐人数
    public String description; // 说明
}
```

5. 在 flyrestaurant.entity 包下新建订单实体类 Order.java，代码如下。

```
public class Order {
    public int id; // 主键
    public String code; // 编号
    public int tableId; // 餐桌 ID
    public int waiterId; // 服务员 ID
    public Date orderTime; // 下单时间
    public int customers; // 顾客数量
    public int status; // -1 取消 0 未结算 1 已结算
    public String description; // 说明

    public List<OrderDetail> orderDetails; // 订单明细
}
```

6. 在 flyrestaurant.entity 包下新建订单明细实体类 OrderDetail.java，代码如下。

```
public class OrderDetail {
    public int id; // 主键
    public int orderId; // 订单 ID
    public int foodId; // 食品 ID
    public int num = 1; // 订购数量
    public String description; // 说明
}
```

注意 为简单起见，本项目中的实体类将不再采用传统 Java Bean 中 get、set 方法的方式，而是直接操作 public 的属性。

知识拓展

1. 使用颜色和尺寸资源

在 Android 应用程序中，可能会使用各种颜色和尺寸，例如，控件的背景色、文字的颜色、文字的大小等，为了使界面风格统一，通常会将重复使用的颜色和尺寸定义在特定的资源文件中，在代码或其他的资源文件中可以通过资源的名称引用这些颜色和尺寸，从而避免了代码重复，也便于统一修改。

新建 Android 项目，在 res/values 目录下新建 color.xml 文件，编辑内容如下：

```
<?xml version="1.0" encoding="utf-8"?>
<resources>
    <color name="someBgColor">#004477</color>
    <color name="someTextColor">#AAFFDD</color>
    <color name="someTextBgColor">#000000</color>
</resources>
```

上述文件中定义了名称为 someBgColor 和 someTextColor 的两个颜色资源，使用#RGB 方式指定了颜色值。在其他资源文件中可以引用这两个颜色资源，例如，修改主界面布局文件 res/layout/main.xml 内容如下：

```
<?xml version="1.0" encoding="utf-8"?>
<LinearLayout xmlns:android="http://schemas.android.com/apk/res/android"
    android:orientation="vertical"
    android:layout_width="fill_parent"
    android:layout_height="fill_parent"
    android:background="@color/someBgColor">
    <TextView
        android:id="@+id/myText"
        android:layout_width="fill_parent"
        android:layout_height="wrap_content"
        android:text="@string/hello"
        android:textColor="@color/someTextColor"
        android:background="@color/someTextBgColor"/>
</LinearLayout>
```

上述布局文件中，指定了背景色引用“@color/someBgColor”，而 TextView 控件的文字颜色引用“@color/someTextColor”，背景色引用“@color/someTextBgColor”。运行项目，界面如图 2.4 所示。

图 2.4

除了在其他资源文件中引用颜色外，也可以在代码中使用，例如，在主界面 Activity 中可以按如下形式使用：

```
public class A extends Activity {
    @Override
    public void onCreate(Bundle savedInstanceState) {
        super.onCreate(savedInstanceState);
        setContentView(R.layout.main);

        // 设置窗口背景色
        getWindow().setBackgroundDrawableResource(R.color.someBgColor);
        // 获取 TextView 控件
        TextView tv = (TextView) findViewById(R.id.myText);
        // 设置 TextView 文字颜色和背景颜色
        tv.setTextColor(getResources().getColor(R.color.someTextColor));
        tv.setBackgroundColor(getResources()
                .getColor(R.color.someTextBgColor));
    }
}
```

上述代码中，通过 Window 对象的 setBackgroundDrawableResource()方法设置了窗口背景色，然后通过 ID 获取 TextView 控件，调用其 setTextColor()方法设置了文字颜色。运行项目，效果与图 2.4 相同。

需要特别指出的是，不要像下列语句这样调用 setTextColor()方法：

```
tv.setTextColor(R.color.someTextColor);
```

因为 setTextColor()方法接收一个整数表示的颜色，而 R.color.someTextColor 是系统根据颜色名称自动生成的一个整数，其代表颜色的名称，而不是颜色的值。应该使用 getResources()方法获取项目资源对象 Resources，Resources 提供了根据资源名称获取各种资源的方法，可以再调用其 getColor()方法获取颜色资源，即使用下列方式：

```
tv.setBackgroundColor(getResources().getColor(R.color.someTextBgColor));
```

也可以将尺寸定义在资源文件中，例如，在 res/values 目录下新建 size.xml 文件，编辑内容如下：

```
<?xml version="1.0" encoding="utf-8"?>
<resources>
    <dimen name="someHeight">200dp</dimen>
    <dimen name="someFontSize">60sp</dimen>
</resources>
```

上述文件定义了 someHeight 和 someFontSize 两个尺寸，在其他资源文件和代码中都可以引用这两个尺寸，例如修改 main.xml 如下：

```
<?xml version="1.0" encoding="utf-8"?>
<LinearLayout xmlns:android="http://schemas.android.com/apk/res/android"
    android:orientation="vertical"
    android:layout_width="fill_parent"
    android:layout_height="fill_parent"
    android:background="@color/someBgColor">
    <TextView
        android:id="@+id/myText"
        android:layout_width="fill_parent"
        android:layout_height="wrap_content"
        android:height="@dimen/someHeight"
        android:text="@string/hello"
        android:textSize="@dimen/someFontSize"
        android:textColor="@color/someTextColor"
        android:background="@color/someTextBgColor"/>
</LinearLayout>
```

上述文件中，通过引用尺寸资源指定了 TextView 控件的高度和文字大小，运行项目，效果如图 2.5 所示。

图 2.5

2.　使用 XML 资源

Android 项目中可以使用 XML 文件，Android 内置了开源的 XML 解析器 Pull，其使用类似于 SAX 的方式解析 XML。XML 文件需要放置在 res/xml 目录下，例如，在此目录下存放下列 XML 文件。

```
<?xml version="1.0" encoding="utf-8"?>
<corporations>
    <corporation no="1">
        <name>沃尔玛</name>
        <country>美国</country>
    </corporation>
    <corporation no="2">
        <name>壳牌</name>
        <country>荷兰</country>
    </corporation>
    <corporation no="3">
        <name>埃克森美孚</name>
        <country>美国</country>
    </corporation>
    <corporation no="4">
        <name>英国石油</name>
        <country>英国</country>
    </corporation>
    <corporation no="5">
        <name>中石油</name>
        <country>中国</country>
    </corporation>
</corporations>
```

修改主界面 Activity，使用 Android 提供的 API 解析上述 XML 文件，代码如下：

```
public class A extends Activity {
    @Override
    public void onCreate(Bundle savedInstanceState) {
        super.onCreate(savedInstanceState);
        setContentView(R.layout.main);

        TextView tv = (TextView) findViewById(R.id.myText);
        try {
            tv.setText(readXml());
        } catch (Exception e) {
            e.printStackTrace();
        }
    }

    String readXml() throws XmlPullParserException, IOException {
        XmlResourceParser xrp = getResources().getXml(R.xml.corporation);
        StringBuilder sb = new StringBuilder();
```

```
        int et = xrp.getEventType();
        while (et != XmlPullParser.END_DOCUMENT) {
            String name = xrp.getName();
            if (et == XmlPullParser.START_TAG)
                if ("corporation".equals(name))
                    sb.append(xrp.getAttributeValue(0)).append(" ");
                else if ("name".equals(name)) {
                    xrp.next();
                    sb.append(xrp.getText()).append(" ");
                } else if ("country".equals(name)) {
                    xrp.next();
                    sb.append(xrp.getText()).append("\n");
                }
            xrp.next();
            et = xrp.getEventType();
        }
        return sb.toString();
    }
}
```

上述代码中，readXml()方法中使用getResources().getXml()方法获取了XML文件，调用XmlResourceParser的相关方法解析了XML文件的内容。运行项目，显示效果如图2.6所示。

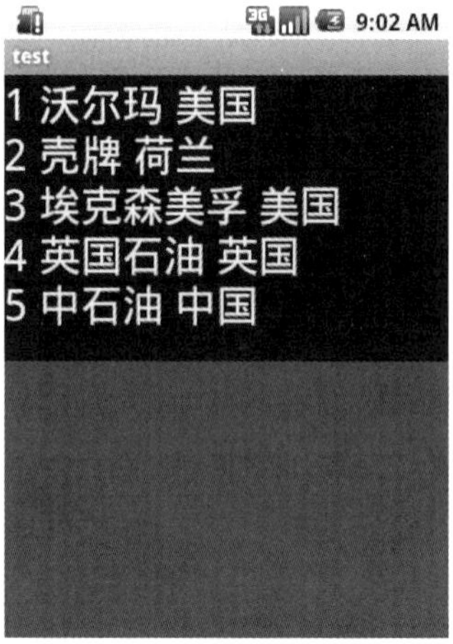

图 2.6

拓展练习

练习 2.E.1

新建 Android 项目，定义颜色资源文件，并分别在其他资源文件和代码中使用定义的颜色。

练习 2.E.2

定义 XML 资源文件，在代码中读取 XML 文件并显示在窗口中。

实践 3　用户界面

实践指导

实践 3.G.1

完成点餐系统的用户登录界面。

分析

1. 用户登录时需要录入编号和密码，编写用户业务类 UserService，并提供登录业务方法 login()，根据用户编号和密码查找用户，查找成功后返回 User 的实例。
2. 用户登录成功后，需要将用户信息存储已备后续界面使用，可编写 Android 提供的 Application 类的子类完成信息存储，此类需要在 AndroidManifest.xml 文件中配置。
3. 许多 Activity 中存在大量重复的代码，如初始化、设置标题栏、显示信息提示对话框等，编写 Activity 的子类 BasicActivity，实现这些通用的功能，所有的 Activity 可以继承 BasicActivity 以获取这些功能。
4. 用户登录界面需要用户编号、密码两个文本框，以及登录、取消两个按钮，用户录入信息错误时，需要使用对话框提示用户。

注意　需要连接服务器端程序并查询数据库才能确定用户是否登录成功，本章实践篇的登录功能只是使用假数据模拟了登录过程，实践篇“实践 7”中将完成完整的登录功能。

参考解决方案

1. 编写用户业务类 flyrestaurant.ph03.service.UserService，完成登录的业务方法 login()，代码如下：

```
public class UserService {
    /**
     * 登录
     *
     * @param code 用户编号
     * @param password 密码
     * @return 用户对象
     */
    public User login(String code, String password) {
        if ("test".equals(code) && "test".equals(password)) {
```

```
            User u = new User();
            u.id = 1;
            u.code = code;
            u.password = password;
            u.name = "张王李赵";
            return u;
        }
        return null;
    }
}
```

2. android.app.Application 类代表整个应用程序，程序启动时，系统会自动构造 Application 的实例，Activity、Service 中可以调用 getApplication()方法获取此实例。整个应用程序共用一个 Application 实例，因此，可以在 Application 中保存全局变量，需要两个步骤：

■ 编写 Application 子类，并添加全局属性；
■ 在 AndroidManifest.xml 文件中配置使用新编写的子类作为 Application。

编写 Application 的子类 flyrestaurant.ph03.App，提供 User 类型的属性用于存储登录成功的用户实例，代码如下：

```
public class App extends Application {
    /**
     * 保存当前登录者
     */
    public User user;
}
```

修改 AndroidManifest.xml 文件，配置使用 App 类，代码如下：

```
<?xml version="1.0" encoding="utf-8"?>
<manifest xmlns:android="http://schemas.android.com/apk/res/android"
    package="flyrestaurant.ph03.ui"
    android:versionCode="1" android:versionName="1.0">
    <application android:name="flyrestaurant.ph03.App"
        android:icon="@drawable/icon" android:label="@string/app_name">
    </application>
    <uses-sdk android:minSdkVersion="7" />
</manifest>
```

上述 AndroidManifest.xml 文件代码中，在<application>元素中指定 android:name 属性值为 flyrestaurant.ph03.App，从而使在 Activity 中调用 getApplication()方法返回的是 App 的实例。

3. 编写 flyrestaurant.ph03.ui.BasicActivity 作为订餐系统中 Activity 的父类，完成一些通用的

功能，代码如下：

```
public abstract class BasicActivity extends Activity {
    AlertDialog.Builder dialogBuilder;

    @Override
    protected void onCreate(Bundle savedInstanceState) {
        super.onCreate(savedInstanceState);

        Window window = getWindow(); // 获得窗口对象
        //设置窗口的特征，左侧显示图标
        window.requestFeature(Window.FEATURE_LEFT_ICON);
        setContentView(getLayoutId()); // 设置布局
        window.setFeatureDrawableResource(Window.FEATURE_LEFT_ICON,
                R.drawable.coffee); // 设置标题栏图标

        String title = getString(R.string.app_name); // 获取应用程序名称
        App app = (App) getApplication(); // 获取 App 实例
        User user = app.user; // 获取当前登录用户实例
        if (user != null)
            title += " " + user.code;
        title += " " + getName();
        setTitle(title); // 设置标题栏文字
        dialogBuilder = new AlertDialog.Builder(this);
    }

    /**
     * 显示一个简单的消息对话框
     *
     * @param message 消息
     * @param iconId 图标 ID
     * @param onClickListener 单击确定按钮的事件
     */
    protected void showMessageDialog(String message, int iconId,
            DialogInterface.OnClickListener onClickListener) {
        dialogBuilder.setIcon(iconId); // 设置图标 ID
        dialogBuilder.setTitle(message); // 设置消息
        dialogBuilder.setPositiveButton("确定", onClickListener); // 确定按钮事件
        dialogBuilder.create().show(); // 显示对话框
    }

    /**
     * @return 布局 ID
```

```
    */
    protected abstract int getLayoutId();

    /**
     * @return 界面名称
     */
    protected abstract String getName();
}
```

上述 BasicActivity 代码中完成了下列功能：

a) 设置标题栏图标为 R.drawable.coffee；

b) 设置标题栏文字为“应用程序名　登录者 CODE　界面名称”；

c) 提供了一个简单的显示对话框的方法供子类调用；

d) 抽象方法 getLayoutId()用于指定 Activity 使用的布局 ID；

e) 抽象方法 getName()用于指定界面名称。

4. 在 res/layout 目录下，删除自动生成的布局文件 main.xml，编写用户登录界面布局文件 login.xml，代码如下：

```
<?xml version="1.0" encoding="utf-8"?>
<LinearLayout
    xmlns:android="http://schemas.android.com/apk/res/android"
    android:orientation="vertical"
    android:layout_width="fill_parent" android:layout_height="fill_parent">
    <TableLayout
        android:layout_width="fill_parent" android:layout_height="fill_parent"
        android:stretchColumns="1">
        <EditText
            android:id="@+id/codeEdt"
            android:hint="请输入编号" android:singleLine="true"
            android:layout_width="wrap_content"
            android:layout_height="wrap_content"/>
        <EditText
            android:id="@+id/passwordEdt" android:password="true"
            android:hint="请输入密码" android:singleLine="true"
            android:layout_width="wrap_content"
            android:layout_height="wrap_content"/>
        <LinearLayout
            android:layout_width="fill_parent">
            <Button
                android:id="@+id/loginBtn" android:text="登录"
                android:drawableLeft="@drawable/key" android:layout_weight="1"
```

```
                android:layout_width="wrap_content"
                android:layout_height="wrap_content"/>
            <Button
                android:id="@+id/cancelBtn"
                android:text="取消" android:layout_weight="1"
                android:drawableLeft="@drawable/back"
                android:layout_width="wrap_content"
                android:layout_height="wrap_content"/>
        </LinearLayout>
    </TableLayout>
</LinearLayout>
```

上述布局代码中，最外层为 LinearLayout，内层为 TableLayout，TableLayout 中包含三行：

i. 第一行为录入用户编号的 EditText（id 为 codeEdt）；
ii. 第二行为录入密码的 EditText（id 为 passwordEdt）；
iii. 第三行为一个 LinearLayout，包含登录 Button（id 为 loginBtn）和取消 Button（id 为 cancelBtn），两个按钮各占一半的宽度，并通过 drawableLeft 属性指定了显示在左部的图标。

5. 编写用户登录界面 flyrestaurant.ph03.ui.LoginActivity，代码如下：

```
public class LoginActivity extends BasicActivity {

    EditText codeEdt; // 用户编号
    EditText passwordEdt; // 密码
    Button loginBtn; // 登录
    Button cancelBtn; // 取消

    UserService userService; // 用户业务对象

    @Override
    protected void onCreate(Bundle savedInstanceState) {
        super.onCreate(savedInstanceState);

        String title = getString(R.string.app_name) + " " + getName();
        setTitle(title);

        userService = new UserService();

        codeEdt = (EditText) findViewById(R.id.codeEdt);
        passwordEdt = (EditText) findViewById(R.id.passwordEdt);
        loginBtn = (Button) findViewById(R.id.loginBtn);
```

```
        cancelBtn = (Button) findViewById(R.id.cancelBtn);

        loginBtn.setOnClickListener(new OnClickListener() {
            @Override
            public void onClick(View v) {
                String code = codeEdt.getText().toString();
                String password = passwordEdt.getText().toString();
                if (code.length() == 0 || password.length() == 0) {
                    showMessageDialog("请输入登录名和密码", R.drawable.warning, null);
                    return;
                }
                User user = userService.login(code, password);
                if (user == null) {
                    showMessageDialog("登录名或密码错误", R.drawable.warning, null);
                    return;
                }
                showMessageDialog("登录成功", R.drawable.info, null);
                App app = (App) getApplication();
                app.user = user;
                // TODO 转向主菜单界面
            }
        });

        cancelBtn.setOnClickListener(new OnClickListener() {
            @Override
            public void onClick(View v) {
                LoginActivity.this.finish();
            }
        });
    }

    @Override
    protected int getLayoutId() {
        return R.layout.login;
    }

    @Override
    protected String getName() {
        return "登录";
    }
}
```

上述代码中，在 onCreate()方法中初始化了各个控件，并注册了“登录”和“取消”按钮的单击事件。在“登录”按钮的单击事件中，首先检查用户输入是否完整，然后调用 UserService 的 login()方法验证登录是否成功，最后将登录成功的用户实例保存在 App 对象中。

在 AndroidManifest.xml 文件中需要对 LoginActivity 进行配置，代码如下：

```
<?xml version="1.0" encoding="utf-8"?>
<manifest xmlns:android="http://schemas.android.com/apk/res/android"
    package="flyrestaurant.ph03.ui" android:versionCode="1"
    android:versionName="1.0">
    <application android:name="flyrestaurant.ph03.App"
        android:icon="@drawable/icon" android:label="@string/app_name">
        <activity android:name=".LoginActivity">
            <intent-filter>
                <action android:name="android.intent.action.MAIN" />
                <category android:name="android.intent.category.LAUNCHER" />
            </intent-filter>
        </activity>
    </application>
    <uses-sdk android:minSdkVersion="7" />
</manifest>
```

上述 AndroidManifest.xml 文件中，在<application>元素下添加了一个<activity>子元素，通过 name 属性指定对应的 Activity 类为 LoginActivity，并指定其子元素<intent-filter>的<action>和<category>元素的 name 属性值为 android.intent.action.MAIN 和 android.intent.category.LAUNCHER，以使 LoginActivity 作为应用程序的入口 Activity。

注意 理论篇第 4 章已详细介绍<intent-filter>元素。

6. 运行 ph03 项目，将在 Android 模拟器中显示登录界面，即 LoginActivity，如图 3.1 所示。

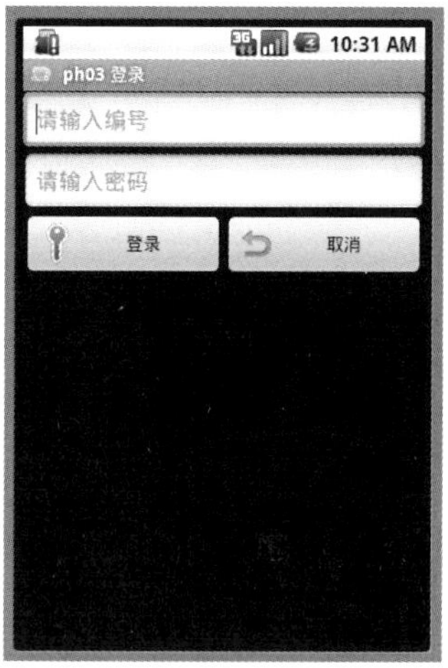

图 3.1

输入用户编号和密码，根据输入信息的完整性和正确与否，将显示不同的信息提示对话框，如图 3.2 所示。

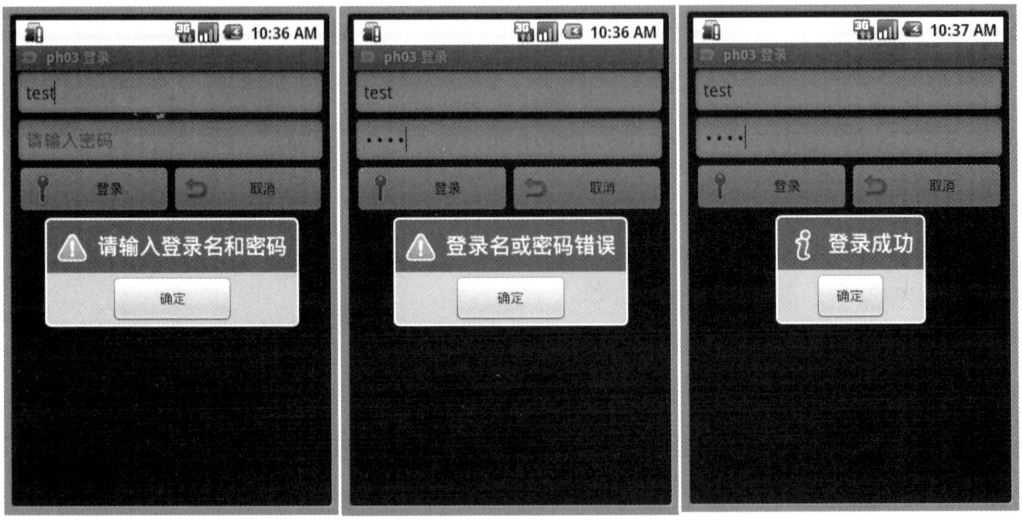

图 3.2

在登录界面单击“取消”按钮，将退回到 Android 桌面。

实践 3.G.2

完成点餐系统的主菜单界面。

分析

1. 主菜单中需要显示五项功能图标：点餐、结账、查桌、更新数据、配置。
2. 主菜单可以使用 GridView 控件显示各个功能图标，并在 Activity 中初始化各个图标及其单击事件。
3. 需要定义 GridView 中每个单元格的布局，以使在每个功能图标下方可以显示功能名称。

参考解决方案

1. 编写主菜单布局文件 main.xml，代码如下：

```
<?xml version="1.0" encoding="utf-8"?>
<LinearLayout xmlns:android="http://schemas.android.com/apk/res/android"
    android:orientation="vertical"
    android:layout_width="fill_parent" android:layout_height="fill_parent">
    <GridView
        android:id="@+id/gdv"
        android:layout_width="fill_parent" android:layout_height="fill_parent"
        android:numColumns="auto_fit" android:horizontalSpacing="10dp"
```

```
        android:verticalSpacing="10dp" android:columnWidth="80dp"
        android:stretchMode="columnWidth" android:gravity="center">
    </GridView>
</LinearLayout>
```

上述主菜单布局中，定义了一个 id 为 gdv 的 GridView 用于显示功能图标。GridView 通常需要结合 SimpleAdapter 以绑定数据。SimpleAdapter 构造方法需要五个参数：

- Context context：上下文，通常为 Activity 当前实例；
- List<? extends Map<String, ?>> data：数据，每个 Map 对应视图的一项；
- int resource：视图项的布局资源；
- String[ ] from：data 中 Map 的 key；
- int[ ] to：视图组件的 ID，此视图用于显示 Map 的 value。

GridView 使用 SimpleAdapter 的步骤如下：

- 编写 GridView 中条目所需的布局文件，并确定需要绑定数据的控件的 ID；
- 准备数据，即填充某个 List 以备 SimpleAdapter 构造方法使用；
- 构造 SimpleAdapter 实例，并调用 GridView 的 setAdapter()方法设置适配器。

2. 编写 GridView 中每个功能图标的布局文件 mainitem.xml，代码如下：

```
<?xml version="1.0" encoding="utf-8"?>
<LinearLayout xmlns:android="http://schemas.android.com/apk/res/android"
    android:layout_width="fill_parent" android:layout_height="fill_parent"
    android:orientation="vertical">
    <ImageView
        android:id="@+id/imageView" android:layout_gravity="center_horizontal"
        android:layout_width="wrap_content"
        android:layout_height="wrap_content" >
    </ImageView>
    <TextView
        android:id="@+id/imageTitle"
        android:layout_width="wrap_content"
        android:layout_height="wrap_content"
        android:layout_gravity="center_horizontal" android:textStyle="bold"
        android:textColor="#D5BFFF" android:textSize="16sp">
    </TextView>
</LinearLayout>
```

上述代码中，每个功能图标包含图标和文字两部分，即一个 id 为 imageView 的 ImageView 和一个 id 为 imageTitle 的 TextView。

3. 编写主界面 MainActivity，代码如下：

```
public class MainActivity extends BasicActivity {
    // 图标 ID
    int[] icons = { R.drawable.icon1, R.drawable.icon2, R.drawable.icon3,
            R.drawable.icon4, R.drawable.icon5 };
    // 图标文字
    String[] iconTexts = { "点餐", "结账", "查桌", "更新数据", "设置" };
    GridView gdv;

    @Override
    public void onCreate(Bundle savedInstanceState) {
        super.onCreate(savedInstanceState);

        gdv = (GridView) findViewById(R.id.gdv);

        // iconList 存储图标和文字的 List<Map<String, Object>>
        List<Map<String, Object>> iconList = new ArrayList<Map<String, Object>>();
        for (int i = 0, j = icons.length; i < j; i++) {
            Map<String, Object> map = new HashMap<String, Object>();
            map.put("imageView", icons[i]);
            map.put("imageTitle", iconTexts[i]);
            iconList.add(map);
        }

        // 设定 gdv 的每一项使用 R.layout.menuitem 布局，并且每一项的图标和文字
        // 对应于 iconList 中每个 Map 的 key 为 imageView 和 imageTitle 的元素
        gdv.setAdapter(new SimpleAdapter(this, iconList, R.layout.menuitem,
                new String[] { "imageView", "imageTitle" }, new int[] {
                        R.id.imageView, R.id.imageTitle }));

        // 设置图标项的单击事件
        gdv.setOnItemClickListener(new AdapterView.OnItemClickListener() {
            @Override
            public void onItemClick(AdapterView<?> arg0, View arg1, int idx,
                    long arg3) {
                // 根据编号确定单击的图标项
                switch (idx) {
                case 0:
                    showMessageDialog("点餐", R.drawable.info, null);
                    break;
                case 1:
                    showMessageDialog("结账", R.drawable.info, null);
                    break;
```

```
                case 2:
                    showMessageDialog("查桌", R.drawable.info, null);
                    break;
                case 3:
                    showMessageDialog("更新数据", R.drawable.info, null);
                    break;
                case 4:
                    showMessageDialog("设置", R.drawable.info, null);
                    break;
                }
            }
        });
    }

    @Override
    protected int getLayoutId() {
        return R.layout.main;
    }

    @Override
    protected String getName() {
        return "主菜单";
    }
}
```

上述代码中，定义了整数数组 icons 和字符串数组 iconTexts 用于存放每个图标项的图标 ID 和文字；在 onCreate()方法中，初始化一个 List<Map<String, Object>>，用于为 SimpleAdapter 提供数据，并指定 GridView 使用 SimpleAdapter 获取数据；最后，为 GridView 注册单击事件，根据编号确定单击的图标项，并显示信息提示对话框。

注意 理论篇第 4 章已完善 MainActivity，使单击图标时显示对应的功能界面。

4. 修改 AndroidManifest.xml 文件，指定入口 Activity 为 MainActivity，代码如下：

```
<?xml version="1.0" encoding="utf-8"?>
<manifest xmlns:android="http://schemas.android.com/apk/res/android"
    package="flyrestaurant.ph03.ui" android:versionCode="1"
    android:versionName="1.0">
    <application android:name="flyrestaurant.ph03.App"
        android:icon="@drawable/icon" android:label="@string/app_name">
        <activity android:name=".MainActivity">
            <intent-filter>
                <action android:name="android.intent.action.MAIN" />
```

```
            <category android:name="android.intent.category.LAUNCHER" />
        </intent-filter>
    </activity>
</application>
<uses-sdk android:minSdkVersion="7" />
</manifest>
```

5. 在 Android 模拟器中运行项目，将显示主菜单界面，单击图标后，将显示对应的信息提示对话框，如图 3.3 所示。

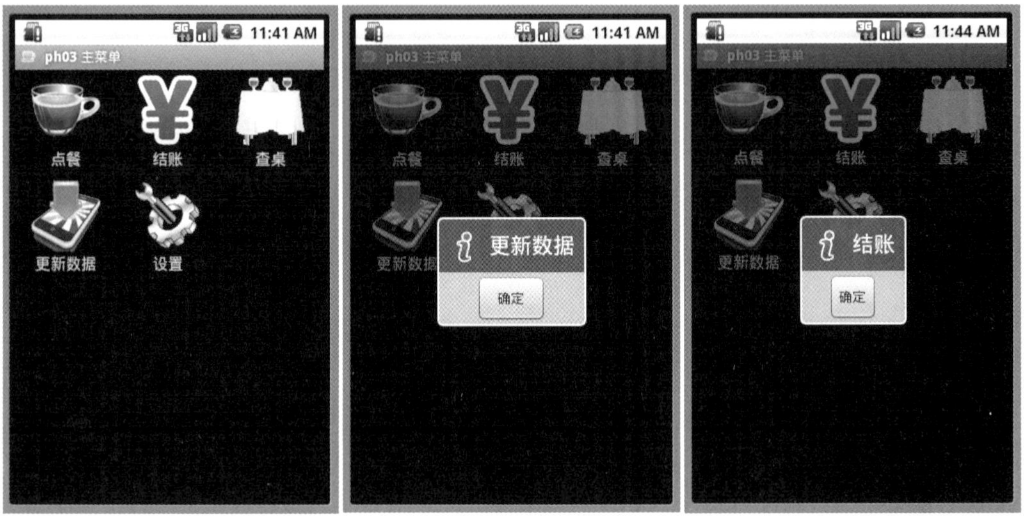

图 3.3

知识拓展

1. 自动完成文本框

自动完成文本框 AutoCompleteTextView 提供了辅助输入的功能，用户只需输入几个文字，搜索框就会显示相近的关键字。AutoCompleteTextView 可以对用户输入的文本进行有效的扩充提示，而不需要用户输入整个文本内容，只需输入一部分内容，其余的内容系统就会即时显示出来给予提示。

下列内容使用 AutoCompleteTextView 完成电话号码的自动录入功能，编写布局文件如下：

```
<?xml version="1.0" encoding="utf-8"?>
<LinearLayout xmlns:android="http://schemas.android.com/apk/res/android"
    android:orientation="vertical" android:layout_width="fill_parent"
    android:layout_height="fill_parent">
    <AutoCompleteTextView
```

```
        android:id="@+id/autoCompleteTextView"
        android:layout_width="fill_parent"
        android:layout_height="wrap_content"
        android:hint="请输入电话号码" />
</LinearLayout>
```

上述布局文件中定义了一个 AutoCompleteTextView，再编写 Activity 代码如下：

```
public class AutoInput extends Activity {
    private static final String[] phonenumberStr = new String[] { "88888888",
            "86668888", "7777777", "86666666", "86145689", "86143429",
            "86123889" };

    @Override
    public void onCreate(Bundle savedInstanceState) {
        super.onCreate(savedInstanceState);
        setContentView(R.layout.main);

        ArrayAdapter<String> adapter = new ArrayAdapter<String>(this,
                android.R.layout.simple_dropdown_item_1line, phonenumberStr);
        AutoCompleteTextView  autoCompleteTextView  =  (AutoCompleteTextView)
findViewById(R.id.autoCompleteTextView);
        autoCompleteTextView.setAdapter(adapter);
    }
}
```

上述代码中，使用字符串数组存储了一组电话号码，使用 ArrayAdapter 作为 AutoCompleteTextView 的适配器，当用户输入字符串时，AutoCompleteTextView 就会在 ArrayAdapter 中查找字符串，并显示匹配的字符串供用户选择，运行结果如图 3.4 所示。

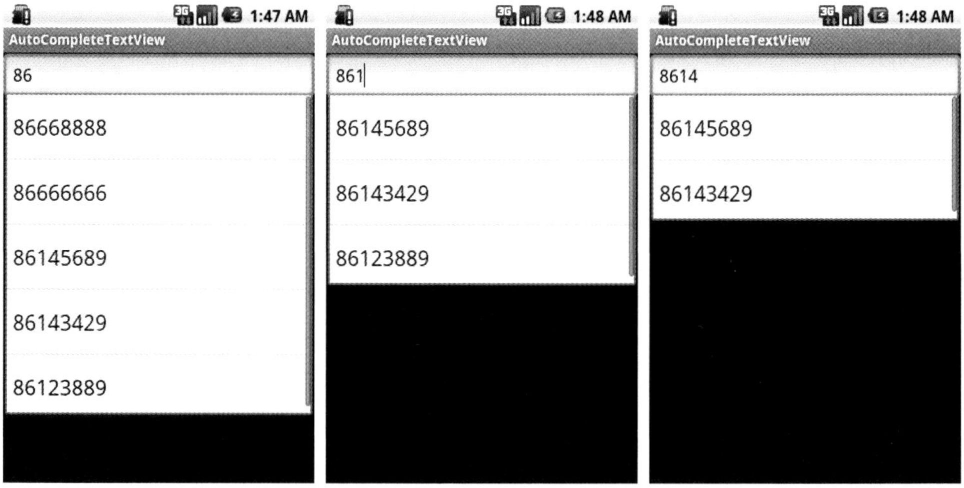

图 3.4

2. 时间相关的控件

Android 提供的与日期、时间有关的控件主要有以下四个。

- DatePicker：用于选择日期；
- TimePicker：用于选择时间；
- DigitalClock：数字时钟；
- AnalogClock：表状时钟。

这些控件的使用都比较简单，例如，下列布局文件定义了这四种控件：

```
<?xml version="1.0" encoding="utf-8"?>
<LinearLayout xmlns:a="http://schemas.android.com/apk/res/android"
    a:orientation="vertical"
    a:layout_width="fill_parent"
    a:layout_height="fill_parent">
    <DatePicker
        a:id="@+id/dp"
        a:layout_width="fill_parent" a:layout_height="wrap_content"/>
    <TimePicker
        a:id="@+id/tp"
        a:layout_width="fill_parent" a:layout_height="wrap_content"/>
    <DigitalClock
        a:id="@+id/dc"
        a:layout_width="fill_parent" a:layout_height="wrap_content"/>
    <LinearLayout
        a:layout_width="fill_parent" a:layout_height="wrap_content">
        <AnalogClock
            a:id="@+id/ac"
            a:layout_width="wrap_content" a:layout_height="wrap_content"/>
        <TextView
            a:id="@+id/tv" a:textSize="30sp"
            a:layout_width="wrap_content" a:layout_height="wrap_content"/>
    </LinearLayout>
</LinearLayout>
```

编写 Activity 代码如下：

```
public class A extends Activity {

    DatePicker dp;
    TimePicker tp;
    DigitalClock dc;
```

```
    AnalogClock ac;
    TextView tv;

    @Override
    public void onCreate(Bundle savedInstanceState) {
        super.onCreate(savedInstanceState);
        setContentView(R.layout.main);

        dp = (DatePicker) findViewById(R.id.dp);
        tp = (TimePicker) findViewById(R.id.tp);
        dc = (DigitalClock) findViewById(R.id.dc);
        ac = (AnalogClock) findViewById(R.id.ac);
        tv = (TextView) findViewById(R.id.tv);

        Calendar c = Calendar.getInstance();
        dp.init(c.get(Calendar.YEAR), c.get(Calendar.MONTH),
                c.get(Calendar.DAY_OF_MONTH), new OnDateChangedListener() {
                    @Override
                    public void onDateChanged(DatePicker view, int year,
                            int monthOfYear, int dayOfMonth) {
                        display();
                    }
                });

        tp.setOnTimeChangedListener(new OnTimeChangedListener() {
            @Override
            public void onTimeChanged(TimePicker view, int hourOfDay, int minute){
                display();
            }
        });
    }

    void display() {
        int y = dp.getYear();
        int m = dp.getMonth() + 1;
        int d = dp.getDayOfMonth();
        int h = tp.getCurrentHour();
        int mi = tp.getCurrentMinute();
        int s = Calendar.getInstance().get(Calendar.SECOND);
        tv.setText(y + "-" + m + "-" + d + " " + h + ":" + mi + ":" + s);
    }
}
```

上述代码中，为 DatePicker 控件设置了 OnDateChangedListener，为 TimePicker 控件设置了 OnTimeChangedListener，当用户修改 DatePicker 和 TimePicker 控件的值时，将调用 DatePicker 和 TimePicker 的相关方法获取日期和时间，并在 TextView 中显示修改后的结果。运行项目，结果如图 3.5 所示。

单击 DatePicker 和 TimePicker 控件上下的“+”和“-”按钮，可以修改日期和时间，并在右下方的 TextView 中显示修改后的值，如图 3.6 所示。

图 3.5

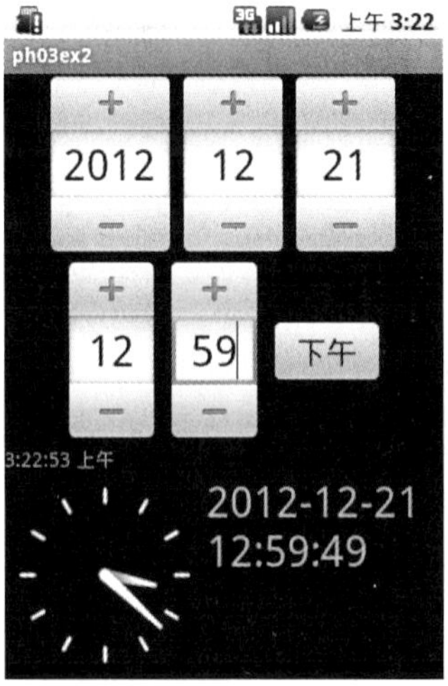

图 3.6

3.　进度条

进度条是常用的控件，Android 提供了 ProgressBar 控件用于表示耗时操作的进度。进度条控件通常有两种表现形式。

- 圆形进度条；
- 条形进度条。

如果操作的进度无法量化或无法预知，即在操作完成前无法得知当前的进度，则通常使用圆形进度条；反之则使用条形进度条，因为条形进度条可以直观地显示当前的完成情况。

ProgressBar 的 getProgress()和 setProgress()方法用于获取和更改当前的进度，可以直接在其他线程中调用，但是如果需要更改 ProgressBar 的显示状态（例如使其隐藏），则在其他线程中不能直接调用 ProgressBar 的相关方法，而应该使用 Handler 和 Message 对象通过传递消息来实现。下列内容演示了进度条的用法，编写布局文件如下：

```
<?xml version="1.0" encoding="utf-8"?>
<LinearLayout xmlns:a="http://schemas.android.com/apk/res/android"
    a:orientation="vertical" a:gravity="center_horizontal"
    a:layout_width="fill_parent" a:layout_height="fill_parent">
    <Button
```

```
        a:id="@+id/startBtn" a:text="开始"
        a:layout_width="fill_parent" a:layout_height="wrap_content"/>
    <ProgressBar
        a:id="@+id/pb1" a:visibility="gone"
        a:layout_width="wrap_content" a:layout_height="wrap_content"/>
    <ProgressBar
        a:id="@+id/pb2" a:visibility="gone"
        style="?android:attr/progressBarStyleSmall"
        a:layout_width="wrap_content" a:layout_height="wrap_content"/>
    <ProgressBar
        a:id="@+id/pb3" a:visibility="gone"
        style="?android:attr/progressBarStyleLarge"
        a:layout_width="wrap_content" a:layout_height="wrap_content"/>
    <ProgressBar
        a:id="@+id/pb4" a:visibility="gone"
        style="?android:attr/progressBarStyleHorizontal"
        a:layout_width="fill_parent" a:layout_height="wrap_content"/>
</LinearLayout>
```

上述布局文件定义了四个进度条，第一个没有指定 style 属性，采用默认样式，即中等大小的圆形进度条；第二个 style 值为“?android:attr/progressBarStyleSmall”，是小的圆形进度条；第三个 style 值为“?android:attr/progressBarStyleLarge”，是大的圆形进度条；第四个值为“?android:attr/progressBarStyleHorizontal”，是条形进度条。四个进度条的 visibility 值为“gone”，因此初始都是不显示的。编写 Activity 代码如下：

```
public class A extends Activity {

    ProgressBar pb1;
    ProgressBar pb2;
    ProgressBar pb3;
    ProgressBar pb4;
    Button startBtn;

    @Override
    public void onCreate(Bundle savedInstanceState) {
        super.onCreate(savedInstanceState);
        setContentView(R.layout.main);

        pb1 = (ProgressBar) findViewById(R.id.pb1);
        pb2 = (ProgressBar) findViewById(R.id.pb2);
        pb3 = (ProgressBar) findViewById(R.id.pb3);
        pb4 = (ProgressBar) findViewById(R.id.pb4);
        startBtn = (Button) findViewById(R.id.startBtn);
```

```
final int max = pb4.getMax(); // 最大值

final Handler handler = new Handler() {
    @Override
    public void handleMessage(Message msg) {
        int p = msg.what;
        // 如果达到最大值，隐藏圆形进度条
        if (p == max) {
            pb1.setVisibility(View.GONE);
            pb2.setVisibility(View.GONE);
            pb3.setVisibility(View.GONE);
        }
        pb4.setProgress(p); // 修改条形进度条的进度
        pb4.setSecondaryProgress(p * 2); // 修改条形进度条的第二进度
    };
};

startBtn.setOnClickListener(new OnClickListener() {
    @Override
    public void onClick(View v) {
        // 显示四个进度条
        pb1.setVisibility(View.VISIBLE);
        pb2.setVisibility(View.VISIBLE);
        pb3.setVisibility(View.VISIBLE);
        pb4.setVisibility(View.VISIBLE);

        // 模拟耗时操作
        new Thread() {
            @Override
            public void run() {
                for (int i = 1; i <= max; i++) {
                    try {
                        Thread.sleep(50);
                        Message msg = new Message();
                        msg.what = i;
                        handler.sendMessage(msg); // 发送消息
                    } catch (InterruptedException e) {
                        e.printStackTrace();
                    }
                }
            }
        }.start();
```

```
            }
        });
    }
}
```

上述代码中，定义了 Handler 对象，并覆盖 handleMessage()方法，其中根据消息的内容改变四个进度条的状态；按钮的单击事件中，新线程模拟了一个耗时操作，操作过程中会定时向 Handler 对象发送消息；当 Handler 对象接收到消息时，会调用其 handleMessage()方法，从而改变进度条的状态。运行项目，初始界面不会显示进度条；单击“开始”按钮后，四个进度条出现并开始滚动；模拟的操作执行完毕后，圆形进度条被隐藏，只显示已经完成的条形进度条。效果如图 3.7 所示。

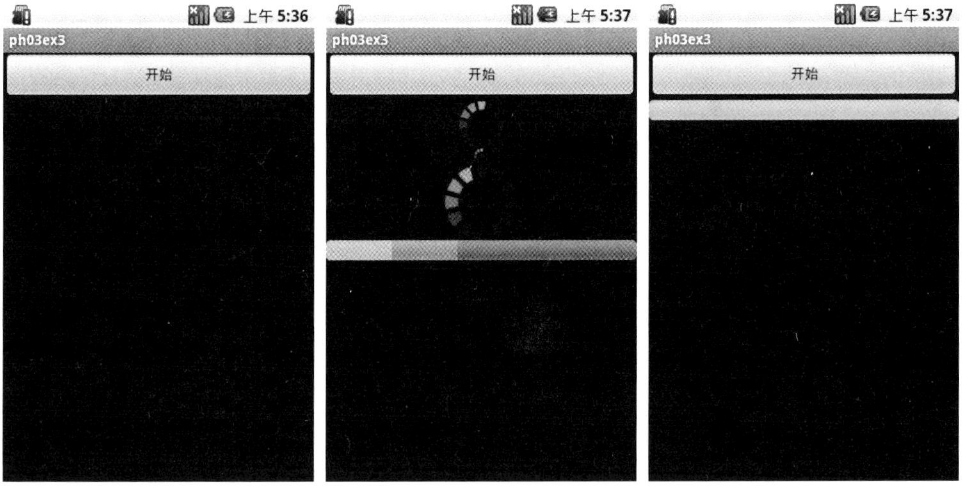

图 3.7

4. 拖动条

拖动条控件 SeekBar 与普通进度条 ProgressBar 类似（SeekBar 继承于 ProgressBar），但是支持用户拖动修改进度，下列内容演示了 SeekBar 的用法。

编写布局文件如下：

```
<?xml version="1.0" encoding="utf-8"?>
<LinearLayout xmlns:a="http://schemas.android.com/apk/res/android"
    a:orientation="vertical" a:gravity="center_horizontal"
    a:layout_width="fill_parent" a:layout_height="fill_parent">
    <SeekBar
        a:id="@+id/sb"
        a:layout_width="fill_parent" a:layout_height="wrap_content"/>
    <TextView
        a:id="@+id/tv" a:textSize = "30sp"
        a:layout_width="fill_parent" a:layout_height="wrap_content"/>
```

```
</LinearLayout>
```

上述文件定义了一个 SeekBar 和一个 TextView，编写 Activity 代码如下：

```
public class A extends Activity {

    SeekBar sb;
    TextView tv;

    boolean finished; // 是否已完成
    boolean dragging; // 是否正在拖动

    @Override
    public void onCreate(Bundle savedInstanceState) {
        super.onCreate(savedInstanceState);
        setContentView(R.layout.main);

        sb = (SeekBar) findViewById(R.id.sb);
        tv = (TextView) findViewById(R.id.tv);
        final int max = sb.getMax(); // 最大值

        sb.setOnSeekBarChangeListener(new OnSeekBarChangeListener() {
            @Override
            public void onStopTrackingTouch(SeekBar seekBar) {
                dragging = false; // 停止拖动
            }

            @Override
            public void onStartTrackingTouch(SeekBar seekBar) {
                dragging = true; // 开始拖动
            }

            @Override
            public void onProgressChanged(SeekBar seekBar, int progress,
                    boolean fromUser) {
                int p = sb.getProgress();
                tv.setText("进度:" + p * 100 / max + "%");
                if (p == max)
                    finished = true;
            }
        });

        new Thread() {
```

```
            @Override
            public void run() {
                while (!finished)
                    if (!dragging)
                        try {
                            Thread.sleep(50);
                            sb.incrementProgressBy(1);
                        } catch (InterruptedException e) {
                            e.printStackTrace();
                        }
            }
        }.start();
    }
}
```

上述代码中，模拟了耗时的操作，其中循环判断当没有完成时，如果没有再拖动，则修改 SeekBar 的进度。为 SeekBar 注册了状态改变监听器 OnSeekBarChangeListener，当用户开始拖动、停止拖动、进度发生改变时，会调用 OnSeekBarChangeListener 的 onStartTrackingTouch()、onStopTrackingTouch()以及 onProgressChanged()方法；在 onStartTrackingTouch()和 onStopTrackingTouch()方法中修改拖动标志的值，在 onProgressChanged()方法中更新 TextView 的显示，并判断当达到终点时修改完成标志，从而使模拟耗时操作的线程结束。

运行项目，将显示状态持续变化的 SeekBar，如图 3.8 所示。

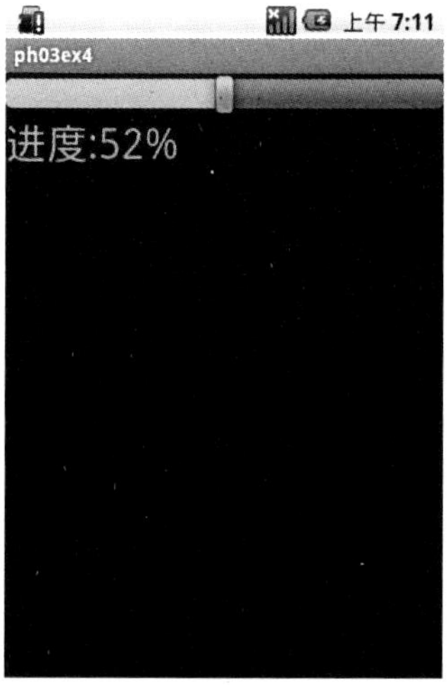

图 3.8

可以向前、向后拖动 SeekBar，拖动的过程中，进度会停止前进，松开拖动后，进度会从当前位置继续前进。

5. 图片切换效果

使用 Android 提供的 ImageSwitcher 和 Gallery 类可以方便地实现常见的图片切换效果，ImageSwitcher 通常用于显示并切换图片，而 Gallery 是存储图片的一个容器。编写布局文件如下：

```
<?xml version="1.0" encoding="utf-8"?>
<LinearLayout xmlns:a="http://schemas.android.com/apk/res/android"
    a:orientation="vertical"
    a:layout_width="fill_parent" a:layout_height="fill_parent">
    <ImageSwitcher
        a:id="@+id/imgSwt"
        a:layout_width="fill_parent" a:layout_height="wrap_content"/>
    <Gallery
        a:id="@+id/glr"
        a:layout_width="fill_parent" a:layout_height="wrap_content"
        a:gravity="center" a:spacing="0dp"/>
</LinearLayout>
```

上述文件中，定义了一个 ImageSwitcher 和一个 Gallery。编写 Activity 代码如下：

```
public class A extends Activity {

    ImageSwitcher imgSwt;
    Gallery glr;

    // 需要显示的图片资源，保存在 drawable 目录下
    int[] imgs = { R.drawable.a, R.drawable.b, R.drawable.c, R.drawable.d,
            R.drawable.e, R.drawable.f, R.drawable.g };

    // 缓存底部在 Gallery 中使用的 ImageView
    ImageView[] galleryViews = new ImageView[imgs.length];

    @Override
    public void onCreate(Bundle savedInstanceState) {
        super.onCreate(savedInstanceState);
        setContentView(R.layout.main);

        imgSwt = (ImageSwitcher) findViewById(R.id.imgSwt);
        glr = (Gallery) findViewById(R.id.glr);

        // 设置 ImageSwitcher 显示图片的工厂
        imgSwt.setFactory(new ViewFactory() {
```

```
        @Override
        public View makeView() {
            ImageView iv = new ImageView(A.this);
            iv.setBackgroundColor(0xFF000000);
            iv.setScaleType(ImageView.ScaleType.FIT_CENTER);
            iv.setLayoutParams(new ImageSwitcher.LayoutParams(
                    LayoutParams.FILL_PARENT, LayoutParams.WRAP_CONTENT));
            return iv;
        }
    });
    // 设置 ImageSwitcher 的进入动画
    imgSwt.setInAnimation(AnimationUtils.loadAnimation(this,
            android.R.anim.fade_in));
    // 设置 ImageSwitcher 的退出动画
    imgSwt.setOutAnimation(AnimationUtils.loadAnimation(this,
            android.R.anim.fade_out));

    // 初始化缓存 Gallery 使用的 ImageView
    for (int i = 0; i < galleryViews.length; i++) {
        ImageView iv = new ImageView(A.this);
        iv.setImageResource(imgs[i]);
        iv.setAdjustViewBounds(true);
        iv.setLayoutParams(new Gallery.LayoutParams(
                LayoutParams.WRAP_CONTENT, LayoutParams.WRAP_CONTENT));
        galleryViews[i] = iv;
    }
    // 设置 Gallery 的适配器
    glr.setAdapter(new BaseAdapter() {
        @Override
        public int getCount() {
            return imgs.length;
        }

        @Override
        public Object getItem(int position) {
            return null;
        }

        @Override
        public long getItemId(int position) {
            return 0;
        }
```

```
            @Override
            public View getView(int position, View convertView, ViewGroup parent) {
                return galleryViews[position];
            }
        });
        // Gallery 被选中的事件
        glr.setOnItemSelectedListener(new OnItemSelectedListener() {
            @Override
            public void onItemSelected(AdapterView<?> arg0, View arg1,
                    int arg2, long arg3) {
                imgSwt.setImageResource(imgs[arg2]);
            }

            @Override
            public void onNothingSelected(AdapterView<?> arg0) {
                // TODO
            }
        });
    }
}
```

上述代码中，主要针对 ImageSwitcher 和 Gallery 对象执行了下列操作。

- ImageSwitcher：设置显示图片的工厂、进入动画和退出动画；
- Gallery：设置适配器，其中主要需要覆盖 getView()方法；设置选中事件，其中需要更新 ImageSwitcher 显示的图片。

运行项目，将显示第一张图片，效果如图 3.9 所示。

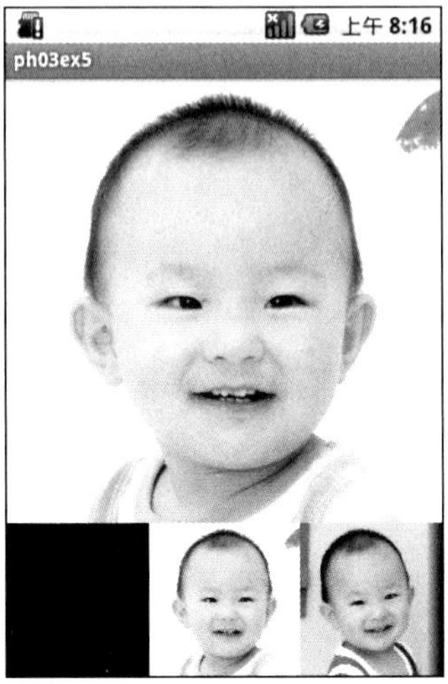

图 3.9

单击图 3.9 下方的小图片，上部将显示对应的图片，如图 3.10 所示。

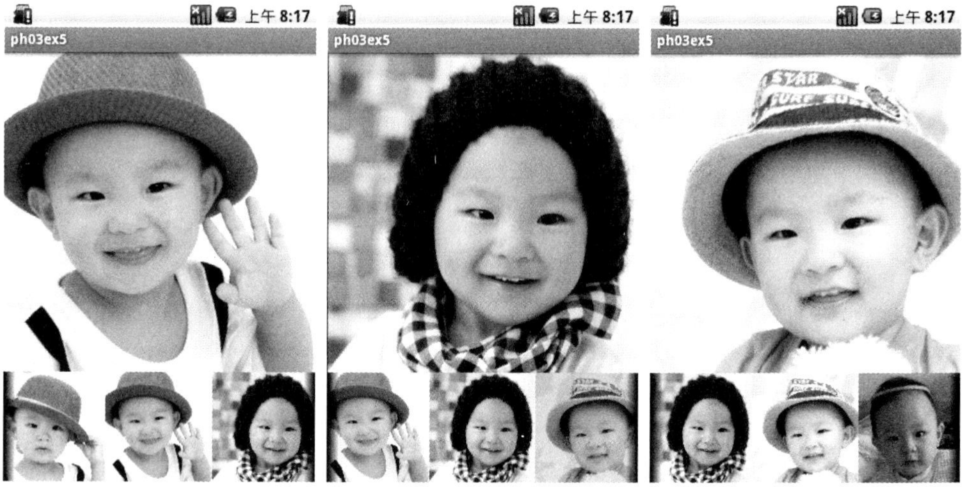

图 3.10

6. 进度对话框

进度对话框实际上就是一个包含进度条的对话框，其使用方式与单纯的进度条非常类似，也有两种表现形式。

- 圆形进度条对话框；
- 条形进度条对话框。

下列内容演示了进度对话框的用法，编写布局文件如下：

```
<?xml version="1.0" encoding="utf-8"?>
<LinearLayout xmlns:android="http://schemas.android.com/apk/res/android"
    android:orientation="vertical" android:layout_width="fill_parent"
    android:layout_height="fill_parent">
    <Button android:id="@+id/startBtn1" android:layout_width="fill_parent"
        android:layout_height="wrap_content" android:text="圆形进度条对话框" />
    <Button android:id="@+id/startBtn2" android:layout_width="fill_parent"
        android:layout_height="wrap_content" android:text="条形进度条对话框" />
</LinearLayout>
```

上述布局中声明了两个按钮，编写 Activity 代码如下：

```
public class A extends Activity {
    Button startBtn1;
    Button startBtn2;
    ProgressDialog pd1;
    ProgressDialog pd2;
```

```
@Override
public void onCreate(Bundle savedInstanceState) {
    super.onCreate(savedInstanceState);
    setContentView(R.layout.main);

    startBtn1 = (Button) findViewById(R.id.startBtn1);
    startBtn2 = (Button) findViewById(R.id.startBtn2);
    pd1 = new ProgressDialog(this);
    pd2 = new ProgressDialog(this);

    pd1.setMessage("请稍候......");
    pd2.setMessage("请稍候......");
    pd2.setProgressStyle(ProgressDialog.STYLE_HORIZONTAL);//设置进度条为条形

    final int max = 100;// 进度最大值
    final Handler handler = new Handler() {
        @Override
        public void handleMessage(Message msg) {
            int p = msg.what;
            // 如果达到最大值，隐藏进度条对话框
            if (p == max) {
                pd1.hide();
                pd2.hide();
            }
            // 修改条形进度条对话框的进度
            pd2.setProgress(p);
        };
    };

    startBtn1.setOnClickListener(new OnClickListener() {
        @Override
        public void onClick(View v) {
            pd1.show();
            new Thread() {
                @Override
                public void run() {
                    for (int i = 1; i <= max; i++) {
                        try {
                            Thread.sleep(50);
                            Message msg = new Message();
                            msg.what = i;
                            handler.sendMessage(msg); // 发送消息
```

```
                        } catch (InterruptedException e) {
                            e.printStackTrace();
                        }
                    }
                }
            }.start();
        }
    });

    startBtn2.setOnClickListener(new OnClickListener() {
        @Override
        public void onClick(View v) {
            pd2.show();
            new Thread() {
                @Override
                public void run() {
                    for (int i = 1; i <= max; i++) {
                        try {
                            Thread.sleep(50);
                            Message msg = new Message();
                            msg.what = i;
                            handler.sendMessage(msg); // 发送消息
                        } catch (InterruptedException e) {
                            e.printStackTrace();
                        }
                    }
                }
            }.start();
        }
    });
  }
}
```

上述代码中，定义了两个进度条对话框 pd1 和 pd2，其中 pd2 通过调用 setProgressStyle (ProgressDialog.STYLE_HORIZONTAL)使其显示条形进度条，pd1 则采用默认的圆形进度条。与普通的进度条类似，在按钮单击事件中模拟耗时操作，并通过 Handler 对象发送 Message，在 Handler 对象的 handleMessage()方法中，根据消息的内容改变 pd1 和 pd2 的状态。运行项目，分别单击两个按钮，将显示两种风格的进度对话框，如图 3.11 所示。

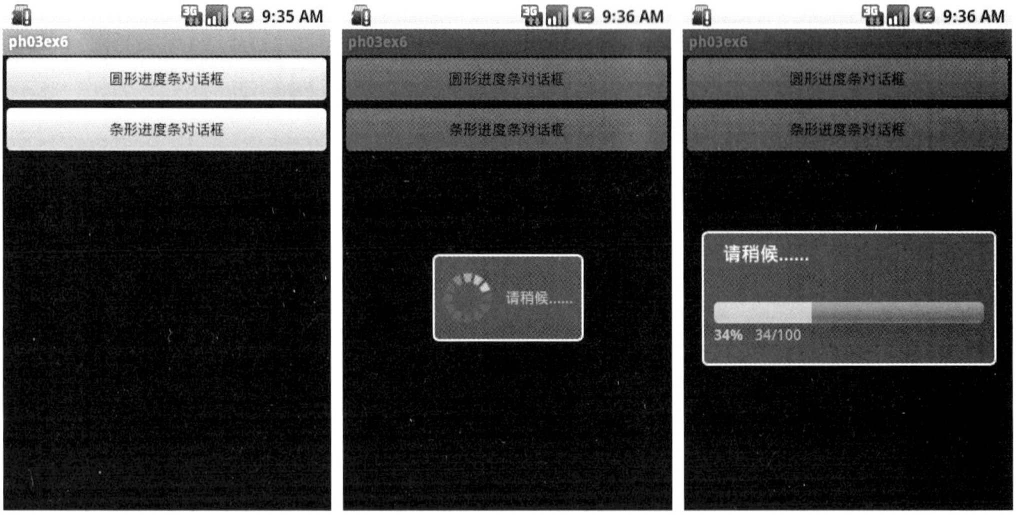

图 3.11

拓展练习

练习 3.E.1

修改进度条知识拓展中的代码，使进度条到达最大值后再逐渐缩小，缩小到最小之后，再逐渐变大，如此循环执行。

练习 3.E.2

修改拖动条知识拓展中的代码，添加下列四个按钮，并完成对应的功能。

- 暂停：使进度暂停；
- 执行：继续执行；
- 加速：执行速度变为原来的 2 倍；
- 减速：执行速度变为原来的一半。

练习 3.E.3

修改图片切换效果知识拓展中的代码，使下部 Gallery 中的图片自动缓慢滚动显示，上部图片也相应地自动切换。

实践 4　意图（Intent）

实践指导

实践 4.G.1

修改 LoginActivity，使登录成功后转到主菜单界面。

分析

1. 在多个 Activity 中都需要转到其他的 Activity，因此，在 BasicActivity 中添加 showActivity() 方法，负责显示 Activity，BasicActivity 的子类可以直接调用此方法。
2. LoginActivity 中验证登录成功后，调用 showActivity()方法显示主菜单界面 MainActivity。

参考解决方案

1. 修改 BasicActivity，添加 showActivity()方法，代码如下：

```
public abstract class BasicActivity extends Activity {
    ...... // 省略其他代码

    /**
     * 显示 Activity
     *
     * @param context 上下文
     * @param contextClass 需要显示的界面 Class
     */
    protected void showActivity(Context context, Class<? extends Context>
contextClass) {
        Intent intent = new Intent(context, contextClass);
        startActivity(intent);
    }
}
```

上述代码中，通过 Context 和 Class<? extends Context>类型的对象构造了 Intent，并调用 startActivity()方法显示对应的 Context。

2. 修改 LoginActivity，在登录信息验证成功后，调用 showActivity()方法显示主菜单界面 MainActivity，代码如下：

```
public class LoginActivity extends BasicActivity {
```

```
    ...... // 省略其他代码

    @Override
    protected void onCreate(Bundle savedInstanceState) {
        ...... // 省略其他代码
        loginBtn.setOnClickListener(new OnClickListener() {
            @Override
            public void onClick(View v) {
                String code = codeEdt.getText().toString();
                String password = passwordEdt.getText().toString();
                if (code.length() == 0 || password.length() == 0) {
                    showMessageDialog("请输入登录名和密码", R.drawable.warning, null);
                    return;
                }
                User user = userService.login(code, password);
                if (user == null) {
                    showMessageDialog("登录名或密码错误", R.drawable.warning, null);
                    return;
                }
                App app = (App) getApplication();
                app.user = user;
                // 转向主菜单界面
                showActivity(LoginActivity.this, MainActivity.class);
            }
        });
    }
}
```

3. 在 AndroidManifest.xml 文件中配置 LoginActivity 和 MainActivity，代码如下：

```
<?xml version="1.0" encoding="utf-8"?>
<manifest xmlns:android="http://schemas.android.com/apk/res/android"
    package="flyrestaurant.ph04.ui" android:versionCode="1"
    android:versionName="1.0">
    <application android:name="flyrestaurant.ph04.App"
        android:icon="@drawable/icon" android:label="@string/app_name">
        <activity android:name=".LoginActivity">
            <intent-filter>
                <action android:name="android.intent.action.MAIN" />
                <category android:name="android.intent.category.LAUNCHER" />
            </intent-filter>
        </activity>
        <activity android:name=".MainActivity"></activity>
    </application>
```

```
    <uses-sdk android:minSdkVersion="7" />
</manifest>
```

4. 运行 ph04 项目，登录成功后，将显示主菜单界面。

实践 4.G.2

完成点餐功能。

分析

1. 点餐界面可以选择桌号，并录入顾客数量和备注信息。
2. 点餐界面可以选择多个餐品，并录入每个餐品的数量和备注信息。为方便录入，应提供按照餐品类型选择餐品的功能。
3. 信息录入完毕后，在点餐界面可以确定下单。
4. 选择桌号时，需要调用餐桌业务类 TableService 的 getTables()方法获取所有的餐桌信息。
5. 选择餐品时，需要调用餐品业务类 FoodService 的 getFoodTypes()方法获取所有的餐品类型，调用 getFoods()方法获取某种类型的所有餐品。
6. 下单时需要调用订单业务类 OrderService 的 addOrder()方法添加订单。
7. 点餐界面下部需要显示已点餐品列表，选择餐品时，需要使用对话框供用户进行选择，因此，点餐功能需要以下三个布局文件。

    - order.xml：点餐界面的总体布局；
    - ordered.xml：点餐界面下部已点餐品列表的布局；
    - food.xml：选择餐品对话框的布局。

8. 需要使用 Spinner 显示餐桌和餐品，可以覆盖 Table 和 Food 实体的 toString()方法，使 Spinner 中能够正确显示餐桌和餐品中合适的属性。

注意 上述多个业务操作需要查询数据库或连接服务器获取数据，本章将使用假数据模拟，后续实践篇介绍完数据库和网络操作后将完善此功能。

参考解决方案

1. 编写餐桌业务类 TableService，代码如下：

```
public class TableService {

    static List<Table> tables = new ArrayList<Table>();

    // 餐桌假数据
    static {
        for (int i = 1; i <= 20; i++) {
```

```
            Table t = new Table();
            t.id = i;
            t.code = "TABLE" + i;
            t.seats = i % 5 * 2 + 2;
            t.customers = i % 3 == 0 ? t.seats : 0;
            t.description = i % 4 == 0 ? "靠窗" : "";
            tables.add(t);
        }
    }

    /**
     * 获取所有的餐桌。本地查询，查询结果中的当前就餐人数不可用。
     * 目前使用假数据
     *
     * @return 餐桌
     */
    public List<Table> getTables() {
        return tables;
    }
}
```

上述代码中，TableService 的 getTables()方法返回了所有的餐桌数据。

2. 编写餐品业务类 FoodService，代码如下：

```
public class FoodService {

    static List<FoodType> types = new ArrayList<FoodType>();
    static List<Food> foods = new ArrayList<Food>();

    // 餐品类型假数据
    static {
        FoodType t = new FoodType();
        t.id = 0;
        t.name = "全部";
        types.add(t);
        t.id = 1;
        t.name = "热菜";
        types.add(t);
        t = new FoodType();
        t.id = 2;
        t.name = "凉菜";
        types.add(t);
        t = new FoodType();
        t.id = 3;
```

```
        t.name = "烧烤";
        types.add(t);
        t = new FoodType();
        t.id = 4;
        t.name = "酒水";
        types.add(t);
        t = new FoodType();
        t.id = 5;
        t.name = "主食";
        types.add(t);
    }

    // 餐品假数据
    static {
        for (int i = 1; i <= 40; i++) {
            Food f = new Food();
            f.id = i;
            f.code = "FOOD" + i;
            f.typeId = i % 5 + 1;
            f.name = "餐品" + i;
            f.price = (i % 7 + 1) * 10;
            foods.add(f);
        }
    }

    /**
     * 获取所有的餐品类型。本地查询
     * 目前使用假数据
     * @return 餐品类型
     */
    public List<FoodType> getFoodTypes() {
        return types;
    }

    /**
     * 根据类型获取对应的餐品。本地查询
     * 目前使用假数据
     * @param foodTypeId 餐品类型,0 表示不限定类型
     *
     * @return 餐品
     */
    public List<Food> getFoods(int foodTypeId) {
        if (foodTypeId == 0)
```

```
        return foods;
    List<Food> list = new ArrayList<Food>();
    for (Food f : foods)
        if (f.typeId == foodTypeId)
            list.add(f);
    return list;
  }
}
```

上述代码中，FoodService 的 getFoodTypes()方法返回所有的餐品类型，getFoods()方法返回特定类型的所有餐品。

3. 编写订单业务类 OrderService，代码如下：

```
public class OrderService {

    static List<Order> orders = new ArrayList<Order>();

    // 订单、订单明细假数据
    static {
        Order o = new Order();
        o.id = 1;
        o.code = "1";
        o.tableId = 1;
        o.waiterId = 1;
        o.orderTime = new Date();
        o.customers = 4;
        o.status = 1; // 已结算
        o.orderDetails = new ArrayList<OrderDetail>();
        for (int i = 1; i <= 5; i++) {
            OrderDetail od = new OrderDetail();
            od.id = i;
            od.orderId = 1;
            od.foodId = i;
            od.num = 1;
            o.orderDetails.add(od);
        }
        orders.add(o);

        o = new Order();
        o.id = 2;
        o.code = "2";
        o.tableId = 2;
        o.waiterId = 2;
```

```
        o.orderTime = new Date();
        o.customers = 10;
        o.status = 0; // 未结算
        o.orderDetails = new ArrayList<OrderDetail>();
        for (int i = 6; i <= 15; i++) {
            OrderDetail od = new OrderDetail();
            od.id = i;
            od.orderId = 2;
            od.foodId = i;
            od.num = 1;
            o.orderDetails.add(od);
        }
        orders.add(o);
    }

    /**
     * 添加订单
     *
     * @param order 订单
     */
    public void addOrder(Order order) {
        // TODO 添加订单到服务器，后续章节完成
    }
}
```

4. 编写点餐界面的布局文件 order.xml，代码如下：

```
<?xml version="1.0" encoding="utf-8"?>
<LinearLayout
    xmlns:android="http://schemas.android.com/apk/res/android"
    android:orientation="vertical"
    android:layout_width="fill_parent" android:layout_height="fill_parent">
    <TableLayout
        android:layout_width="fill_parent"
        android:layout_height="wrap_content" android:stretchColumns="0">
        <TableRow>
            <Spinner
                android:id="@+id/tableSpn" android:hint="桌号"
                android:layout_width="wrap_content"
                android:layout_height="wrap_content"
                android:layout_weight="2"/>
            <EditText
                android:id="@+id/customersEdt" android:singleLine="true"
```

```
            android:hint="顾客人数" android:numeric="integer"
            android:layout_width="wrap_content"
            android:layout_height="wrap_content"
            android:layout_weight="1"/>
    </TableRow>
    <TableRow>
        <EditText
            android:id="@+id/descriptionEdt" android:hint="备注"
            android:layout_width="fill_parent"
            android:layout_height="wrap_content"
            android:layout_weight="1"/>
        <TextView
            android:gravity="right" android:text="合计：¥ "
            android:textSize="20sp" android:textStyle="bold"
            android:textColor="#FF8080"
            android:layout_width="wrap_content"
            android:layout_height="wrap_content"/>
        <TextView
            android:id="@+id/sumTxv" android:text="0"
            android:layout_width="wrap_content"
            android:layout_height="wrap_content"
            android:layout_weight="3" android:textSize="20sp"
            android:textStyle="bold" android:gravity="right"
            android:textColor="#FF8080"/>
    </TableRow>
    <LinearLayout
        android:layout_width="fill_parent">
        <Button
            android:id="@+id/addFoodBtn" android:text="点菜"
            android:drawableLeft="@drawable/coffee"
            android:layout_width="fill_parent"
            android:layout_height="wrap_content"
            android:layout_weight="1"/>
        <Button
            android:id="@+id/orderBtn" android:text="下单"
            android:drawableLeft="@drawable/save"
            android:layout_width="fill_parent"
            android:layout_height="wrap_content"
            android:layout_weight="1"/>
        <Button
            android:id="@+id/cancelBtn" android:text="取消"
            android:drawableLeft="@drawable/back"
            android:layout_width="fill_parent"
```

```
                android:layout_height="wrap_content"
                android:layout_weight="1"/>
        </LinearLayout>
    </TableLayout>
    <ListView
        android:id="@+id/orderedLtv" android:layout_width="wrap_content"
        android:layout_height="wrap_content"
        android:background="@drawable/bg1" android:visibility="gone"/>
</LinearLayout>
```

上述布局文件中，上部显示了桌号 Spinner、顾客人数 EditText、备注 EditText 等需要录入的信息，以及点菜、下单、取消按钮，下部是一个 ListView，用于显示已点餐品列表。

5. 编写已点餐品列表的布局文件 ordered.xml，代码如下：

```
<?xml version="1.0" encoding="utf-8"?>
<TableLayout xmlns:android="http://schemas.android.com/apk/res/android"
    android:layout_width="fill_parent" android:layout_height="wrap_content"
    android:stretchColumns="1">
    <TableRow
        android:layout_width="fill_parent" android:textColor="#80FFFF">
        <TextView
            android:id="@+id/noTxv"  android:gravity="right"
            android:width="20dp" android:layout_height="wrap_content"/>
        <TextView
            android:id="@+id/nameTxv"
            android:gravity="left" android:paddingLeft="3dp"
            android:layout_height="wrap_content"
            android:layout_width="wrap_content" android:textColor="#00FFFF"/>
        <TextView
            android:id="@+id/descriptionTxv"
            android:gravity="left" android:paddingLeft="3dp"
            android:layout_height="wrap_content"
            android:layout_width="wrap_content"
            android:textColor="#A0FF42"/>
        <TextView
            android:id="@+id/numTxv" android:gravity="right"
            android:width="30dp" android:paddingLeft="3dp"
            android:layout_height="wrap_content"
            android:textColor="#FFFF80" android:textStyle="bold"/>
        <TextView
            android:id="@+id/priceTxv" android:gravity="right"
            android:width="40dp" android:paddingLeft="3dp"
            android:layout_height="wrap_content"
```

```
        android:textColor="#FF8080" android:textStyle="bold"/>
    <CheckBox
        android:id="@+id/checkCkb" android:checked="true"
        android:paddingRight="5dp"
        android:layout_height="wrap_content"
        android:layout_width="wrap_content" />
  </TableRow>
</TableLayout>
```

上述布局文件中，使用 TableLayout 布局定义了已点餐品列表中每一行的布局格式，每一行的最后包括一个 CheckBox 供用户取消已点的餐品。点餐界面中已点餐品列表的 ListView 中将使用此布局显示每个餐品。

6. 编写选择餐品对话框的布局文件 food.xml，代码如下：

```
<?xml version="1.0" encoding="utf-8"?>
<LinearLayout
  xmlns:android="http://schemas.android.com/apk/res/android"
  android:orientation="vertical"
  android:layout_width="fill_parent" android:layout_height="fill_parent">
  <TableLayout
    android:layout_width="fill_parent" android:layout_height="fill_parent"
    android:stretchColumns="1">
    <GridView
        android:id="@+id/foodTypeGdv"
        android:layout_width="fill_parent"
        android:layout_height="wrap_content"
        android:numColumns="auto_fit" android:horizontalSpacing="5dp"
        android:verticalSpacing="10dp" android:columnWidth="80dp"
        android:stretchMode="columnWidth" android:gravity="center">
    </GridView>
    <Spinner
        android:id="@+id/foodSpn"
        android:layout_width="fill_parent"
        android:layout_height="wrap_content"/>
    <TableRow>
        <EditText
            android:id="@+id/numEdt"
            android:singleLine="true" android:hint="数量"
            android:width="60dp" android:layout_height="wrap_content"/>
        <EditText
            android:id="@+id/descriptionEdt" android:hint="备注"
            android:layout_width="fill_parent"
            android:layout_height="wrap_content"/>
```

```
        </TableRow>
    </TableLayout>
</LinearLayout>
```

上述布局文件中，使用 GridView 显示所有的餐品类型 RadioButton，使用 Spinner 显示对应的餐品，还包括供用户录入的数量和备注 EditText。

7. 编写点餐界面类 OrderActivity，代码如下：

```
public class OrderActivity extends BasicActivity {

    // 主界面
    Spinner tableSpn;
    EditText customersEdt;
    EditText descriptionEdt;
    TextView sumTxv;
    Button addFoodBtn;
    Button orderBtn;
    Button cancelBtn;
    ListView orderedLtv;
    // 已点餐品
    List<Map<String, Object>> orderedList = new ArrayList<Map<String, Object>>();
    String[] orderedLtvKeys = new String[] { "no", "name", "description",
            "num", "price" };
    int[] orderedLtvIds = new int[] { R.id.noTxv, R.id.nameTxv,
            R.id.descriptionTxv, R.id.numTxv, R.id.priceTxv };

    // 点菜 Dialog
    Spinner foodSpn;
    EditText numEdt;
    EditText foodDescriptionTxt;

    TableService tableService;
    FoodService foodService;
    OrderService orderService;

    @Override
    protected void onCreate(Bundle savedInstanceState) {
        super.onCreate(savedInstanceState);

        tableService = new TableService();
        foodService = new FoodService();
        orderService = new OrderService();
```

```
    ...... // 使用 findViewById()方法初始化各控件

    initTableSpn();
    initOrderedLtv();

    LayoutInflater li = LayoutInflater.from(this);
    View foodView = li.inflate(R.layout.food, null);
    foodSpn = (Spinner) foodView.findViewById(R.id.foodSpn);
    numEdt = (EditText) foodView.findViewById(R.id.numEdt);
    foodDescriptionTxt = (EditText) foodView
            .findViewById(R.id.descriptionEdt);
    GridView foodTypeGdv = (GridView) foodView
            .findViewById(R.id.foodTypeGdv);
    initFoodTypeGv(foodTypeGdv);

    numEdt.setText("1");
    AlertDialog.Builder dialogBuilder = new AlertDialog.Builder(this);
    dialogBuilder.setTitle("选择酒菜");
    dialogBuilder.setIcon(R.drawable.coffee);
    dialogBuilder.setView(foodView);
    dialogBuilder.setCancelable(true);
    dialogBuilder.setPositiveButton("确定",
            new DialogInterface.OnClickListener() {
                @Override
                public void onClick(DialogInterface dialog, int which) {
                    Food food = (Food) foodSpn.getSelectedItem();
                    int num = 1;
                    String n = numEdt.getText().toString();
                    if (n.length() > 0)
                        num = Integer.parseInt(n);
                    String description = foodDescriptionTxt.getText()
                            .toString();
                    Map<String, Object> line = new HashMap<String, Object>();
                    line.put("foodId", food.id);
                    line.put("no", orderedList.size() + 1);
                    line.put("name", food.name);
                    line.put("description", description);
                    line.put("num", num);
                    line.put("price", food.price);
                    line.put("checked", true);
                    orderedList.add(line);
                    ((SimpleAdapter) orderedLtv.getAdapter())
                            .notifyDataSetChanged();
```

```
                    orderedLtv.setVisibility(View.VISIBLE);
                    // 合计
                    refreshSum(num * food.price);
                    foodDescriptionTxt.setText(null);
                }
            });
        dialogBuilder.setNegativeButton("取消", null);

        final AlertDialog dialog = dialogBuilder.create();
        addFoodBtn.setOnClickListener(new OnClickListener() {
            @Override
            public void onClick(View v) {
                numEdt.setText("1");
                dialog.show();
            }
        });

        orderBtn.setOnClickListener(new OnClickListener() {
            @Override
            public void onClick(View v) {
                int customers = 0;
                String c = customersEdt.getText().toString();
                if (c.length() > 0)
                    customers = Integer.parseInt(c);
                if (customers <= 0) {
                    showMessageDialog("请输入顾客数量",
                                        R.drawable.warning, null);
                    return;
                }
                int sum = Integer.parseInt(sumTxv.getText().toString());
                if (sum <= 0) {
                    showMessageDialog("尚未选择任何餐品",
                                        R.drawable.warning, null);
                    return;
                }

                Table table = (Table) tableSpn.getSelectedItem();


                Order order = new Order();
                User waiter = ((App) getApplication()).user;
                order.tableId = table.id;
                order.waiterId = waiter.id;
                order.customers = Integer.parseInt(customersEdt.getText()
```

```
                    .toString());
            order.description = descriptionEdt.getText().toString();
            order.orderDetails = new ArrayList<OrderDetail>();

            for (Map<String, Object> line : orderedList) {
                boolean checked = (Boolean) line.get("checked");
                if (!checked)
                    continue;
                OrderDetail od = new OrderDetail();
                od.foodId = (Integer) line.get("foodId");
                od.num = (Integer) line.get("num");
                od.description = (String) line.get("description");
                order.orderDetails.add(od);
            }

            orderService.addOrder(order);
            finish();
        }
    });

    cancelBtn.setOnClickListener(new OnClickListener() {
        @Override
        public void onClick(View v) {
            OrderActivity.this.finish();
        }
    });
}

// 填充餐桌 Spinner
void initTableSpn() {
    List<Table> tables = tableService.getTables();
    tableSpn.setAdapter(new ArrayAdapter<Table>(this,
            android.R.layout.simple_spinner_item, tables));
}

// 填充餐品 Spinner
void initFoodSpn(int foodTypeId) {
    List<Food> foods = foodService.getFoods(foodTypeId);
    foodSpn.setAdapter(new ArrayAdapter<Food>(this,
            android.R.layout.simple_spinner_item, foods));
}

// 填充已点餐品列表 ListView
```

```
void initOrderedLtv() {
    SimpleAdapter sa = new SimpleAdapter(this, orderedList,
            R.layout.ordered, orderedLtvKeys, orderedLtvIds) {
        // 覆盖此方法，以使 checkbox 可修改合计
        @Override
        public View getView(int position,View convertView,ViewGroup parent){
            final int lineNo = position;
            View view = super.getView(position, convertView, parent);
            // 为 checkbox 添加事件，修改选中状态时计算合计
            CheckBox checkCkb = (CheckBox) view.findViewById(R.id.checkCkb);
            checkCkb.setOnCheckedChangeListener(
                new CheckBox.OnCheckedChangeListener() {
                @Override
                public void onCheckedChanged(CompoundButton buttonView,
                        boolean isChecked) {
                    @SuppressWarnings("unchecked")
                    Map<String, Object> line
                            = (Map<String, Object>) getItem(lineNo);
                    int num = (Integer) line.get("num");
                    int price = (Integer) line.get("price");
                    if (isChecked)
                        refreshSum(num * price);
                    else
                        refreshSum(-num * price);
                    line.put("checked", isChecked);
                }
            });
            return view;
        }
    };
    orderedLtv.setAdapter(sa);
}

// 填充餐品类型 GridView
void initFoodTypeGv(GridView foodTypeGdv) {
    final List<FoodType> foodTypes = foodService.getFoodTypes();
    final List<RadioButton> rbs = new ArrayList<RadioButton>();

    for (FoodType ft : foodTypes) {
        RadioButton rb = new RadioButton(OrderActivity.this);
        rb.setText(ft.name);
        rb.setTag(ft.id);
        rb.setOnCheckedChangeListener(
```

```
            new RadioButton.OnCheckedChangeListener() {
            @Override
            public void onCheckedChanged(CompoundButton buttonView,
                    boolean isChecked) {
                if (!isChecked)
                    return;
                for (RadioButton b : rbs) {
                    if (b != buttonView)
                        b.setChecked(false);
                }
                int foodTypeId = Integer.parseInt(buttonView.getTag()
                        .toString());
                initFoodSpn(foodTypeId);
            }
        });
        rbs.add(rb);
    }

    // 默认选中全部类型
    rbs.get(0).setChecked(true);
    initFoodSpn(0);

    foodTypeGdv.setAdapter(new BaseAdapter() {
        @Override
        public int getCount() {
            return foodTypes.size();
        }

        @Override
        public Object getItem(int position) {
            return null;
        }

        @Override
        public long getItemId(int position) {
            return 0;
        }

        @Override
        public View getView(int position, View convertView, ViewGroup parent) {
            return rbs.get(position);
        }
    });
```

```
    }

    // 修改点餐界面的合计金额
    void refreshSum(int newAmount) {
        int sum = Integer.parseInt(sumTxv.getText().toString());
        sum += newAmount;
        sumTxv.setText(sum + "");
    }

    @Override
    protected int getLayoutId() {
        return R.layout.order;
    }

    @Override
    protected String getName() {
        return "点餐";
    }
}
```

8. 修改 Table 和 Food 实体，添加 toString()方法，代码如下：

```
public class Table {
    public int id;
    public String code; // 编号
    public int seats; // 座位数
    public int customers; // 当前就餐人数
    public String description; // 说明

    @Override
    public String toString() {
        return code;
    }
}

public class Food {
    public int id;
    public String code; // 编码
    public int typeId; // 类型
    public String name; // 名称
    public int price; // 价格
    public String description; // 说明
```

```
    @Override
    public String toString() {
        return code + " " + name + " ￥" + price;
    }
}
```

9. 修改主菜单界面 MainActivity，单击点餐图标时，显示 OrderActivity，代码如下：

```
public class MainActivity extends BasicActivity {
    ...... // 省略其他代码

    @Override
    public void onCreate(Bundle savedInstanceState) {
        super.onCreate(savedInstanceState);

        ...... // 省略其他代码
        gdv.setOnItemClickListener(new AdapterView.OnItemClickListener() {
            @Override
            public void onItemClick(AdapterView<?> arg0, View arg1, int idx,
                    long arg3) {
                switch (idx) {
                case 0:
                    showActivity(MainActivity.this, OrderActivity.class);
                    break;
                case 1:
                    showMessageDialog("结账", R.drawable.info, null);
                    break;
                case 2:
                    showMessageDialog("查桌", R.drawable.info, null);
                    break;
                case 3:
                    showMessageDialog("更新数据", R.drawable.info, null);
                    break;
                case 4:
                    showMessageDialog("设置", R.drawable.info, null);
                    break;
                }
            }
        });
    }
}
```

10. 在 AndroidManifest.xml 文件中配置 OrderActivity，代码如下：

```
<?xml version="1.0" encoding="utf-8"?>
<manifest xmlns:android="http://schemas.android.com/apk/res/android"
    package="flyrestaurant.ph04.ui" android:versionCode="1"
    android:versionName="1.0">
    <application android:name="flyrestaurant.ph04.App"
        android:icon="@drawable/icon" android:label="@string/app_name">
        <activity android:name=".LoginActivity">
            <intent-filter>
                <action android:name="android.intent.action.MAIN" />
                <category android:name="android.intent.category.LAUNCHER" />
            </intent-filter>
        </activity>
        <activity android:name=".MainActivity"></activity>
        <activity android:name=".OrderActivity"></activity>
    </application>
    <uses-sdk android:minSdkVersion="7" />
</manifest>
```

11. 运行 ph04 项目，登录后，在主菜单界面单击点餐图标，将显示点餐界面，并且餐桌列表中已填充所有的餐桌编号，如图 4.1 所示。

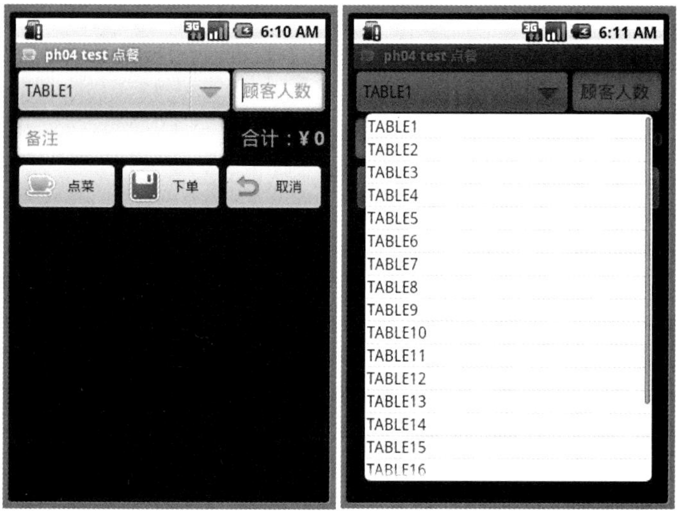

图 4.1

单击“点菜”按钮，将显示餐品选择对话框，并且餐品列表中已填充所有的餐品，如图 4.2 所示。

选择不同的餐品类型后，餐品列表将自动填充此类型对应的餐品，如图 4.3 所示。

选择某个餐品，并录入数量和备注信息后，单击“确定”按钮，将返回点餐界面，并显示已点的餐品。重复上述操作能够选择多个餐品，可以单击已点餐品列表行末的 CheckBox 取消或再次选中某个餐品，会自动计算总金额。多次操作后的点餐界面如图 4.4 所示。

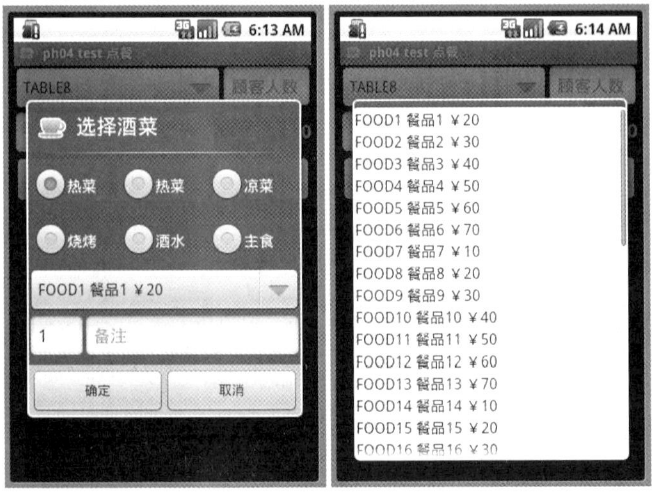
6:13 AM
ph04 test 点餐
TABLE8
顾客人数
选择酒菜
热菜
热菜
凉菜
烧烤
酒水
主食
FOOD1 餐品1 ¥20
1
备注
确定
取消
6:14 AM
ph04 test 点餐
TABLE8
顾客人数
FOOD1 餐品1 ¥20
FOOD2 餐品2 ¥30
FOOD3 餐品3 ¥40
FOOD4 餐品4 ¥50
FOOD5 餐品5 ¥60
FOOD6 餐品6 ¥70
FOOD7 餐品7 ¥10
FOOD8 餐品8 ¥20
FOOD9 餐品9 ¥30
FOOD10 餐品10 ¥40
FOOD11 餐品11 ¥50
FOOD12 餐品12 ¥60
FOOD13 餐品13 ¥70
FOOD14 餐品14 ¥10
FOOD15 餐品15 ¥20

图 4.2

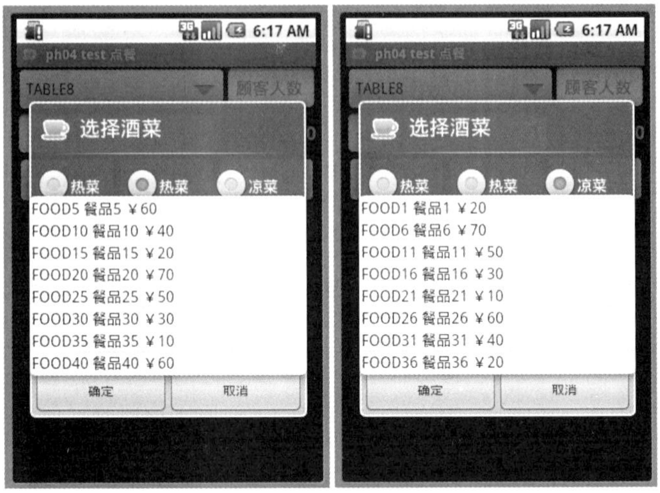
6:17 AM
ph04 test 点餐
TABLE8
顾客人数
选择酒菜
热菜
热菜
凉菜
FOOD5 餐品5 ¥60
FOOD10 餐品10 ¥40
FOOD15 餐品15 ¥20
FOOD20 餐品20 ¥70
FOOD25 餐品25 ¥50
FOOD30 餐品30 ¥30
FOOD35 餐品35 ¥10
FOOD40 餐品40 ¥60
确定
取消
6:17 AM
ph04 test 点餐
TABLE8
顾客人数
选择酒菜
热菜
热菜
凉菜
FOOD1 餐品1 ¥20
FOOD6 餐品6 ¥70
FOOD11 餐品11 ¥50
FOOD16 餐品16 ¥30
FOOD21 餐品21 ¥10
FOOD26 餐品26 ¥60
FOOD31 餐品31 ¥40
FOOD36 餐品36 ¥20
确定
取消

图 4.3

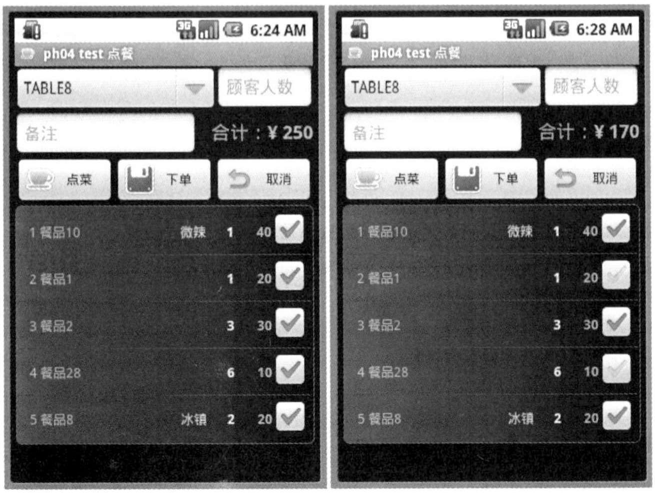
6:24 AM
ph04 test 点餐
TABLE8
顾客人数
备注
合计：¥250
点菜
下单
取消
1 餐品10 微辣 1 40
2 餐品1 1 20
3 餐品2 3 30
4 餐品28 6 10
5 餐品8 冰镇 2 20
6:28 AM
ph04 test 点餐
TABLE8
顾客人数
备注
合计：¥170
点菜
下单
取消
1 餐品10 微辣 1 40
2 餐品1 1 20
3 餐品2 3 30
4 餐品28 6 10
5 餐品8 冰镇 2 20

图 4.4

如果未录入顾客人数，单击“下单”按钮，则会显示信息提示对话框，录入顾客数量后，单击“下单”按钮，即可完成下单操作，如图 4.5 所示。

图 4.5

实践 4.G.3

完成结账功能。

分析

1. 结账界面需提供根据订单编号查询订单详细信息的功能，显示的信息包括订单本身的信息以及对应的多条订单明细信息。用户确认信息无误后，单击“结账”按钮完成结账操作。
2. 调用订单业务类 OrderService 的 getOrder()方法完成根据订单编号查找订单的功能，调用 pay()方法完成结账功能。
3. 显示订单明细信息时需要显示对应的餐品名称、价格等，而订单明细实体 OrderDetail 中只保存了对应餐品的 ID，因此，需要调用餐品业务类 FoodService 的 getFood()方法完成根据 ID 查找餐品的功能。
4. 结账界面下部需要显示订单对应的明细信息，可重用点餐界面中已点餐品列表的布局文件 ordered.xml。
5. 订单明细信息使用 ListView 显示，采用 SimpleAdapter 填充数据，SimpleAdapter 要求数据类型为 List<Map<String, Object>>，无法直接使用 List<OrderDetail>类型的数据，因此，需要构造一个数据容器 OrderDto，其中包括以下三项数据。

- 订单（order）；
- 订单的合计金额（sum）；

■ List<Map<String, Object>>类型的订单明细信息（orderedList）。

OrderService 的 getOrder()方法需要返回 OrderDto 类型。

注意 查找订单和结账都需要连接服务器完成，本章将使用假数据模拟，后续实践篇介绍完数据库和网络操作后将完善此功能。

参考解决方案

1. 修改订单业务类 OrderService，添加 getOrder()和 pay()方法，以及静态内部类 OrderDto 作为数据容器，代码如下：

```
public class OrderService {
    ...... // 省略其他代码

    FoodService foodService = new FoodService();

    /**
     * 根据 Code 获取订单
     *
     * @param code 订单 Code
     * @return 订单
     */
    public OrderDto getOrder(String code) {
        OrderDto dto = new OrderDto();

        for (Order order : orders)
            if (order.code.equals(code)) {
                dto.order = order;
                break;
            }
        if (dto.order == null)
            return null;

        for (OrderDetail od : dto.order.orderDetails) {
            Food food = foodService.getFood(od.foodId);
            Map<String, Object> line = new HashMap<String, Object>();
            line.put("no", dto.orderedList.size() + 1);
            line.put("name", food.name);
            line.put("description", od.description);
            line.put("num", od.num);
            line.put("price", food.price);
            dto.orderedList.add(line);
            dto.sum += od.num * food.price;
```

```
        }
        return dto;
    }

    /**
     * 结账
     *
     * @param ordered 对应订单 ID
     */
    public void pay(int orderId) {
        // TODO 连接服务器完成结账
    }

    /**
     * Order 数据传输对象
     */
    public static class OrderDto {
        /**
         * 订单
         */
        public Order order;

        /**
         * 订单合计金额
         */
        public int sum;

        /**
         * 明细记录。key 为 no、name、description、num、price
         */
        public List<Map<String, Object>> orderedList
                = new ArrayList<Map<String, Object>>();
    }
}
```

上述代码中，定义了数据传输对象 OrderDto 用于封装订单及明细信息，在 getOrder()方法中，查询订单及明细并转换为 OrderDto 对象返回。其中调用 FoodService 的 getFood()方法根据餐品 ID 查询了对应的餐品信息。

2. 修改餐品业务类 FoodService，添加 getFood()方法，代码如下：

```
public class FoodService {
    ...... // 省略其他代码
```

```
    /**
     * 根据 ID 获取餐品。本地查询
     *
     * @param foodId
     *            餐品 ID
     * @return 餐品
     */
    public Food getFood(int foodId) {
        // TODO 查询本地数据库获取餐品
        for (Food f : foods)
            if (f.id == foodId)
                return f;
        return null;
    }
}
```

3. 编写结账界面布局文件 pay.xml，代码如下：

```
<?xml version="1.0" encoding="utf-8"?>
<LinearLayout
    xmlns:android="http://schemas.android.com/apk/res/android"
    android:orientation="vertical"
    android:layout_width="fill_parent" android:layout_height="fill_parent">
    <EditText
        android:id="@+id/orderCodeEdt"
        android:singleLine="true" android:hint="请输入订单编号"
        android:layout_width="fill_parent"
        android:layout_height="wrap_content"/>
    <LinearLayout
        android:layout_width="fill_parent"
        android:layout_height="wrap_content">
        <Button
            android:id="@+id/queryBtn"
            android:text="查询" android:drawableLeft="@drawable/search"
            android:layout_width="fill_parent"
            android:layout_height="wrap_content" android:layout_weight="1"/>
        <Button
            android:id="@+id/payBtn"
            android:text="结账" android:drawableLeft="@drawable/money"
            android:layout_width="fill_parent"
            android:layout_height="wrap_content" android:layout_weight="1"/>
        <Button
            android:id="@+id/cancelBtn"
```

```
        android:text="取消" android:drawableLeft="@drawable/back"
        android:layout_width="fill_parent"
        android:layout_height="wrap_content" android:layout_weight="1"/>
</LinearLayout>
<TextView
    android:id="@+id/sumTxv"
    android:layout_width="fill_parent"
    android:layout_height="wrap_content"
    android:textSize="20sp" android:textStyle="bold"
    android:gravity="right" android:textColor="#FF8080"/>
<LinearLayout
    android:layout_width="fill_parent"
    android:layout_height="wrap_content">
    <TextView
        android:id="@+id/orderCodeTxv" android:layout_width="fill_parent"
        android:layout_height="wrap_content" android:textStyle="bold"
        android:textColor="#D5BFFF" android:layout_weight="1"/>
    <TextView
        android:id="@+id/tableCodeTxv" android:layout_width="fill_parent"
        android:layout_height="wrap_content" android:textStyle="bold"
        android:textColor="#D5BFFF" android:layout_weight="1"/>
</LinearLayout>
<LinearLayout
    android:layout_width="fill_parent"
    android:layout_height="wrap_content">
    <TextView
        android:id="@+id/waiterCodeTxv" android:layout_width="fill_parent"
        android:layout_height="wrap_content" android:textStyle="bold"
        android:textColor="#D5BFFF" android:layout_weight="1"/>
    <TextView
        android:id="@+id/customersTxv" android:layout_width="fill_parent"
        android:layout_height="wrap_content" android:textStyle="bold"
        android:textColor="#D5BFFF" android:layout_weight="1"/>
</LinearLayout>
<TextView
    android:id="@+id/orderTimeTxv"
    android:layout_width="fill_parent"
    android:layout_height="wrap_content"
    android:textStyle="bold" android:textColor="#D5BFFF"/>
<TextView
    android:id="@+id/descriptionTxv"
    android:layout_width="fill_parent"
    android:layout_height="wrap_content"
```

```
        android:textStyle="bold" android:textColor="#8080FF"/>
    <ListView
        android:id="@+id/orderedLtv"
        android:layout_width="wrap_content"
        android:layout_height="wrap_content"
        android:background="@drawable/bg1" android:visibility="gone"/>
</LinearLayout>
```

上述布局文件中，上部显示了订单编号 EditText 以及查询、结账、取消按钮，下部显示查询出的订单信息，其中使用 ListView 显示订单明细信息。

4. 编写结账界面 PayActivity，代码如下：

```
public class PayActivity extends BasicActivity {

    static final SimpleDateFormat sdf = new SimpleDateFormat("yyyy-MM-dd HH:mm");

    EditText orderCodeEdt;
    Button queryBtn;
    Button payBtn;
    Button cancelBtn;
    TextView sumTxv;
    ListView orderedLtv;

    TextView orderCodeTxv;
    TextView tableCodeTxv;
    TextView waiterCodeTxv;
    TextView orderTimeTxv;
    TextView customersTxv;
    TextView descriptionTxv;

    // 已点酒菜
    List<Map<String, Object>> orderedList = new ArrayList<Map<String, Object>>();
    String[] orderedLtvKeys = new String[] { "no", "name", "description",
            "num", "price" };
    int[] orderedLtvIds = new int[] { R.id.noTxv, R.id.nameTxv,
            R.id.descriptionTxv, R.id.numTxv, R.id.priceTxv };

    int orderId;

    OrderService orderService;

    @Override
    protected void onCreate(Bundle savedInstanceState) {
```

```
super.onCreate(savedInstanceState);
orderService = new OrderService();
...... // 使用 findViewById()方法初始化各控件
initOrderedLtv();
queryBtn.setOnClickListener(new OnClickListener() {
    @Override
    public void onClick(View v) {
        PayActivity.this.orderId = 0;
        String orderCode = orderCodeEdt.getText().toString();
        clearDisplay();
        if (orderCode.length() == 0) {
            showMessageDialog("请输入订单编号",
                    R.drawable.warning, null);
            return;
        }
        OrderDto dto = null;
        dto = orderService.getOrder(orderCode);
        if (dto == null) {
            showMessageDialog("未查找到订单: " + orderCode,
                    R.drawable.warning, null);
            return;
        }
        orderCodeTxv.setText("订单编号: " + dto.order.code);
        tableCodeTxv.setText("  餐桌 ID: " + dto.order.tableId + "");
        waiterCodeTxv.setText("服务员 ID: " + dto.order.waiterId + "");
        orderTimeTxv.setText("    时间: "
            + sdf.format(dto.order.orderTime));
        customersTxv.setText("顾客数量: " + dto.order.customers);
        descriptionTxv.setText(dto.order.description == null ? ""
                : ("    备注: " + dto.order.description));
        orderedList.addAll(dto.orderedList);
        SimpleAdapter sa = (SimpleAdapter) orderedLtv.getAdapter();
        sa.notifyDataSetChanged();
        orderedLtv.setVisibility(View.VISIBLE);
        if (dto.order.status == 1) {
            sumTxv.setText("此订单已结算，合计: ¥ " + dto.sum);
            PayActivity.this.orderId = -1;
        } else {
            sumTxv.setText("合计: ¥ " + dto.sum);
```

```
                PayActivity.this.orderId = dto.order.id;
            }
        }
    });

    payBtn.setOnClickListener(new OnClickListener() {
        @Override
        public void onClick(View v) {
            if (orderId == 0) {
                showMessageDialog("请选择订单", R.drawable.warning, null);
                return;
            }
            if (orderId == -1) {
                showMessageDialog("此订单已结算", R.drawable.warning, null);
                return;
            }
            orderService.pay(orderId);
            orderId = -1;
            showMessageDialog("结账完成", R.drawable.info,
                    new DialogInterface.OnClickListener() {
                        @Override
                        public void onClick(DialogInterface dialog,
                                int which) {
                            finish();
                        }
                    });
        }
    });

    cancelBtn.setOnClickListener(new OnClickListener() {
        @Override
        public void onClick(View v) {
            PayActivity.this.finish();
        }
    });
}

// 清空显示的数据
void clearDisplay() {
    orderCodeEdt.setText(null);
    orderCodeTxv.setText(null);
    tableCodeTxv.setText(null);
    waiterCodeTxv.setText(null);
```

```
        orderTimeTxv.setText(null);
        customersTxv.setText(null);
        descriptionTxv.setText(null);
        sumTxv.setText(null);

        orderedList.clear();
        SimpleAdapter sa = (SimpleAdapter) orderedLtv.getAdapter();
        sa.notifyDataSetChanged();
        orderedLtv.setVisibility(View.GONE);
    }

    void initOrderedLtv() {
        SimpleAdapter sa = new SimpleAdapter(this, orderedList,
                R.layout.ordered, orderedLtvKeys, orderedLtvIds) {
            @Override
            public View getView(int position, View convertView, ViewGroup parent) {
                View view = super.getView(position, convertView, parent);
                CheckBox checkCkb = (CheckBox) view.findViewById(R.id.checkCkb);
                checkCkb.setVisibility(View.GONE); // 不显示 CheckBox
                return view;
            }
        };
        orderedLtv.setAdapter(sa);
    }

    @Override
    protected int getLayoutId() {
        return R.layout.pay;
    }

    @Override
    protected String getName() {
        return "结账";
    }
}
```

5. 修改 MainActivity，单击结账图标时显示 PayActivity，代码如下：

```
public class MainActivity extends BasicActivity {
    ...... // 省略其他代码

    @Override
    public void onCreate(Bundle savedInstanceState) {
```

```
        super.onCreate(savedInstanceState);

        ...... // 省略其他代码
        gdv.setOnItemClickListener(new AdapterView.OnItemClickListener() {
            @Override
            public void onItemClick(AdapterView<?> arg0, View arg1, int idx,
                    long arg3) {
                switch (idx) {
                case 0:
                    showActivity(MainActivity.this, OrderActivity.class);
                    break;
                case 1:
                    showActivity(MainActivity.this, PayActivity.class);
                    break;
                case 2:
                    showMessageDialog("查桌", R.drawable.info, null);
                    break;
                case 3:
                    showMessageDialog("更新数据", R.drawable.info, null);
                    break;
                case 4:
                    showMessageDialog("设置", R.drawable.info, null);
                    break;
                }
            }
        });
    }
}
```

6. 在 AndroidManifest.xml 文件中配置 PayActivity，代码如下：

```
<?xml version="1.0" encoding="utf-8"?>
<manifest xmlns:android="http://schemas.android.com/apk/res/android"
    package="flyrestaurant.ph04.ui" android:versionCode="1"
    android:versionName="1.0">
    <application android:name="flyrestaurant.ph04.App"
        android:icon="@drawable/icon" android:label="@string/app_name">
        <activity android:name=".LoginActivity">
            <intent-filter>
                <action android:name="android.intent.action.MAIN" />
                <category android:name="android.intent.category.LAUNCHER" />
            </intent-filter>
        </activity>
```

```
        <activity android:name=".MainActivity"></activity>
        <activity android:name=".OrderActivity"></activity>
        <activity android:name=".PayActivity"></activity>
    </application>
    <uses-sdk android:minSdkVersion="7" />
</manifest>
```

7. 运行 ph04 项目，登录后在主菜单中单击“结账”图标，将显示结账界面。输入不同的订单编号后，单击“查询”按钮，将显示对应的订单信息，如图 4.6 所示。

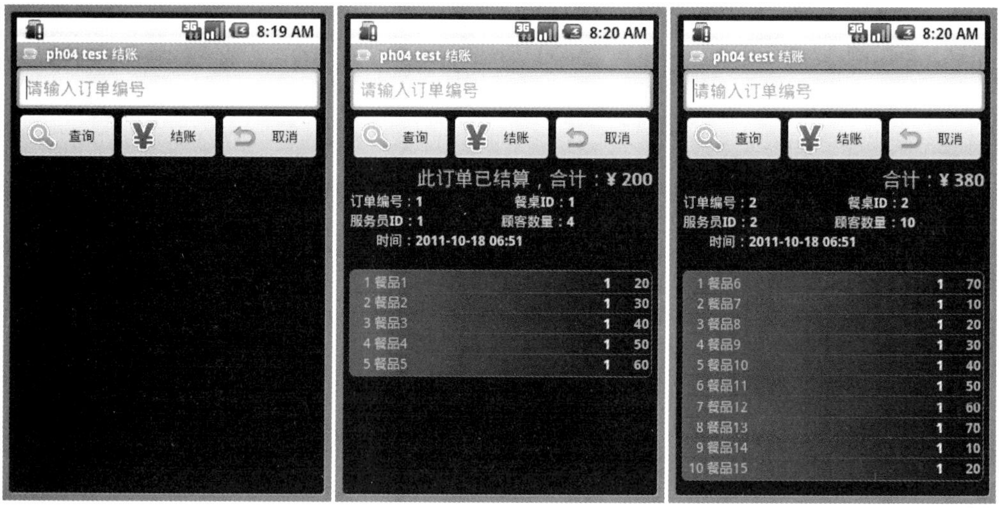

图 4.6

如果未输入订单编号就单击“查询”按钮，会显示提示对话框；如果查询到的订单已结算，则单击“查询”按钮会显示提示对话框。“确认”无误后，单击“结账”按钮可完成结账操作，并显示对话框提示用户结账完成，如图 4.7 所示。

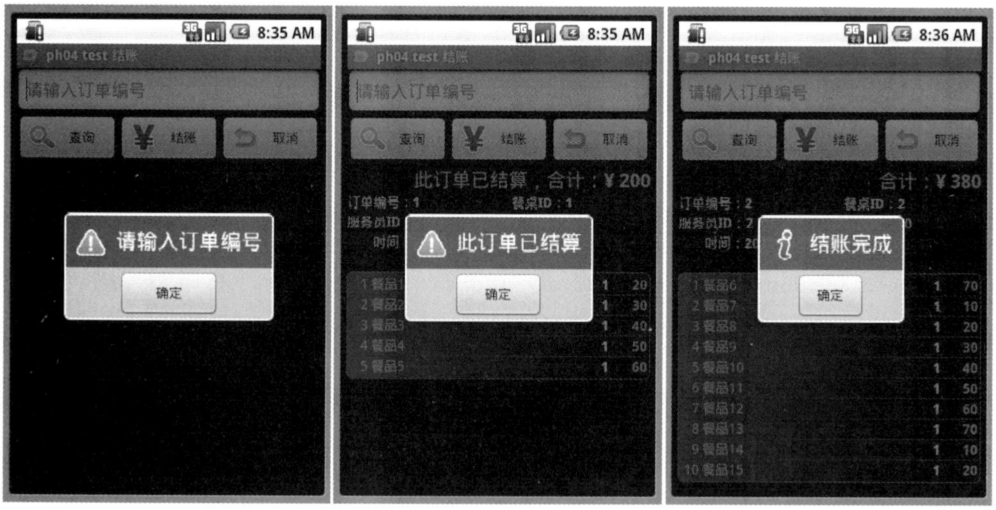

图 4.7

知识拓展

使用 Intent 访问 Android 系统功能

使用 Intent 可以访问 Android 内置的许多系统功能，在程序中可以直接调用，主要的功能及相关代码如下。

（1）发送短信

```
Uri uri = Uri.parse("smsto:12345678");
Intent intent = new Intent(Intent.ACTION_VIEW, uri);
intent.putExtra("sms_body", "短信内容");
```

（2）发送彩信

```
Uri pic = Uri.parse("file:///sdcard/some.jpg");
Intent intent = new Intent(Intent.ACTION_SEND);
intent.putExtra("sms_body", "短信内容");
intent.putExtra(Intent.EXTRA_STREAM, pic);
intent.setType("image/jpeg");
```

（3）打开拨打电话界面

```
Uri uri = Uri.parse("tel:13812345678");
Intent intent = new Intent(Intent.ACTION_DIAL, uri);
```

（4）直接拨打电话

```
// 需要添加权限 android.permission.CALL_PHONE
Uri uri = Uri.parse("tel:13812345678");
Intent intent = new Intent(Intent.ACTION_CALL, uri);
```

（5）发送邮件

```
Uri uri = Uri.parse("mailto:aaa@bbb.com");
Intent intent = new Intent(Intent.ACTION_SENDTO, uri);
```

（6）播放多媒体

```
Uri uri = Uri.parse("file:///sdcard/some.mp3");
Intent intent = new Intent(Intent.ACTION_VIEW, uri);
intent.setType("audio/mp3");
```

（7）打开网站

```
Uri uri = Uri.parse("http://www.dong-he.cn");
```

```
Intent intent = new Intent(Intent.ACTION_VIEW, uri);
```

（8）使用 Google 搜索

```
Intent intent = new Intent(Intent.ACTION_WEB_SEARCH);
intent.putExtra(SearchManager.QUERY, "Android开发");
```

（9）使用 Google Map 显示路径

```
Uri uri = Uri.parse
("http://maps.google.com/maps?f=d&saddr=青岛&daddr=北京&hl=zh_cn");
Intent intent = new Intent(Intent.ACTION_VIEW, uri);
```

（10）打开地图

```
Uri uri = Uri.parse("geo:123,-456");
Intent intent = new Intent(Intent.ACTION_VIEW, uri);
```

拓展练习

练习 4.E.1

针对本章的知识拓展，编写 Activity，为每一项添加按钮，单击按钮时执行相应的功能。

实践 5　后台服务（Service）

实践指导

实践 5.G.1

完成更新数据的功能。

分析

1. 点餐系统中，餐桌、餐品、餐品类型的数据一般很少被修改。因此，可以在 Android 客户端保存这些数据，需要使用时直接从客户端查询，而不再需要连接服务器，这可以提高查询速度。
2. 当服务器端数据发生变化时，可以通知用户更新数据，即连接服务器并下载数据到客户端，单击主菜单中的更新数据图标后可完成此功能。
3. 更新数据可能需要较长的时间，适合使用 Android 的 Service 实现。
4. 当更新开始时，需要显示对话框提示用户正在更新数据；更新完毕或者更新过程出现错误时，也需要使用对话框显示相应的提示信息。可以通过 Android 的广播功能实现，在更新数据的 Service 中，更新完毕和出现错误时向外发送广播，在 Activity 中接收广播并做出相应的操作。

参考解决方案

1. 编写 Android 服务类 flyrestaurant.ph05.service.UpdateDataService，代码如下：

```
public class UpdateDataService extends Service {

    public static final String OK = "OK";
    public static final String EXCEPTION = "EXCEPTION";

    @Override
    public IBinder onBind(Intent intent) {
        return null;
    }

    @Override
    public void onCreate() {
        super.onCreate();
        new Thread() {
```

```
            @Override
            public void run() {
                try {
                    updateData();
                    sendBroadcast(new Intent(OK)); // 广播更新成功
                } catch (Exception e) {
                    e.printStackTrace();
                    Intent intent = new Intent(EXCEPTION); // 广播更新失败
                    intent.putExtra(EXCEPTION, e.getMessage());
                    sendBroadcast(intent);
                }
                stopSelf();
            }
        }.start();
    }

    /**
     * 从服务器下载数据，并更新到本地数据库
     */
    public void updateData() throws InterruptedException {
        // TODO
        Thread.sleep(3000); // 模拟耗时操作
    }
}
```

上述代码中，UpdateDataService 继承了 Service，是 Android 的服务。在 updateData()方法中，需要连接服务器下载数据并更新到本地数据库，此处使当前线程暂停 3 秒钟模拟下载操作；onCreate()方法中，开始一个新线程调用 updateData()方法；updateData()方法执行完毕后，发送更新成功的广播信息，如果出现异常，则发送更新失败的广播信息，并在 Intent 中存储异常信息。

2. 修改 MainActivity，单击更新数据图标时，开始调用 UpdateDataService 服务，代码如下：

```
public class MainActivity extends BasicActivity {

    int[] icons = { R.drawable.icon1, R.drawable.icon2, R.drawable.icon3,
            R.drawable.icon4, R.drawable.icon5 };
    String[] iconTexts = { "点餐", "结账", "查桌", "更新数据", "设置" };
    GridView gdv;

    ProgressDialog updateDialog;
    BroadcastReceiver boradcastReceiver;

    @Override
```

```
public void onCreate(Bundle savedInstanceState) {
    super.onCreate(savedInstanceState);

    gdv = (GridView) findViewById(R.id.gdv);
    List<Map<String, Object>> iconList = new ArrayList<Map<String, Object>>();
    for (int i = 0, j = icons.length; i < j; i++) {
        Map<String, Object> map = new HashMap<String, Object>();
        map.put("imageView", icons[i]);
        map.put("imageTitle", iconTexts[i]);
        iconList.add(map);
    }
    gdv.setAdapter(new SimpleAdapter(this, iconList, R.layout.menuitem,
            new String[] { "imageView", "imageTitle" }, new int[] {
                    R.id.imageView, R.id.imageTitle }));
    gdv.setOnItemClickListener(new AdapterView.OnItemClickListener() {
        @Override
        public void onItemClick(AdapterView<?> arg0, View arg1, int idx,
                long arg3) {
            switch (idx) {
            case 0:
                showActivity(MainActivity.this, OrderActivity.class);
                break;
            case 1:
                showActivity(MainActivity.this, PayActivity.class);
                break;
            case 2:
                showMessageDialog("查桌", R.drawable.info, null);
                break;
            case 3:
                updateData();
                break;
            case 4:
                showMessageDialog("设置", R.drawable.info, null);
                break;
            }
        }
    });

    updateDialog = new ProgressDialog(MainActivity.this);
    updateDialog.setMessage("正在更新数据，请稍候......");
    updateDialog.setCancelable(false);
    IntentFilter f = new IntentFilter();
    f.addAction(UpdateDataService.OK);
```

```
        f.addAction(UpdateDataService.EXCEPTION);
        boradcastReceiver = new BroadcastReceiver() {
            @Override
            public void onReceive(Context context, Intent intent) {
                updateDialog.hide();
                String action = intent.getAction();
                if (UpdateDataService.OK.equals(action))
                    showMessageDialog("更新完成", R.drawable.info, null);
                else if (UpdateDataService.EXCEPTION.equals(action))
                    showMessageDialog("更新失败：" +
                    intent.getStringExtra(UpdateDataService.EXCEPTION),
                            R.drawable.not, null);
            }
        };
        registerReceiver(boradcastReceiver, f);
    }

    void updateData() {
        AlertDialog.Builder b = new AlertDialog.Builder(MainActivity.this);
        b.setIcon(R.drawable.warning);
        b.setTitle("更新需要较长时间，确定需要更新吗？");
        b.setPositiveButton("确定", new DialogInterface.OnClickListener() {
            @Override
            public void onClick(DialogInterface dialog, int which) {
                updateDialog.show();
                startService(new Intent(MainActivity.this,
                        UpdateDataService.class));
            }
        });
        b.setNegativeButton("取消", null);
        b.create().show();
    }

    @Override
    protected void onDestroy() {
        super.onDestroy();
        unregisterReceiver(boradcastReceiver);
    }

    @Override
    protected int getLayoutId() {
        return R.layout.main;
    }
```

```
    @Override
    protected String getName() {
        return "主菜单";
    }
}
```

上述代码中，在主菜单节目中定义了一个 ProgressDialog 用于在更新数据时显示提示信息；单击更新数据图标时，调用 updateData()方法；updateData()方法中，显示 ProgressDialog 并开始执行 UpdateDataService 服务；在 MainActivity 的 onCreate()方法中，注册了广播接收器，并指定接收 UpdateDataService.OK 和 UpdateDataService.EXCEPTION 的 Intent；在广播接收器的 onReceive()方法中，首先关闭 ProgressDialog，然后判断 intent 的 action，如果是 OK，则显示更新成功对话框，否则显示更新失败对话框，并显示异常信息；在 MainActivity 的 onDestroy()方法中，注销了广播接收器。

注意 ProgressDialog 的使用参见实践篇“实践 3”中的知识拓展 6“进度对话框”。

3. 在 AndroidManifest.xml 文件中配置 UpdateDataService，代码如下：

```
<?xml version="1.0" encoding="utf-8"?>
<manifest xmlns:android="http://schemas.android.com/apk/res/android"
    package="flyrestaurant.ph05.ui" android:versionCode="1"
    android:versionName="1.0">
    <application android:name="flyrestaurant.ph05.App"
        android:icon="@drawable/icon" android:label="@string/app_name">
        <activity android:name=".LoginActivity">
            <intent-filter>
                <action android:name="android.intent.action.MAIN" />
                <category android:name="android.intent.category.LAUNCHER" />
            </intent-filter>
        </activity>
        <activity android:name=".MainActivity"></activity>
        <activity android:name=".OrderActivity"></activity>
        <activity android:name=".PayActivity"></activity>

        <service android:name="flyrestaurant.ph05.service.UpdateDataService" />

    </application>
    <uses-sdk android:minSdkVersion="7" />
</manifest>
```

4. 运行 ph05 项目，登录成功后，在主菜单界面单击更新数据图标，将显示确认对话框，如图 5.1 所示。

图 5.1

单击“确定”按钮后，将开始更新数据，并显示进度对话框，更新成功后，将显示对话框提示更新完成，如图 5.2 所示。

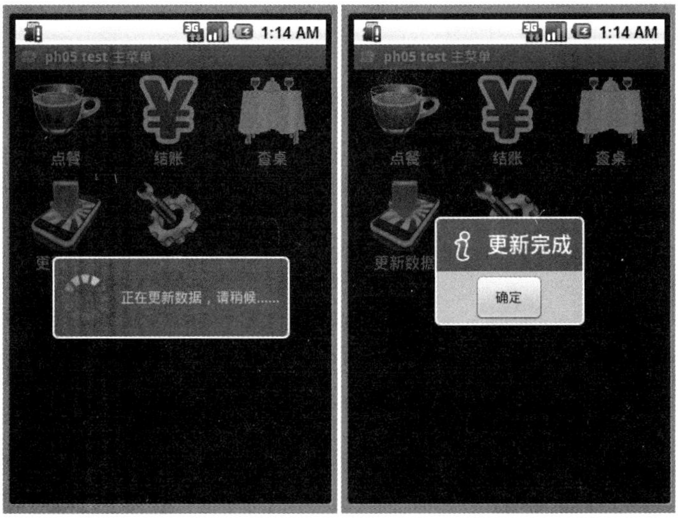

图 5.2

修改 UpdateDataService，在 updateData()方法中故意抛出异常，以模拟发生了错误，代码如下：

```
public class UpdateDataService extends Service {
    ...... // 省略其他代码
    public void updateData() throws Exception {
        // TODO
        Thread.sleep(3000); // 模拟耗时操作
        throw new Exception("连接不到服务器，请检查网络。");
```

```
    }
}
```

重新运行项目，执行更新数据操作，将显示对话框提示错误信息，如图 5.3 所示。

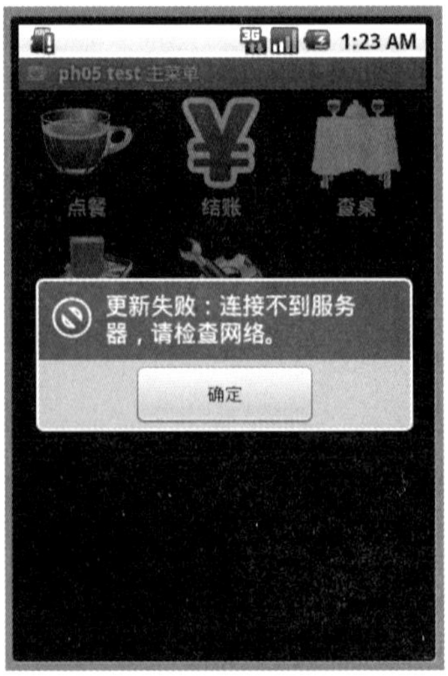

图 5.3

知识拓展

Android 提供了针对常见多媒体格式的编码、解码 API，可以非常方便地操作图片、音频、视频等多媒体文件，也可以操纵 Android 终端的录音、摄像设备。本章知识拓展将简单介绍 Android 的多媒体应用。

1.　播放音频、视频

使用 android.media.MediaPlayer 类可以实现音频、视频文件的播放，包括播放、暂停、停止、重复播放等功能，文件可以位于本地文件系统或者项目资源目录，也可以是网络的文件流。

（1）播放音频

下列内容实现了简单的音频播放功能，编写布局文件如下：

```
<?xml version="1.0" encoding="utf-8"?>
<LinearLayout xmlns:a="http://schemas.android.com/apk/res/android"
    a:layout_width="fill_parent"
    a:layout_height="wrap_content">
    <Button
        a:id="@+id/startBtn"
        a:layout_width="fill_parent" a:layout_height="wrap_content"
```

```
        a:text="开始" a:layout_weight="1"/>
    <Button
        a:id="@+id/pauseBtn" a:layout_weight="1"
        a:text="暂停" a:enabled="false"
        a:layout_width="fill_parent" a:layout_height="wrap_content"/>
    <Button
        a:id="@+id/stopBtn" a:text="停止"
        a:enabled="false" a:layout_weight="1"
        a:layout_width="fill_parent" a:layout_height="wrap_content"/>
</LinearLayout>
```

上述文件中，定义了开始、暂停、停止三个按钮，编写 Activity 代码如下：

```
public class SoundPlayer extends Activity {

    MediaPlayer player;

    Button startBtn;
    Button pauseBtn;
    Button stopBtn;

    @Override
    public void onCreate(Bundle savedInstanceState) {
        super.onCreate(savedInstanceState);
        setContentView(R.layout.sound);

        // 播放 res/raw 目录下的 windowsxp 文件
        player = MediaPlayer.create(SoundPlayer.this, R.raw.windowsxp);
        startBtn = (Button) findViewById(R.id.startBtn);
        pauseBtn = (Button) findViewById(R.id.pauseBtn);
        stopBtn = (Button) findViewById(R.id.stopBtn);

        // 播放完成事件
        player.setOnCompletionListener(new OnCompletionListener() {
            @Override
            public void onCompletion(MediaPlayer mp) {
                startBtn.setEnabled(true);
                pauseBtn.setEnabled(false);
                stopBtn.setEnabled(false);
            }
        });

        // 开始按钮
```

```
    startBtn.setOnClickListener(new OnClickListener() {
        @Override
        public void onClick(View v) {
            player.start(); // 开始播放
            startBtn.setEnabled(false);
            pauseBtn.setEnabled(true);
            stopBtn.setEnabled(true);
        }
    });

    // 暂停按钮
    pauseBtn.setOnClickListener(new OnClickListener() {
        @Override
        public void onClick(View v) {
            player.pause(); // 暂停播放
            startBtn.setEnabled(true);
            pauseBtn.setEnabled(false);
            stopBtn.setEnabled(true);
        }
    });

    // 停止按钮
    stopBtn.setOnClickListener(new OnClickListener() {
        @Override
        public void onClick(View v) {
            player.stop(); // 停止播放
            startBtn.setEnabled(true);
            pauseBtn.setEnabled(false);
            stopBtn.setEnabled(false);
            try {
                player.prepare(); // 为下次播放做准备
                player.seekTo(0); // 回到音频起点
            } catch (Exception e) {
                e.printStackTrace();
            }
        }
    });
}

@Override
protected void onDestroy() {
    super.onDestroy();
    player.release(); // 释放资源
```

```
    }
}
```

上述代码中，调用 MediaPlayer.create()方法创建了 MediaPlayer 对象，并指定播放 res/raw 目录下的 windowsxp 资源文件；分别为开始、暂停、停止按钮注册单击事件；为 MediaPlayer 注册了 OnCompletionListener 事件，当播放完毕时会自动调用其 onCompletion()方法。运行项目，单击“开始”按钮，将播放 res/raw 目录下的 windowsxp.wmv 文件，单击“暂停”按钮会暂停播放，再次单击“开始”按钮，将继续播放；单击“停止”按钮，将结束播放，效果如图 5.4 所示。

图 5.4

（2）播放视频

使用 MediaPlayer 类也可以播放视频文件，但是比较复杂，Android 提供了 VideoView 控件，其内置了 MediaPlayer，使用 VideoView 结合 MediaController 类可以方便地实现视频播放。

下列内容实现了简单的视频播放功能，编写布局文件如下：

```
<?xml version="1.0" encoding="utf-8"?>
<LinearLayout xmlns:a="http://schemas.android.com/apk/res/android"
    a:layout_width="fill_parent"
    a:layout_height="wrap_content">
    <VideoView
        a:id="@+id/videoView"
        a:layout_width="fill_parent" a:layout_height="fill_parent"/>
</LinearLayout>
```

上述文件中，定义了一个 VideoView 控件。编写 Activity 代码如下：

```
public class VideoPlayer extends Activity {

    VideoView videoView;
    MediaController controller;

    @Override
    public void onCreate(Bundle savedInstanceState) {
        super.onCreate(savedInstanceState);
```

```
        // 不显示标题
        requestWindowFeature(Window.FEATURE_NO_TITLE);
        // 全屏
        getWindow().setFlags(WindowManager.LayoutParams.FLAG_FULLSCREEN,
                WindowManager.LayoutParams.FLAG_FULLSCREEN);
        // 横屏
        setRequestedOrientation(ActivityInfo.SCREEN_ORIENTATION_LANDSCAPE);
        setContentView(R.layout.video);

        videoView = (VideoView) findViewById(R.id.videoView);
        controller = new MediaController(this);
        // 设置播放的文件
        videoView.setVideoURI(Uri.parse("android.resource://"
                + getPackageName() + "/" + R.raw.td));
        // 关联 VideoView 和 MediaController
        controller.setMediaPlayer(videoView);
        videoView.setMediaController(controller);
        // 开始播放
        videoView.start();
    }
}
```

上述代码中，首先设置不显示应用程序标题、全屏以及横屏，这样更适合播放视频；然后指定了 VideoView 播放的视频文件，VideoView 无法直接访问资源文件，需要以 URI 的形式指定；还需要关联 VideoView 和 MediaController，最后调用 VideoView 的 start()方法开始播放，运行项目，将显示正在播放的视频文件，如图 5.5 所示。

单击屏幕后，将显示播放控制区，其中包括前进、后退、暂停按钮，以及一个可拖动的进度条，使用这些可以调整播放进度，如图 5.6 所示。

图 5.5

图 5.6

2. 录制音频、视频

Android 提供了对音频、视频录制的支持，如果终端带有相应的设备，则应用程序可以录音、录像。音频、视频的录制主要依靠 MediaRecorder 类实现，下述内容完成简单的音频、视频录制功能。编写布局文件如下：

```
<?xml version="1.0" encoding="utf-8"?>
<LinearLayout xmlns:a="http://schemas.android.com/apk/res/android"
    a:orientation="vertical"
    a:layout_width="fill_parent" a:layout_height="fill_parent">
    <TextView
        a:text="录音" a:textSize="20sp"
        a:layout_width="fill_parent" a:layout_height="wrap_content"/>
    <LinearLayout
        a:layout_width="fill_parent" a:layout_height="wrap_content">
        <Button
            a:id="@+id/startBtn1"
            a:text="开始" a:layout_weight="1"
            a:layout_width="fill_parent" a:layout_height="wrap_content"/>
        <Button
            a:id="@+id/stopBtn1" a:text="停止"
            a:enabled="false" a:layout_weight="1"
            a:layout_width="fill_parent" a:layout_height="wrap_content"/>
    </LinearLayout>
    <TextView
        a:text="录像" a:textSize="20sp"
        a:layout_width="fill_parent" a:layout_height="wrap_content"/>
    <LinearLayout
        a:layout_width="fill_parent" a:layout_height="wrap_content">
        <Button
            a:id="@+id/startBtn2"
            a:text="开始" a:layout_weight="1"
            a:layout_width="fill_parent" a:layout_height="wrap_content"/>
        <Button
            a:id="@+id/stopBtn2" a:text="停止"
            a:enabled="false" a:layout_weight="1"
            a:layout_width="fill_parent" a:layout_height="wrap_content"/>
    </LinearLayout>
    <SurfaceView
        a:id="@+id/view"
        a:layout_width="fill_parent" a:layout_height="fill_parent"/>
</LinearLayout>
```

上述文件中，针对录制音频和视频分别定义了开始和停止按钮，并在界面下部放置了一个 SurfaceView，用于录像时输出预览效果。编写 Activity 代码如下：

```
public class A extends Activity {

    MediaRecorder recorder1; // 录音的 MediaRecorder
    Button startBtn1;
    Button stopBtn1;

    MediaRecorder recorder2; // 录像的 MediaRecorder
    Button startBtn2;
    Button stopBtn2;
    SurfaceView view; // 录像时的预览视图
    SurfaceHolder holder;

    @Override
    public void onCreate(Bundle savedInstanceState) {
        super.onCreate(savedInstanceState);
        setContentView(R.layout.main);
        initAudio();
        initVideo();
    }

    // 录音
    void initAudio() {
        recorder1 = new MediaRecorder();
        startBtn1 = (Button) findViewById(R.id.startBtn1);
        stopBtn1 = (Button) findViewById(R.id.stopBtn1);

        // 音频源是麦克风
        recorder1.setAudioSource(MediaRecorder.AudioSource.MIC);
        // 输出格式 THREE_GPP
        recorder1.setOutputFormat(MediaRecorder.OutputFormat.THREE_GPP);
        // 编码格式 AMR_NB
        recorder1.setAudioEncoder(MediaRecorder.AudioEncoder.AMR_NB);
        // 输出文件路径
        recorder1.setOutputFile("/sdcard/"
                + new SimpleDateFormat("yyyyMMddHHmmss").format(new Date())
                + ".3gp");
        startBtn1.setOnClickListener(new OnClickListener() {
            @Override
            public void onClick(View v) {
                try {
```

```
                recorder1.prepare(); // 准备录制
                recorder1.start(); // 开始录制
                startBtn1.setEnabled(false);
                stopBtn1.setEnabled(true);
            } catch (Exception e) {
                e.printStackTrace();
            }
        }
    });
    stopBtn1.setOnClickListener(new OnClickListener() {
        @Override
        public void onClick(View v) {
            try {
                recorder1.stop(); // 停止录制
                recorder1.release(); // 释放资源
                startBtn1.setEnabled(true);
                stopBtn1.setEnabled(false);
            } catch (Exception e) {
                e.printStackTrace();
            }
        }
    });
}

// 录像
void initVideo() {
    recorder2 = new MediaRecorder();
    startBtn2 = (Button) findViewById(R.id.startBtn2);
    stopBtn2 = (Button) findViewById(R.id.stopBtn2);
    view = (SurfaceView) findViewById(R.id.view);
    holder = view.getHolder();

    holder.setType(SurfaceHolder.SURFACE_TYPE_PUSH_BUFFERS);

    // 使用 holder 的 surface 作为录像时的预览视图
    recorder2.setPreviewDisplay(holder.getSurface());
    // 音频源是麦克风
    recorder2.setAudioSource(MediaRecorder.AudioSource.MIC);
    // 视频源是摄像头
    recorder2.setVideoSource(MediaRecorder.VideoSource.CAMERA);
    // 输出格式 MPEG_4
    recorder2.setOutputFormat(MediaRecorder.OutputFormat.MPEG_4);
    // 音频编码格式 AMR_NB
```

```
        recorder2.setAudioEncoder(MediaRecorder.AudioEncoder.AMR_NB);
        // 视频分辨率
        recorder2.setVideoSize(320, 240);
        // 视频帧率
        recorder2.setVideoFrameRate(20);
        // 视频编码格式 H263
        recorder2.setVideoEncoder(MediaRecorder.VideoEncoder.H263);
        // 输出文件路径
        recorder2.setOutputFile("/sdcard/"
                + new SimpleDateFormat("yyyyMMddHHmmss").format(new Date())
                + ".mp4");
        startBtn2.setOnClickListener(new OnClickListener() {
            @Override
            public void onClick(View v) {
                try {
                    recorder2.prepare();// 准备录制
                    recorder2.start();// 开始录制
                    startBtn2.setEnabled(false);
                    stopBtn2.setEnabled(true);
                } catch (Exception e) {
                    e.printStackTrace();
                }
            }
        });
        stopBtn2.setOnClickListener(new OnClickListener() {
            @Override
            public void onClick(View v) {
                try {
                    recorder2.stop();// 停止录制
                    recorder2.release();// 释放资源
                    startBtn2.setEnabled(true);
                    stopBtn2.setEnabled(false);
                } catch (Exception e) {
                    e.printStackTrace();
                }
            }
        });
    }
}
```

上述代码中，针对音频录制，设置了音频源、输出格式、编码格式、输出文件路径；针对视频录制，设置了预览界面、音频源、视频源、输出格式、音频编码格式、视频分辨率、视频帧率、视频编码格式、输出文件路径；单击各自的开始和停止按钮时，调用 MediaRecorder

的 start()和 stop()方法开始和停止录制。

因为程序使用了麦克风、摄像头等硬件资源，因此，需要添加相应的权限，修改 AndroidMenifest.xml 文件，添加权限如下。

- android.permission.RECORD_AUDIO：录音权限；
- android.permission.WRITE_EXTERNAL_STORAGE：使用外部存储卡的权限；
- android.permission.CAMERA：使用摄像头的权限。

运行程序，界面如图 5.7 所示。

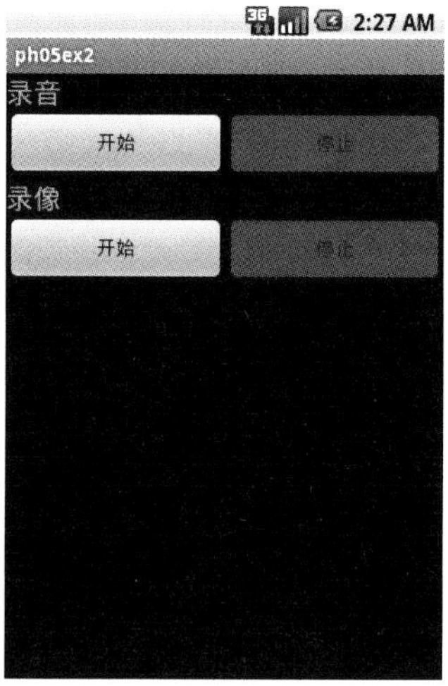

图 5.7

单击上部的“开始”按钮，将开始录音，单击“停止”按钮结束录音。单击下部的“开始”按钮，将开始录像，并在下方显示当前画面，单击“停止”按钮结束录像。录制的文件会保存在存储卡中。

注意 Android 模拟器不支持音频、视频捕捉，即使电脑上有麦克风和摄像头，模拟器也无法使用，因此，上述代码只能够在实际的 Android 终端上运行。

3. 照相

除了录像外，Android 也提供了用于照相的 Camera 类，下述内容完成简单的照相功能。编写布局文件如下：

```
<?xml version="1.0" encoding="utf-8"?>
<LinearLayout xmlns:a="http://schemas.android.com/apk/res/android"
    a:orientation="vertical"
    a:layout_width="fill_parent" a:layout_height="fill_parent">
    <SurfaceView
        a:id="@+id/view"
```

```
    a:layout_width="fill_parent" a:layout_height="fill_parent"/>
</LinearLayout>
```

上述文件中，只有一个 SurfaceView 控件，用于在照相时取景，可以显示当前的镜头画面。编写 Activity 代码如下：

```
public class A extends Activity {

    SurfaceView view; // 预览视图
    SurfaceHolder holder;
    Camera camera; // 相机

    @Override
    public void onCreate(Bundle savedInstanceState) {
        super.onCreate(savedInstanceState);
        // 不显示标题
        requestWindowFeature(Window.FEATURE_NO_TITLE);
        // 全屏
        getWindow().setFlags(WindowManager.LayoutParams.FLAG_FULLSCREEN,
                WindowManager.LayoutParams.FLAG_FULLSCREEN);
        // 横屏
        setRequestedOrientation(ActivityInfo.SCREEN_ORIENTATION_LANDSCAPE);
        setContentView(R.layout.main);

        view = (SurfaceView) findViewById(R.id.view);
        holder = view.getHolder();
        holder.setType(SurfaceHolder.SURFACE_TYPE_PUSH_BUFFERS);
        holder.addCallback(new Callback() {
            @Override
            public void surfaceCreated(SurfaceHolder holder) {
                camera = Camera.open(); // 打开相机
                try {
                    camera.setPreviewDisplay(holder); // 设置预览 View
                } catch (IOException e) {
                    e.printStackTrace();
                }
            }

            @Override
            public void surfaceChanged(SurfaceHolder holder, int format,
                    int width, int height) {
                Camera.Parameters params = camera.getParameters();
                params.setPictureFormat(PixelFormat.JPEG); // 图片格式
```

```
                camera.setParameters(params);
                camera.startPreview(); // 开始预览
            }

            @Override
            public void surfaceDestroyed(SurfaceHolder holder) {
                camera.stopPreview(); // 结束预览
                camera.release(); // 释放
            }
        });
    }

    @Override
    public boolean onKeyDown(int keyCode, KeyEvent event) {
        // 按拍照键或者搜索键进行拍照，有的设备没有拍照键
        if (keyCode == KeyEvent.KEYCODE_CAMERA
                || keyCode == KeyEvent.KEYCODE_SEARCH) {
            camera.stopPreview();
            camera.takePicture(null, null, new PictureCallback() {
                @Override
                public void onPictureTaken(byte[] data, Camera camera) {
                    new AsyncTask<byte[], String, String>() {
                        @Override
                        protected String doInBackground(byte[]... params) {
                            File pic = new File("/sdcard/"
                                    + new SimpleDateFormat("yyyyMMddHHmmss")
                                            .format(new Date()) + ".jpg");
                            try {
                                // 写入到文件
                                pic.createNewFile();
                                FileOutputStream fos = new FileOutputStream(pic);
                                fos.write(params[0]);
                                fos.close();
                            } catch (IOException e) {
                                e.printStackTrace();
                            }
                            return null;
                        }
                    }.execute(data);
                    camera.startPreview();
                }
            });
            return true;
```

```
        }
        return super.onKeyDown(keyCode, event);
    }
}
```

上述代码中，定义了相机对象 Camera，取景视图 SurfaceView 和关联的 SurfaceHolder 对象。为 SurfaceHolder 对象注册了 Callback 回调对象，其中在 surface 创建时打开相机，并设置预览视图；在 surface 改变时指定拍照参数、照片格式等，并开始预览；在 surface 销毁时，结束预览，释放相机。为 Activity 注册了按键单击事件，当按下拍照键或搜索键时，进行拍照并写入照片文件。因为程序使用了摄像头和存储卡，因此，需要添加相应的权限，修改 AndroidMenifest.xml 文件，添加权限如下。

- android.permission.WRITE_EXTERNAL_STORAGE：使用外部存储卡的权限；
- android.permission.CAMERA：使用摄像头的权限；

运行项目，如图 5.8 所示。

按下拍照键或者搜索键，将会拍摄成照片，并存储在存储卡中。需要注意，由于 Android 模拟器不支持使用摄像头，因此，在模拟器上运行时只能显示图 5.8 所示的黑白方格，而连接实际终端时可显示真实的图像。

图 5.8

拓展练习

练习 5.E.1

结合本章知识拓展 1、2、3，编写一个综合的多媒体程序，完成下列功能：

- 录制音频、视频；
- 回放录制过的音频、视频；
- 照相；
- 浏览拍摄过的照片。

实践 6 数据存储

实践指导

实践 6.G.1

为点餐系统在 Android 客户端创建 SQLite 数据库，保存餐品、餐品类型、餐桌数据。

分析

1. 点餐系统中，餐桌、餐品、餐品类型的数据一般很少被修改。因此，可以在 Android 客户端使用内置的 SQLite 数据库保存这些数据，需要使用时直接从客户端查询，而无须再连接服务器，这可以提高查询速度。用户可通过主菜单的更新数据功能连接服务器并下载数据到客户端。
2. 编写 SQLiteOpenHelper 的子类 DbHelper，在业务类中使用 DbHelper 完成数据库操作。
3. DbHelper 的 onCreate()方法中需要创建餐桌、餐品、餐品类型表，可使用下列 SQL 语句：

```
create table if not exists food (
    id integer primary key,
    code varchar(5),
    type_id integer,
    name varchar(20),
    price integer,
    description varchar(100)
)
create table if not exists food_type (
    id integer primary key,
    name varchar(10))
)
create table if not exists tables (
    id integer primary key,
    code varchar(5),
    seats integer,
    description varchar(50)
)
```

4. 用户更新数据时需要删除原有的数据，因此，DbHelper 中需要提供删除数据库的方法 deleteDb()。

参考解决方案

1. 编写 flyrestaurant.ph06.DbHelper，代码如下：

```
public class DbHelper extends SQLiteOpenHelper {

    /**
     * 数据库文件
     */
    public static String dbName = "flyrestaurant.db";

    Context context;

    /**
     * @param context 上下文
     */
    public DbHelper(Context context) {
        super(context, dbName, null, 1);
        this.context = context;
    }

    /**
     * 删除数据库
     */
    public void deleteDb() {
        context.deleteDatabase(dbName);
    }

    @Override
    public void onCreate(SQLiteDatabase db) {
        db.execSQL("create table if not exists food (id integer primary key, code varchar(5), type_id integer, name varchar(20), price integer, description varchar(100))");
        db.execSQL("create table if not exists food_type (id integer primary key, name varchar(10))");
        db.execSQL("create table if not exists tables (id integer primary key, code varchar(5), seats integer, description varchar(50))");
    }

    @Override
    public void onUpgrade(SQLiteDatabase db, int oldVersion, int newVersion) {
    }
}
```

实践 6.G.2

修改更新数据服务 UpdateDataService 的 updateData()方法，使用 DbHelper 将数据插入到本地数据库。

分析

1. 更新数据时，首先需要从服务器下载完整的餐桌、餐品、餐品类型数据，然后调用 DbHelper 的 getWritableDatabase()方法获取 SQLiteDatabase 对象，通过 SQLiteDatabase 的 execSQL()方法执行插入语句，即可将数据保存到本地数据库。
2. 更新数据时会操作餐桌、餐品、餐品类型三个表，并执行多条 INSERT 语句，因此，需要使用 SQLite 的事务管理。
3. 构造 DbHelper 对象时需要 Context 对象，通过 UpdateDataService 的 getApplicationContext()方法，可获取当前应用上下文，传入 DbHelper 构造方法即可。

参考解决方案

1. 修改 flyrestaurant.ph06.service.UpdateDataService，代码如下：

```
public class UpdateDataService extends Service {

    ...... // 省略原有代码

    /**
     * 从服务器下载数据，并更新到本地数据库
     */
    @SuppressWarnings({ "rawtypes", "unchecked" })
    void updateData() {
        DbHelper dbHelper = new DbHelper(getApplicationContext());
        // 删除已有数据
        dbHelper.deleteDb();

        ArrayList[] data = downloadFromServer(); // TODO data 是从服务器获取的数据

        ArrayList<Food> foods = data[0];
        ArrayList<FoodType> foodTypes = data[1];
        ArrayList<Table> tables = data[2];

        // 插入到本地数据库
        SQLiteDatabase db = dbHelper.getWritableDatabase();

        // 开始事务
        db.beginTransaction();
        String sql1 = "insert into food(id,code,type_id,name,price,description)
```

```
                    values (?,?,?,?,?,?)";
    String sql2 = "insert into food_type(id,name) values (?,?)";
    String sql3 = "insert into tables(id,code,seats,description) values
                    (?,?,?,?)";

    for (Food f : foods)
        db.execSQL(sql1, new Object[] { f.id, f.code, f.typeId, f.name,
                f.price, f.description });
    for (FoodType ft : foodTypes)
        db.execSQL(sql2, new Object[] { ft.id, ft.name });
    for (Table t : tables)
        db.execSQL(sql3, new Object[] { t.id, t.code, t.seats,
                t.description });

    // 提交
    db.setTransactionSuccessful();
    db.endTransaction();
    db.close();
}

// 模拟从服务器获取数据
@SuppressWarnings("rawtypes")
ArrayList[] downloadFromServer() {
    ArrayList[] data = new ArrayList[3];
    ArrayList<FoodType> types = new ArrayList<FoodType>();
    ArrayList<Food> foods = new ArrayList<Food>();
    ArrayList<Table> tables = new ArrayList<Table>();
    data[0] = foods;
    data[1] = types;
    data[2] = tables;

    // 餐品类型假数据
    FoodType ft = new FoodType();
    ft.id = 1;
    ft.name = "热菜";
    types.add(ft);
    ft = new FoodType();
    ft.id = 2;
    ft.name = "凉菜";
    types.add(ft);
    ft = new FoodType();
    ft.id = 3;
    ft.name = "烧烤";
```

```
        types.add(ft);
        ft = new FoodType();
        ft.id = 4;
        ft.name = "酒水";
        types.add(ft);
        ft = new FoodType();
        ft.id = 5;
        ft.name = "主食";
        types.add(ft);
        // 餐品假数据
        for (int i = 1; i <= 40; i++) {
            Food f = new Food();
            f.id = i;
            f.code = "FOOD" + i;
            f.typeId = i % 5 + 1;
            f.name = "餐品" + i;
            f.price = (i % 7 + 1) * 10;
            foods.add(f);
        }
        // 餐桌假数据
        for (int i = 1; i <= 20; i++) {
            Table t = new Table();
            t.id = i;
            t.code = "TABLE" + i;
            t.seats = i % 5 * 2 + 2;
            t.customers = i % 3 == 0 ? t.seats : 0;
            t.description = i % 4 == 0 ? "靠窗" : "";
            tables.add(t);
        }
        return data;
    }
}
```

上述代码中，在 updateData()方法中，首先构造了 DbHelper 的实例，调用其 deleteDb()方法删除了原有数据；然后从服务器获取餐桌、餐品、餐品类型的完整数据；调用 DbHelper 的 getWritableDatabase()方法获取了 SQLiteDatabase 实例，并调用其 beginTransaction()方法开始事务；再遍历每个餐桌、餐品、餐品类型对象，执行相应的 SQL 语句插入到对应的表中；最后提交事务并关闭 SQLiteDatabase。

注意 downloadFromServer()方法负责完成从服务器下载数据的功能，本章使用假数据模拟，在实践篇“实践 7”中将完善此功能。

实践 6.G.3

修改餐品、餐桌业务类，将获取数据的操作改为从本地数据库中查询获得。

分析

1. 业务类中需要使用 DbHelper 操作数据库，因此，构造方法中需要传入 Context 对象以构造 DbHelper 的实例。同时需要修改使用这些业务类的 Activity 等，传入 Context 对象。
2. 使用 SQLiteDatabase 的 query()方法可以查询数据库。

参考解决方案

1. 修改 flyrestaurant.ph06.service.TableService，代码如下：

```
public class TableService {

    DbHelper dbHelper;

    public TableService(Context context) {
        dbHelper = new DbHelper(context);
    }

    /**
     * 获取所有的餐桌。本地查询，查询结果中的当前就餐人数不可用
     *
     * @return 餐桌
     */
    public List<Table> getTables() {
        List<Table> list = new ArrayList<Table>();
        SQLiteDatabase db = dbHelper.getWritableDatabase();
        Cursor cursor = db.query("tables", null, null, null, null, null, null);
        for (cursor.moveToFirst(); !cursor.isAfterLast(); cursor.moveToNext()) {
            Table t = new Table();
            t.id = cursor.getInt(0);
            t.code = cursor.getString(1);
            t.seats = cursor.getInt(2);
            t.description = cursor.getString(3);
            list.add(t);
        }
        cursor.close();
        db.close();
        return list;
    }
```

```
}
```

2. 修改 flyrestaurant.ph06.service.FoodService，代码如下：

```
public class FoodService {
    DbHelper dbHelper;

    public FoodService(Context context) {
        dbHelper = new DbHelper(context);
    }

    /**
     * 获取所有的餐品类型。本地查询
     *
     * @return 餐品类型
     */
    public List<FoodType> getFoodTypes() {
        List<FoodType> list = new ArrayList<FoodType>();
        SQLiteDatabase db = dbHelper.getWritableDatabase();
        Cursor cursor = db.query("food_type", null, null, null, null, null,
                null);
        for (cursor.moveToFirst(); !cursor.isAfterLast(); cursor.moveToNext()) {
            FoodType t = new FoodType();
            t.id = cursor.getInt(0);
            t.name = cursor.getString(1);
            list.add(t);
        }
        cursor.close();
        db.close();
        return list;
    }

    /**
     * 根据类型获取对应的餐品。本地查询
     *
     * @param foodTypeId 餐品类型,0 表示不限定类型
     *
     * @return 餐品
     */
    public List<Food> getFoods(int foodTypeId) {
        List<Food> list = new ArrayList<Food>();
        SQLiteDatabase db = dbHelper.getWritableDatabase();
        String where = null;
```

```
    if (foodTypeId != 0)
        where = "type_id = " + foodTypeId;
    Cursor cursor = db.query("food", null, where, null, null, null, null);
    for (cursor.moveToFirst(); !cursor.isAfterLast(); cursor.moveToNext()) {
        Food t = new Food();
        t.id = cursor.getInt(0);
        t.code = cursor.getString(1);
        t.typeId = cursor.getInt(2);
        t.name = cursor.getString(3);
        t.price = cursor.getInt(4);
        t.description = cursor.getString(5);
        list.add(t);
    }
    cursor.close();
    db.close();
    return list;
}

/**
 * 根据 ID 获取餐品。本地查询
 *
 * @param foodId 餐品 ID
 * @return 餐品
 */
public Food getFood(int foodId) {
    Food t = null;
    SQLiteDatabase db = dbHelper.getWritableDatabase();
    Cursor cursor = db.query("food", null, "id=" + foodId, null, null,
            null, null);
    if (cursor.moveToFirst()) {
        t = new Food();
        t.id = cursor.getInt(0);
        t.code = cursor.getString(1);
        t.typeId = cursor.getInt(2);
        t.name = cursor.getString(3);
        t.price = cursor.getInt(4);
        t.description = cursor.getString(5);
    }
    cursor.close();
    db.close();
    return t;
}
}
```

3. 修改 flyrestaurant.ph06.service.OrderService，代码如下：

```
public class OrderService {
    FoodService foodService;

    public OrderService(Context context) {
        foodService = new FoodService(context);
    }

    ...... // 省略已有代码
}
```

4. 修改 flyrestaurant.ph06.ui.OrderActivity，代码如下：

```
public class OrderActivity extends BasicActivity {

    @Override
    protected void onCreate(Bundle savedInstanceState) {
        super.onCreate(savedInstanceState);

        tableService = new TableService(this);
        foodService = new FoodService(this);
        orderService = new OrderService(this);
        ...... // 省略已有代码
    }
    ...... // 省略已有代码
}
```

5. 修改 flyrestaurant.ph06.ui.PayActivity，代码如下：

```
public class PayActivity extends BasicActivity {

    @Override
    protected void onCreate(Bundle savedInstanceState) {
        super.onCreate(savedInstanceState);

        orderService = new OrderService(this);
        ...... // 省略已有代码
    }
    ...... // 省略已有代码
}
```

6. 运行 ph06 项目，登录后，首先执行更新数据功能，将会保存数据到本地 SQLite 数据库；

执行点餐功能，其中餐品、餐品类型、餐桌的列表是从本地数据库查询出来的。

实践 6.G.4

完成点餐系统的配置功能。

分析

1. 点餐系统需要连接服务器获取数据，服务器的地址有可能发生变化，因此，在点餐系统中需要提供服务器地址的配置项，用户可以输入新的地址。
2. 用户修改服务器地址后，需要将地址保存在文件中。程序启动时，从文件中读取服务器地址供连接服务器时使用。
3. 为了提高效率，启动程序并读取服务器地址后，可以将地址保存在 Application 中，连接服务器时读取 Application，而无须读取文件。用户修改地址后，需要同时修改 Application 中保存的地址。
4. 需要编写 ConfigService 业务类负责配置项的读写；编写界面 ConfigActivity 用于输入配置项。

参考解决方案

1. 编写 flyrestaurant.ph06.service.ConfigService，代码如下：

```
public class ConfigService {

    static final String CONFIG_FILE = "config"; // 文件名

    Context context;

    public ConfigService(Context context) {
        this.context = context;
    }

    public Properties read() throws IOException {
        createFile();
        Properties config = new Properties();
        FileInputStream fis = context.openFileInput(CONFIG_FILE);
        config.load(fis);
        fis.close();
        return config;
    }

    public void write(Properties config) throws IOException {
```

```
        createFile();
        FileOutputStream fos = context.openFileOutput(CONFIG_FILE,
                Context.MODE_PRIVATE);
        config.store(fos, null);
        fos.close();
    }

    void createFile() throws IOException {
        File file = new File(context.getFilesDir(), CONFIG_FILE);
        if (!file.exists())
            file.createNewFile();
    }
}
```

上述代码中，配置项存储在 config 文件中，考虑到可能会有很多配置选项，以 Properties 形式存储；ConfigService 的 read()方法返回读取到的 Properties，write()方法写入文件。

2. 修改 flyrestaurant.ph06.App 类，添加服务器地址属性，代码如下：

```
public class App extends Application {

    /**
     * 保存当前登录者
     */
    public User user;

    /**
     * Web 应用的 URL
     */
    public String serverUrl;

    @Override
    public void onCreate() {
        super.onCreate();
        ConfigService configService = new ConfigService(this);
        try {
            serverUrl = configService.read().getProperty("serverUrl");
        } catch (IOException e) {
            e.printStackTrace();
        }
    }
}
```

上述代码中，App 中添加了服务器地址属性 serverUrl，并且在 onCreate()方法中调用 ConfigService 的 read()方法读取文件初始化 serverUrl。

3. 编写布局文件 config.xml，代码如下：

```
<?xml version="1.0" encoding="utf-8"?>
<LinearLayout
    xmlns:android="http://schemas.android.com/apk/res/android"
    android:orientation="vertical"
    android:layout_width="fill_parent" android:layout_height="fill_parent">
    <TextView
        android:text="服务器地址：" android:textSize="18sp"
        android:textStyle="bold" android:gravity="bottom"
        android:layout_height="40dp"  android:layout_width="wrap_content"
        android:textColor="#00FFFF"/>
    <EditText
        android:id="@+id/serverUrlEdt" android:hint="请输入服务器地址"
        android:layout_width="fill_parent"
        android:layout_height="wrap_content"/>
    <LinearLayout
        android:layout_width="fill_parent"
        android:layout_height="wrap_content">
        <Button
            android:id="@+id/okBtn" android:text="保存"
            android:drawableLeft="@drawable/save"
            android:layout_width="fill_parent"
            android:layout_height="wrap_content"
            android:layout_weight="1"/>
        <Button
            android:id="@+id/cancelBtn"
            android:text="取消" android:drawableLeft="@drawable/back"
            android:layout_width="fill_parent"
            android:layout_height="wrap_content"
            android:layout_weight="1"/>
    </LinearLayout>
</LinearLayout>
```

4. 编写选项配置界面类 ConfigActivity，代码如下：

```
public class ConfigActivity extends BasicActivity {

    EditText serverUrlEdt;
    Button okBtn;
    Button cancelBtn;

    ConfigService configService;
    Properties config;
```

```
@Override
protected void onCreate(Bundle savedInstanceState) {
    super.onCreate(savedInstanceState);

    configService = new ConfigService(this);

    serverUrlEdt = (EditText) findViewById(R.id.serverUrlEdt);
    okBtn = (Button) findViewById(R.id.okBtn);
    cancelBtn = (Button) findViewById(R.id.cancelBtn);

    try {
        config = configService.read();
        serverUrlEdt.setText(config.getProperty("serverUrl"));
    } catch (IOException e) {
        e.printStackTrace();
        showMessageDialog("配置文件读取失败: "
                + e.getMessage(), R.drawable.not, null);
        config = new Properties();
    }

    okBtn.setOnClickListener(new OnClickListener() {
        @Override
        public void onClick(View v) {
            String serverUrl = serverUrlEdt.getText().toString();
            config.put("serverUrl", serverUrl);
            App app = (App) getApplicationContext();
            app.serverUrl = serverUrl;
            try {
                configService.write(config);
                finish();
            } catch (IOException e) {
                e.printStackTrace();
                showMessageDialog("配置文件保存失败: " + e.getMessage(),
                        R.drawable.not, null);
            }
        }
    });

    cancelBtn.setOnClickListener(new OnClickListener() {
        @Override
        public void onClick(View v) {
            ConfigActivity.this.finish();
```

```
            }
        });
    }

    @Override
    protected int getLayoutId() {
        return R.layout.config;
    }

    @Override
    protected String getName() {
        return "配置";
    }
}
```

上述代码中，在 ConfigActivity 的 onCreate()方法中调用 ConfigService 的 read()方法初始化界面，单击“保存”按钮时，调用 ConfigService 的 write()方法保存配制信息，同时修改了 App 中的服务器地址信息。

5. 修改 AndroidMenifest.xml 文件，添加 ConfigActivity，代码如下：

```
<?xml version="1.0" encoding="utf-8"?>
<manifest xmlns:android="http://schemas.android.com/apk/res/android"
    package="flyrestaurant.ph06.ui" android:versionCode="1"
    android:versionName="1.0">
    <application android:name="flyrestaurant.ph06.App"
        android:icon="@drawable/icon" android:label="@string/app_name">
        <activity android:name=".LoginActivity">
            <intent-filter>
                <action android:name="android.intent.action.MAIN" />
                <category android:name="android.intent.category.LAUNCHER" />
            </intent-filter>
        </activity>
        <activity android:name=".MainActivity"></activity>
        <activity android:name=".OrderActivity"></activity>
        <activity android:name=".PayActivity"></activity>
        <activity android:name=".ConfigActivity"></activity>

        <service android:name="flyrestaurant.ph06.service.UpdateDataService" />

    </application>
    <uses-sdk android:minSdkVersion="7" />
</manifest>
```

6. 修改主菜单界面 MainActivity，单击配置图标时显示 ConfigActivity，代码如下：

```
public class MainActivity extends BasicActivity {
    ...... // 省略其他代码

    @Override
    public void onCreate(Bundle savedInstanceState) {
        super.onCreate(savedInstanceState);

        ...... // 省略其他代码
        gdv.setOnItemClickListener(new AdapterView.OnItemClickListener() {
            @Override
            public void onItemClick(AdapterView<?> arg0, View arg1, int idx,
                    long arg3) {
                switch (idx) {
                case 0:
                    showActivity(MainActivity.this, OrderActivity.class);
                    break;
                case 1:
                    showActivity(MainActivity.this, PayActivity.class);
                    break;
                case 2:
                    showMessageDialog("查桌", R.drawable.info, null);
                    break;
                case 3:
                    updateData();
                    break;
                case 4:
                    showActivity(MainActivity.this, ConfigActivity.class);
                    break;
                }
            }
        });
    }
}
```

7. 运行 ph06 项目，登录成功后，在主菜单单击设置图标，显示设置界面，如图 6.1 所示。输入服务器地址后，单击“保存”按钮，将写入文件。重新运行 ph06 项目，再次打开设置界面，将显示上次保存的服务器地址，如图 6.2 所示。

图 6.1

图 6.2

知识拓展

1. 制作动画

人眼具有“视觉暂留”的特点，当大量图片快速切换（通常认为每秒超过 24 幅）时，就会使人误认为是连续的动作，这是动画的基本原理。如果所有的画面都是手工制作的，则称为逐帧动画；如果只有某些画面是手工制作的（关键帧），而其余画面是由程序自动生成的（中间帧），则称为补间动画。电影是典型的逐帧动画，以每秒 24 幅的速度播放胶片上的图像，从而形成动态的影像；而常见的 Flash 动画则绝大部分都是补间动画。

Android 支持实现补间和逐帧动画，并且可采用在 XML 文件中配置和直接编码两种方式完成动画，本实践采用 XML 文件完成动画制作。需要注意，Android 的动画文件需存放于 res/anim 目录下。

针对补间动画，Android 提供了四种变换效果，分别具有不同的控制属性。补间动画变换方式及常用的属性如下。

（1）Alpha（透明效果）

- fromAplha：起始透明度；
- toAlpha：结束透明度。

（2）Scale（缩放效果）

- fromX：起始 X 缩放比例；
- fromY：起始 Y 缩放比例；
- toX：结束 X 缩放比例；

- toY：结束 Y 缩放比例；
- pivotXValue：起始 X 位置；
- pivotXType：X 缩放模式；
- pivotYValue：起始 Y 位置；
- pivotYType：Y 缩放模式。

（3）Translate（移动效果）

- fromXDelta：起始 X 坐标；
- fromYDelta：起始 Y 坐标；
- toXDelta：结束 X 坐标；
- toYDelta：结束 Y 坐标。

（4）Rotate（旋转效果）

- fromDegrees：起始角度；
- toDegrees：结束角度；
- pivotXValue：起始 X 位置；
- pivotXType：X 缩放模式；
- pivotYValue：起始 Y 位置；
- pivotYType：Y 缩放模式。

逐帧动画通过顺序显示图片以形成连续的动态效果，可结合 XML 动画文件和 AnimationDrawable 类方便地实现。

下列内容用于演示补间动画和逐帧动画的简单应用。

在 res/drawable-mdpi 目录下准备需要用到的图片资源，如表 6.1 所示。

表 6.1 制作动画需要的图片资源

名称	样式	名称	样式	名称	样式
android.png		r0.png		r1.png	
r2.png	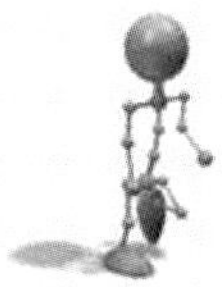	r3.png		r4.png	

（续表）

名称	样式	名称	样式	名称	样式
r5.png		r6.png		r7.png	

android.png 是补间动画使用的图片，其余供逐帧动画使用。

在 res/anim 目录下添加补间动画文件，代码如下：

（1）alpha.xml

```
<?xml version="1.0" encoding="utf-8"?>
<set xmlns:a="http://schemas.android.com/apk/res/android">
    <alpha a:fromAlpha="0.1" a:toAlpha="1" a:duration="5000" />
</set>
```

（2）scale.xml

```
<?xml version="1.0" encoding="utf-8"?>
<set xmlns:a="http://schemas.android.com/apk/res/android">
    <scale a:fromXScale="0" a:fromYScale="0" a:toXScale="1"
        a:toYScale="1" a:pivotX="50%" a:pivotY="100%" a:duration="4000" />
</set>
```

（3）translate.xml

```
<?xml version="1.0" encoding="utf-8"?>
<set xmlns:a="http://schemas.android.com/apk/res/android">
    <translate a:fromXDelta="-100" a:fromYDelta="-100"
        a:toXDelta="100" a:toYDelta="100" a:duration="4000" />
</set>
```

（4）rotate.xml

```
<?xml version="1.0" encoding="utf-8"?>
<set xmlns:a="http://schemas.android.com/apk/res/android">
    <rotate a:fromDegrees="0" a:toDegrees="360" a:pivotX="50%"
        a:pivotY="50%" a:duration="5000" />
</set>
```

添加逐帧动画文件 robat.xml，代码如下：

```
<?xml version="1.0" encoding="utf-8"?>
```

```
<animation-list xmlns:a="http://schemas.android.com/apk/res/android"
    a:oneshot="false">
    <item a:drawable="@drawable/r0" a:duration="100" />
    <item a:drawable="@drawable/r1" a:duration="100" />
    <item a:drawable="@drawable/r2" a:duration="100" />
    <item a:drawable="@drawable/r3" a:duration="100" />
    <item a:drawable="@drawable/r4" a:duration="100" />
    <item a:drawable="@drawable/r5" a:duration="100" />
    <item a:drawable="@drawable/r6" a:duration="100" />
    <item a:drawable="@drawable/r7" a:duration="100" />
</animation-list>
```

上述四个补间动画文件中，分别使用<alpha>、<scale>、<translate>、<rotate>元素定义了四种变化效果，并制定了对应的控制参数。逐帧动画文件 robat.xml 中，指定了需要顺序播放的图片资源。

编写布局文件，代码如下：

```
<?xml version="1.0" encoding="utf-8"?>
<LinearLayout xmlns:a="http://schemas.android.com/apk/res/android"
    a:orientation="vertical"
    a:layout_width="fill_parent" a:layout_height="fill_parent">
    <TextView
        a:text="补间动画" a:textSize="20sp"
        a:layout_width="fill_parent" a:layout_height="wrap_content"/>
    <LinearLayout
        a:layout_width="fill_parent" a:layout_height="wrap_content">
        <Button
            a:id="@+id/alpha"
            a:text="透明" a:layout_weight="1"
            a:layout_width="fill_parent" a:layout_height="wrap_content"/>
        <Button
            a:id="@+id/scale"
            a:text="缩放" a:layout_weight="1"
            a:layout_width="fill_parent" a:layout_height="wrap_content"/>
        <Button
            a:id="@+id/translate"
            a:text="移动" a:layout_weight="1"
            a:layout_width="fill_parent" a:layout_height="wrap_content"/>
        <Button
            a:id="@+id/rotate"
            a:text="旋转" a:layout_weight="1"
            a:layout_width="fill_parent" a:layout_height="wrap_content"/>
    </LinearLayout>
```

```
    <ImageView
        a:id="@+id/tween" a:src="@drawable/android"
        a:layout_width="wrap_content" a:layout_height="wrap_content"/>
    <TextView
        a:text="逐帧动画" a:textSize="20sp"
        a:layout_width="fill_parent" a:layout_height="wrap_content"/>
    <ImageView
        a:id="@+id/frame" a:background="@anim/robat"
        a:layout_width="wrap_content" a:layout_height="wrap_content"/>
</LinearLayout>
```

上述文件中，定义了四个按钮和两个 ImageView，单击不同的按钮时，将对第一个 ImageView 执行对应的补间动画效果，而第二个 ImageView 将循环播放逐帧动画。

编写 Activity，代码如下：

```
public class A extends Activity {

    Button alpha;
    Button scale;
    Button translate;
    Button rotate;
    ImageView tween; // 补间动画的 ImageView

    ImageView frame; // 逐帧动画的 ImageView
    AnimationDrawable drawable; // 逐帧动画使用的 AnimationDrawable

    @Override
    public void onCreate(Bundle savedInstanceState) {
        super.onCreate(savedInstanceState);
        setContentView(R.layout.main);

        alpha = (Button) findViewById(R.id.alpha);
        scale = (Button) findViewById(R.id.scale);
        translate = (Button) findViewById(R.id.translate);
        rotate = (Button) findViewById(R.id.rotate);
        tween = (ImageView) findViewById(R.id.tween);

        frame = (ImageView) findViewById(R.id.frame);
        drawable = (AnimationDrawable) frame.getBackground();

        alpha.setOnClickListener(new OnClickListener() {
            @Override
            public void onClick(View v) {
```

```
                startTween(R.anim.alpha);
            }
        });
        scale.setOnClickListener(new OnClickListener() {
            @Override
            public void onClick(View v) {
                startTween(R.anim.scale);
            }
        });
        translate.setOnClickListener(new OnClickListener() {
            @Override
            public void onClick(View v) {
                startTween(R.anim.translate);
            }
        });
        rotate.setOnClickListener(new OnClickListener() {
            @Override
            public void onClick(View v) {
                startTween(R.anim.rotate);
            }
        });
    }

    // 执行某个补间动画，animId代表res/anim下的动画资源名称
    void startTween(int animId) {
        Animation anim = AnimationUtils.loadAnimation(this, animId);
        tween.startAnimation(anim);
    }

    @Override
    public void onWindowFocusChanged(boolean hasFocus) {
        super.onWindowFocusChanged(hasFocus);
        drawable.start(); // 开始逐帧动画
    }
}
```

运行项目，逐帧动画已开始运行，界面如图 6.3 所示。

图 6.3

单击不同的按钮，将显示对应的补间动画效果，如图 6.4 所示。

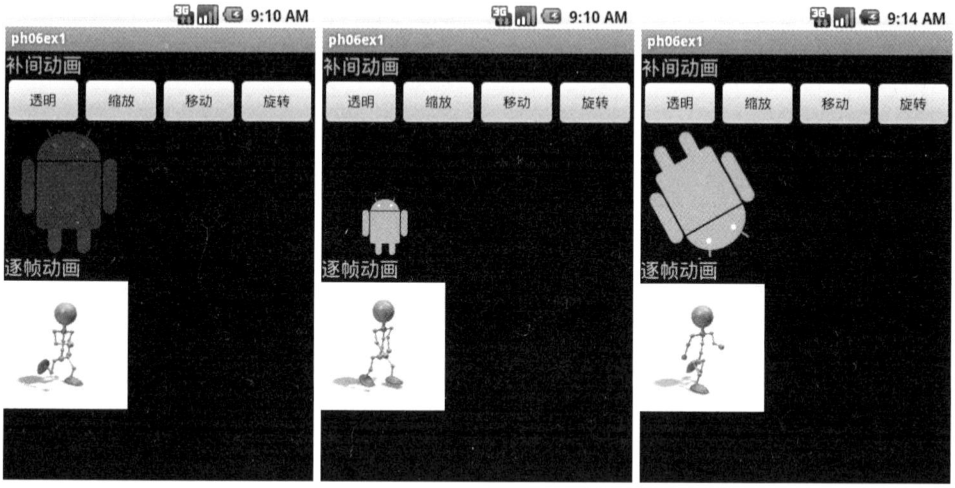

图 6.4

2. 绘制图形

绘制图形主要用到 android.graphics.Canvas 和 android.graphics.Paint 类。Canvas 类提供了绘制各种常见图形的方法（非常类似于 Java 中的 Graphics），Paint 类用于设置绘制的风格，如颜色、阴影、字体等。

Canvas 类的常用方法如表 6.2 所示。

表 6.2 Canvas 常用的方法

方法	说明
drawText(String text, float x, float y, Paint paint)	绘制文字
drawPoint(float x, float y, Paint paint)	画点

（续表）

方法	说明
drawLine(float x1, float y1, float x2, float y2, Paint paint)	画线
drawRect(RectF rect, Paint paint)	画矩形
drawCircle(float x, float y, float r, Paint paint)	画圆
drawOval(RectF rect, Paint paint)	画椭圆
drawRoundRect(RectF rect, float x, float y, Paint paint)	画圆角矩形
clipRect(float left, float top, float right, float bottom)	剪切矩形
clipRefion(Region region)	剪切区域

Paint 类的常用方法如表 6.3 所示。

表 6.3　Paint 常用的方法

方法	说明
setColor(int color)	设置颜色
setStrokeWidth(float width)	设置线宽
setTextAlign(Paint.Align align)	设置文字对齐方式
setTextSize(float size)	设置文字大小
setShader(Shader shader)	设置渲染方式
setAlpha(int alpha)	设置透明度
setAntiAlias(boolean b)	抗锯齿
reset()	重置为默认值

在 Android 界面绘制图形时，通常需要覆盖 View 的 onDraw()方法，onDraw()方法具有 Canvas 参数，利用此参数可以绘制各种图形。

下列内容演示基本的图形绘制功能，编写 Activity 代码如下：

```
public class A extends Activity {
    @Override
    public void onCreate(Bundle savedInstanceState) {
        super.onCreate(savedInstanceState);
        // 不显示标题
        requestWindowFeature(Window.FEATURE_NO_TITLE);
        // 全屏
        getWindow().setFlags(WindowManager.LayoutParams.FLAG_FULLSCREEN,
                WindowManager.LayoutParams.FLAG_FULLSCREEN);
        // 使用自定义的 ExampleView
        setContentView(new ExampleView(this));
    }
```

```
    static class ExampleView extends View {

        public ExampleView(Context context) {
            super(context);
        }

        @Override
        protected void onDraw(Canvas c) {
            super.onDraw(c);

            Paint p = new Paint();
            p.setAntiAlias(true); // 抗锯齿

            p.setColor(Color.GREEN); // 颜色
            p.setStyle(Paint.Style.STROKE); // 实线
            p.setStrokeWidth(4); // 线粗
            c.drawLine(0, 0, 320, 480, p); // 画直线

            p.setColor(Color.YELLOW);
            p.setTextSize(40); // 文字大小
            c.drawText("Example", 20, 60, p); // 绘制文字

            p.setColor(Color.CYAN);
            c.drawCircle(160, 240, 160, p); // 画圆

            // 渲染效果
            Shader s = new LinearGradient(0, 0, 20, 20, new int[] { Color.RED,
                    Color.MAGENTA }, null, TileMode.REPEAT);
            p.setShader(s); // 设置渲染效果
            p.setStyle(Paint.Style.FILL); // 填充
            // 画圆角矩形
            c.drawRoundRect(new RectF(80, 120, 240, 240), 20, 20, p);
        }
    }
}
```

运行项目，效果如图 6.5 所示。

注意　图形绘制涉及大量的类和方法，本书只是给出了一个简单的示例，如需更详尽的资料，读者可以查阅 Android SDK API。

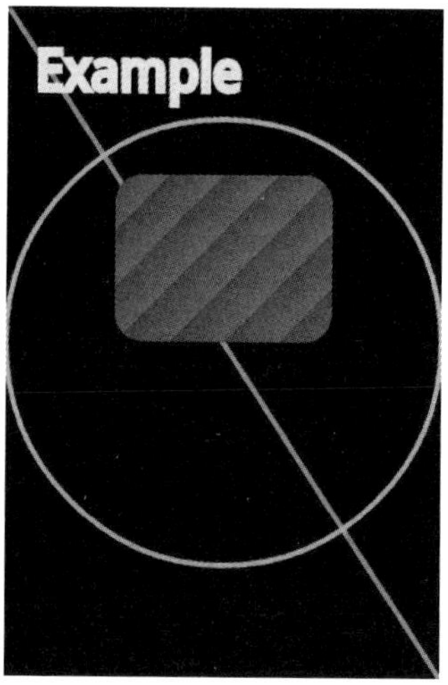

图 6.5

拓展练习

练习 6.E.1

准备两张扑克牌，一张为正面，一张为背面，制作补间动画，模拟翻转扑克牌的效果。

实践 7　网络通信

实践指导

实践 7.G.1

编写点餐系统服务器端程序。

分析

1. 服务器端使用 Java 技术，采用 Servlet 实现，Android 客户端与服务器端之间使用 HTTP 进行通信，直接传输实体类的实例。因此，需要修改客户端的实体类，并都实现 java.io.Serializable 接口。
2. 新建 Web 项目，将客户端的实体类复制到项目中，并针对每个实体类在服务器的数据库中建立对应的表。
3. 编写用户业务类 UserService 完成根据用户编号和密码登录的功能。
4. 编写餐品业务类 FoodService 完成获取所有的餐品和餐品类型的功能。
5. 编写餐桌业务类 TableService 完成下列功能：

   a) 获取所有的餐桌；
   b) 根据需要的座位数和是否要求空桌查询餐桌。

6. 编写订单业务类 OrderService 完成下列功能：

   a) 添加订单，需要更新对应餐桌的就餐人数、插入订单及明细；
   b) 根据编号查询订单；
   c) 订单结账，需要更改订单的状态、修改对应餐桌的就餐人数为 0。

7. 编写 Servlet 完成下列功能：

   a) 用户登录；
   b) 更新数据；
   c) 查询餐桌；
   d) 查询订单；
   e) 添加订单；
   f) 结账。

参考解决方案

1. 修改 Android 客户端项目中的实体类，都实现 java.io.Serializable 接口，代码不再列出。
2. 新建 Web 项目 ph07web，复制客户端项目中的实体类到 ph07web 项目的 flyrestaurant.ph07.entity 包下。
3. 在服务器端数据库中建立用户、餐品、餐品类型、餐桌、订单、订单明细表，本例使用 Oracle 数据库，创建表的 SQL 语句如下：

```
create table USERS
(
  ID         NUMBER not null,
  CODE       NVARCHAR2(10) not null,
  PASSWORD   NVARCHAR2(10) not null,
  NAME       NVARCHAR2(10) not null
);
create table FOOD
(
  ID         NUMBER not null,
  CODE       NVARCHAR2(5) not null,
  NAME       NVARCHAR2(20) not null,
  TYPE_ID    NUMBER not null,
  PRICE      NUMBER not null,
  DESCRIPTION NVARCHAR2(100)
);
create table FOOD_TYPE
(
  ID   NUMBER not null,
  NAME NVARCHAR2(10) not null
);
create table TABLES
(
  ID             NUMBER not null,
  CODE           NVARCHAR2(5) not null,
  SEATS          NUMBER not null,
  CUSTOMERS      NUMBER,
  DESCRIPTION    NVARCHAR2(50)
);
create table ORDERS
(
  ID             NUMBER not null,
  CODE           NVARCHAR2(10) not null,
  TABLE_ID       NUMBER not null,
  WAITER_ID      NUMBER not null,
```

```
  ORDER_TIME     DATE not null,
  CUSTOMERS      NUMBER not null,
  STATUS         NUMBER not null,
  DESCRIPTION    NVARCHAR2(50)
);
create table ORDER_DETAIL
(
  ID             NUMBER not null,
  ORDER_ID       NUMBER not null,
  FOOD_ID        NUMBER not null,
  NUM            NUMBER not null,
  DESCRIPTION    NVARCHAR2(50)
);
```

4. 编写数据库操作的工具类 Db，代码如下：

```
public class Db {

    public static final String URL = "jdbc:oracle:thin:@localhost:1521:orcl";
    public static final String NAME = "flyrestaurant";
    public static final String PASSWORD = "flyrestaurant";

    private Db() {
        // 不可实例化
    }

    /**
     * 获取 Connection，<strong>Connection 用后需要关闭。</strong>
     *
     * @return Connection
     */
    public static Connection getConnection() throws SQLException {
        return DriverManager.getConnection(URL, NAME, PASSWORD);
    }

    /**
     * 执行查询，返回多个对象
     *
     * @param conn Connection
     * @param adapter 将 ResultSet 转化为 List
     * @param sql SQL 语句
     * @param params SQL 语句参数值
     * @return List 结果
```

```
  */
  public static <T> List<T> query(Connection conn,
          ResultSetAdapter<T> adapter, String sql, Object... params)
          throws SQLException {
      List<T> list = new ArrayList<T>();
      PreparedStatement ps = null;
      ResultSet rs = null;
      int i = 1;
      try {
          ps = conn.prepareStatement(sql);
          for (Object p : params)
              if (p instanceof java.util.Date)
                  ps.setTimestamp(i++, new java.sql.Timestamp(
                          ((java.util.Date) p).getTime()));
              else
                  ps.setObject(i++, p);
          rs = ps.executeQuery();
          while (rs.next())
              list.add(adapter.convert(rs));
      } finally {
          if (rs != null)
              rs.close();
          if (ps != null)
              ps.close();
      }
      return list;
  }

  /**
   * 执行查询，返回一个对象
   *
   * @param conn Connection
   * @param adapter 将ResultSet转化为List
   * @param sql SQL语句
   * @param params SQL语句参数值
   * @return 结果
   */
  public static <T> T get(Connection conn, ResultSetAdapter<T> adapter,
          String sql, Object... params) throws SQLException {
      List<T> list = query(conn, adapter, sql, params);
      if (list.isEmpty())
          return null;
      return list.get(0);
```

```
}

/**
 * 执行更新
 *
 * @param conn Connection
 * @param sql SQL 语句
 * @param params SQL 语句参数值
 * @return 受影响的行数
 */
public static int update(Connection conn, String sql, Object... params)
        throws SQLException {
    PreparedStatement ps = null;
    int i = 1;
    try {
        ps = conn.prepareStatement(sql);
        for (Object p : params)
            if (p instanceof java.util.Date)
                ps.setTimestamp(i++, new java.sql.Timestamp(
                        ((java.util.Date) p).getTime()));
            else
                ps.setObject(i++, p);
        return ps.executeUpdate();
    } finally {
        if (ps != null)
            ps.close();
    }
}

/**
 * 执行更新，并获取生成的值
 *
 * @param conn Connection
 * @param sql SQL 语句
 * @param params SQL 语句参数值
 * @return 结构为[受影响的行数，生成的值 1，生成的值 2，生成的值 3...]
 */
public static List<Object> updateAndGetId(Connection conn, String sql,
        int[] keyColumns, Object... params) throws SQLException {
    PreparedStatement ps = null;
    ResultSet rs = null;
    List<Object> r = new ArrayList<Object>();
    int i = 1;
```

```
    try {
        ps = conn.prepareStatement(sql, keyColumns);
        for (Object p : params)
            if (p instanceof java.util.Date)
                ps.setTimestamp(i++, new java.sql.Timestamp(
                        ((java.util.Date) p).getTime()));
            else
                ps.setObject(i++, p);
        r.add(ps.executeUpdate());
        rs = ps.getGeneratedKeys();
        while (rs.next())
            for (int k : keyColumns)
                r.add(rs.getObject(k));
    } finally {
        if (rs != null)
            rs.close();
        if (ps != null)
            ps.close();
    }
    return r;
}

/**
 * 执行批量更新
 *
 * @param conn Connection
 * @param sql SQL 语句
 * @param params SQL 语句参数值
 * @return 受影响的行数
 */
public static int[] updateBatch(Connection conn, String sql,
        Object[]... params) throws SQLException {
    PreparedStatement ps = null;
    try {
        ps = conn.prepareStatement(sql);
        for (Object[] pp : params) {
            int i = 1;
            for (Object p : pp)
                if (p instanceof java.util.Date)
                    ps.setObject(i++, new java.sql.Date(
                            ((java.util.Date) p).getTime()));
                else
                    ps.setObject(i++, p);
```

```
                ps.addBatch();
            }
            return ps.executeBatch();
        } finally {
            if (ps != null)
                ps.close();
        }
    }

    /**
     * 将ResultSet中的一条记录转换为{@link T}类型
     *
     * @param <T> 需要转换成的类型
     */
    public static interface ResultSetAdapter<T> {
        /**
         * 将ResultSet中的一条记录转换为{@link T}类型。aRowInResultSet的next()方法
         * 会被调用，不要再次调用。
         *
         * @param aRowInResultSet 需要转换的ResultSet
         * @return T类型的对象
         */
        T convert(ResultSet aRowInResultSet) throws SQLException;
    }
}
```

Db 类中定义了执行查询和更新语句的一些辅助方法，还定义了接口 ResultSetAdapter<T>，用于将 ResultSet 中的一条记录转换为一个实体的实例。

5. 针对每个实体类编写 ResultSetAdapter<T>接口的实现类，代码如下：

```
public enum UserAdapter implements Db.ResultSetAdapter<User> {
    SINGLETON;

    @Override
    public User convert(ResultSet rs) throws SQLException {
        User user = new User();
        user.id = rs.getInt("id");
        user.code = rs.getString("code");
        user.password = rs.getString("password");
        user.name = rs.getString("name");
        return user;
    }
}
```

```
public enum FoodAdapter implements Db.ResultSetAdapter<Food> {
    SINGLETON;

    @Override
    public Food convert(ResultSet rs) throws SQLException {
        Food t = new Food();
        t.id = rs.getInt("id");
        t.code = rs.getString("code");
        t.typeId = rs.getInt("type_id");
        t.price = rs.getInt("price");
        t.name = rs.getString("name");
        t.description = rs.getString("description");
        return t;
    }
}

public enum FoodTypeAdapter implements Db.ResultSetAdapter<FoodType> {
    SINGLETON;

    @Override
    public FoodType convert(ResultSet rs) throws SQLException {
        FoodType t = new FoodType();
        t.id = rs.getInt("id");
        t.name = rs.getString("name");
        return t;
    }
}

public enum TableAdapter implements Db.ResultSetAdapter<Table> {
    SINGLETON;

    @Override
    public Table convert(ResultSet rs) throws SQLException {
        Table t = new Table();
        t.id = rs.getInt("id");
        t.code = rs.getString("code");
        t.seats = rs.getInt("seats");
        t.customers = rs.getInt("customers");
        t.description = rs.getString("description");
        return t;
    }
}
```

```
public enum OrderAdapter implements Db.ResultSetAdapter<Order> {
    SINGLETON;

    @Override
    public Order convert(ResultSet rs) throws SQLException {
        Order t = new Order();
        t.id = rs.getInt("id");
        t.code = rs.getString("code");
        t.tableId = rs.getInt("table_id");
        t.waiterId = rs.getInt("waiter_id");
        t.orderTime = rs.getTimestamp("order_time");
        t.customers = rs.getInt("customers");
        t.status = rs.getInt("status");
        t.description = rs.getString("description");
        return t;
    }
}

public enum OrderDetailAdapter implements Db.ResultSetAdapter<OrderDetail> {
    SINGLETON;

    @Override
    public OrderDetail convert(ResultSet rs) throws SQLException {
        OrderDetail t = new OrderDetail();
        t.id = rs.getInt("id");
        t.foodId = rs.getInt("food_id");
        t.num = rs.getInt("num");
        t.description = rs.getString("description");
        return t;
    }
}
```

6. 编写用户业务类 UserService，代码如下：

```
public class UserService {

    /**
     * 登录
     *
     * @param code 用户编号
     * @param password 密码
     * @return 登录成功后，返回 User 实例，否则返回 null
```

```
    */
    public User login(String code, String password) {
        String sql = "select * from users where code = ? and password = ?";
        Connection conn = null;
        try {
            conn = Db.getConnection();
            return Db.get(conn, UserAdapter.SINGLETON, sql, code, password);
        } catch (SQLException e) {
            e.printStackTrace();
        } finally {
            if (conn != null)
                try {
                    conn.close();
                } catch (SQLException e) {
                    e.printStackTrace();
                }
        }
        return null;
    }
}
```

7. 编写餐品业务类 FoodService，代码如下：

```
public class FoodService {
    /**
     * 获取所有的食品
     *
     * @return 食品
     */
    public List<Food> getFoods() {
        String sql = "select * from food";
        Connection conn = null;
        try {
            conn = Db.getConnection();
            return Db.query(conn, FoodAdapter.SINGLETON, sql);
        } catch (SQLException e) {
            e.printStackTrace();
        } finally {
            if (conn != null)
                try {
                    conn.close();
                } catch (SQLException e) {
                    e.printStackTrace();
```

```
            }
        }
        return new ArrayList<Food>(0);
    }

    /**
     * 获取所有的食品类型
     *
     * @return 食品类型
     */
    public List<FoodType> getFoodTypes() {
        String sql = "select * from food_type";
        Connection conn = null;
        try {
            conn = Db.getConnection();
            return Db.query(conn, FoodTypeAdapter.SINGLETON, sql);
        } catch (SQLException e) {
            e.printStackTrace();
        } finally {
            if (conn != null)
                try {
                    conn.close();
                } catch (SQLException e) {
                    e.printStackTrace();
                }
        }
        return new ArrayList<FoodType>(0);
    }
}
```

8. 编写餐桌业务类 TableService，代码如下：

```
public class TableService {
    /**
     * 获取所有的餐桌
     *
     * @return 餐桌
     */
    public List<Table> getTables() {
        String sql = "select * from tables";
        Connection conn = null;
        try {
            conn = Db.getConnection();
```

```
            return Db.query(conn, TableAdapter.SINGLETON, sql);
        } catch (SQLException e) {
            e.printStackTrace();
        } finally {
            if (conn != null)
                try {
                    conn.close();
                } catch (SQLException e) {
                    e.printStackTrace();
                }
        }
        return new ArrayList<Table>(0);
    }

    /**
     * 查询餐桌
     *
     * @param seats 最少需要的座位数
     * @param needEmpty 是否必须为空桌
     * @return 餐桌
     */
    public List<Table> query(int seats, boolean needEmpty) {
        String sql = "select * from tables where seats - customers >= ? ";
        if (needEmpty)
            sql += "and customers = 0";
        Connection conn = null;
        try {
            conn = Db.getConnection();
            return Db.query(conn, TableAdapter.SINGLETON, sql, seats);
        } catch (SQLException e) {
            e.printStackTrace();
            try {
                if (conn != null)
                    conn.rollback();
            } catch (SQLException e1) {
                e1.printStackTrace();
            }
        } finally {
            if (conn != null)
                try {
                    conn.close();
                } catch (SQLException e) {
                    e.printStackTrace();
```

```
            }
        }
        return new ArrayList<Table>(0);
    }
}
```

9. 编写订单业务类 OrderService，代码如下：

```
public class OrderService {

    /**
     * 添加订单
     *
     * @param order 订单
     */
    public void addOrder(Order order) {
        String sql1 = "update tables set customers = ? where id = ?";
        String sql2 = "insert into orders (id,table_id,waiter_id,order_time,
customers,status,description) values (od_seq.nextval,?,?,?,?,?,?)";
        String sql3 = "insert into order_detail (id,order_id,food_id,num,
description) values (od_d_seq.nextval,?,?,?,?)";
        Connection conn = null;
        try {
            conn = Db.getConnection();
            conn.setAutoCommit(false);

            // 修改餐桌就餐人数
            Db.update(conn, sql1, order.customers, order.tableId);
            // 添加订单
            List<Object> l = Db.updateAndGetId(conn, sql2, new int[] { 1 },
                    order.tableId, order.waiterId, new Date(), order.customers,
                    0, order.description);
            // 添加订单明细
            List<Object[]> params = new ArrayList<Object[]>();
            for (OrderDetail od : order.orderDetails) {
                Object[] p = new Object[4];
                p[0] = l.get(1);
                p[1] = od.foodId;
                p[2] = od.num;
                p[3] = od.description;
                params.add(p);
            }
            Db.updateBatch(conn, sql3,
```

```
                params.toArray(new Object[params.size()][]));

        conn.commit();
    } catch (SQLException e) {
        e.printStackTrace();
        try {
            if (conn != null)
                conn.rollback();
        } catch (SQLException e1) {
            e1.printStackTrace();
        }
    } finally {
        if (conn != null)
            try {
                conn.close();
            } catch (SQLException e) {
                e.printStackTrace();
            }
    }
}

/**
 * 根据 ID 获取订单
 *
 * @param ordered 订单 ID
 * @return 订单
 */
public Order getOrder(String code) {
    String sql1 = "select * from orders where code = ?";
    String sql2 = "select * from order_detail where order_id = ?";
    Connection conn = null;
    try {
        conn = Db.getConnection();
        Order order = Db.get(conn, OrderAdapter.SINGLETON, sql1, code);
        if (order == null)
            return null;
        List<OrderDetail> orderDetails = Db.query(conn,
                OrderDetailAdapter.SINGLETON, sql2, order.id);
        order.orderDetails = orderDetails;
        return order;
    } catch (SQLException e) {
        e.printStackTrace();
    } finally {
```

```
        if (conn != null)
            try {
                conn.close();
            } catch (SQLException e) {
                e.printStackTrace();
            }
    }
    return null;
}

/**
 * 订单结账
 *
 * @param ordered 订单 ID
 */
public void pay(int orderId) {
    String sql1="update orders set status = 1 where id = ?"; // 更新 order
    String sql2="update tables set customers = 0 where id = (select table_id
                from orders where orders.id = ?)";// 更新 table

    Connection conn = null;
    try {
        conn = Db.getConnection();
        conn.setAutoCommit(false);

        Db.update(conn, sql1, orderId);
        Db.update(conn, sql2, orderId);

        conn.commit();
    } catch (SQLException e) {
        e.printStackTrace();
    } finally {
        if (conn != null)
            try {
                conn.close();
            } catch (SQLException e) {
                e.printStackTrace();
            }
    }
}
}
```

10. 编写 OnlyServlet 处理客户端请求，代码如下：

```
public class OnlyServlet extends HttpServlet {

    UserService userService = new UserService();
    FoodService foodService = new FoodService();
    TableService tableService = new TableService();
    OrderService orderService = new OrderService();

    @Override
    protected void service(HttpServletRequest req, HttpServletResponse resp)
            throws ServletException, IOException {
        resp.setContentType("application/octet-stream");
        String to = req.getParameter("to");
        if ("login".equals(to))
            login(req, resp);
        else if ("update".equals(to))
            update(req, resp);
        else if ("queryTable".equals(to))
            queryTable(req, resp);
        else if ("getOrder".equals(to))
            getOrder(req, resp);
        else if ("addOrder".equals(to))
            addOrder(req, resp);
        else if ("pay".equals(to))
            pay(req, resp);
    }

    void login(HttpServletRequest req, HttpServletResponse resp)
            throws IOException {
        String code = req.getParameter("code");
        String password = req.getParameter("password");
        User user = userService.login(code, password);
        sendObject(resp, user);
    }

    void update(HttpServletRequest req, HttpServletResponse resp)
            throws IOException {
        @SuppressWarnings("rawtypes")
        List[] data = new List[3];
        data[0] = foodService.getFoods();
        data[1] = foodService.getFoodTypes();
        data[2] = tableService.getTables();
        sendObject(resp, data);
```

```
}

void queryTable(HttpServletRequest req, HttpServletResponse resp)
        throws IOException {
    String s = req.getParameter("seats");
    String n = req.getParameter("needEmpty");
    int seats = 0;
    boolean needEmpty = false;
    try {
        seats = Integer.parseInt(s);
    } catch (NumberFormatException e) {
        e.printStackTrace();
    }
    if (n != null)
        needEmpty = true;
    List<Table> tables = tableService.query(seats, needEmpty);
    sendObject(resp, tables);
}

void getOrder(HttpServletRequest req, HttpServletResponse resp)
        throws IOException {
    String code = req.getParameter("code");
    Order order = orderService.getOrder(code);
    sendObject(resp, order);
}

void addOrder(HttpServletRequest req, HttpServletResponse resp)
        throws IOException {
    InputStream is = req.getInputStream();
    ObjectInputStream ois = new ObjectInputStream(is);
    try {
        Order order = (Order) ois.readObject();
        orderService.addOrder(order);
    } catch (ClassNotFoundException e) {
        e.printStackTrace();
    }
    ois.close();
    is.close();
}

void pay(HttpServletRequest req, HttpServletResponse resp) {
    int orderId = 0;
    String id = req.getParameter("orderId");
```

```
        try {
            orderId = Integer.parseInt(id);
        } catch (NumberFormatException e) {
            e.printStackTrace();
        }
        orderService.pay(orderId);
    }

    /**
     * 向 HttpServletResponse 中写入数据
     *
     * @param resp HttpServletResponse
     * @param object 写入的数据
     * @throws IOException
     */
    void sendObject(HttpServletResponse resp, Object object) throws IOException{
        OutputStream os = resp.getOutputStream();
        ObjectOutputStream oos = new ObjectOutputStream(os);
        oos.writeObject(object);
        oos.flush();
        oos.close();
    }
}
```

OnlyServlet 是唯一的 Servlet，负责处理所有的客户端请求，不同的请求由不同的方法处理。在 web.xml 中配置 OnlyServlet 如下：

```
<?xml version="1.0" encoding="UTF-8"?>
<web-app xmlns:xsi="http://www.w3.org/2001/XMLSchema-instance"
        xmlns="http://java.sun.com/xml/ns/javaee"
        xmlns:web="http://java.sun.com/xml/ns/javaee/web-app_2_5.xsd"
        xsi:schemaLocation="http://java.sun.com/xml/ns/javaee
                            http://java.sun.com/xml/ns/javaee/web-app_2_5.xsd"
        id="WebApp_ID" version="2.5">
    <servlet>
        <servlet-name>only</servlet-name>
        <servlet-class>flyrestaurant.ph07.OnlyServlet</servlet-class>
    </servlet>

    <servlet-mapping>
        <servlet-name>only</servlet-name>
        <url-pattern>/</url-pattern>
    </servlet-mapping>
```

```
</web-app>
```

注意 服务器端程序与 Android 没有太大的关系，完整的介绍超出了本书的主题，读者可以参阅专门介绍 Java EE 的资料。

实践 7.G.2

在 Android 客户端编写工具类完成下列功能：

- 使用 Post 方式提交数据；
- 向服务器发送 Serializable 对象。

分析

1. 点餐系统中，登录、查询餐桌、结账等操作都需要向服务器提交特定数据，因此，需要实现使用 HTTP 向服务器提交数据的方法，在 Android 中可使用其内置的 HttpClient 实现。
2. 添加订单时，需要向服务器传输订单及对应的多条明细记录，数据量较大，所以更适合采用直接向输出流中写数据的方式，因此，需要实现使用 HTTP 传输 Serializable 对象的方法，在 Android 中可使用 java.net.HttpURLConnection 实现。

参考解决方案

1. 编写 HTTP 辅助类 flyrestaurant.ph07.HttpUtils，代码如下：

```
public class HttpUtils {

    public static final int TIMEOUT = 2000; // 超时时间

    /**
     * 提交表单数据
     *
     * @param url URL
     * @param params 提交的参数
     * @return 返回对象
     * @throws Exception
     */
    public static Object post(String url, Map<String, String> params)
            throws Exception {
        HttpClient client = new DefaultHttpClient();
        HttpParams p = client.getParams();
        p.setParameter(CoreConnectionPNames.CONNECTION_TIMEOUT, TIMEOUT);
        p.setParameter(CoreConnectionPNames.SO_TIMEOUT, TIMEOUT);
        HttpPost post = new HttpPost(url);
```

```
        // 表单参数
        if (params != null && !params.isEmpty()) {
            List<NameValuePair> formParams = new ArrayList<NameValuePair>();
            for (Map.Entry<String, String> e : params.entrySet())
                formParams
                        .add(new BasicNameValuePair(e.getKey(), e.getValue()));
            UrlEncodedFormEntity formEntity = new UrlEncodedFormEntity(
                    formParams, "UTF-8");
            post.setEntity(formEntity);
        }
        HttpResponse resp = client.execute(post);
        int status = resp.getStatusLine().getStatusCode();
        if (status != 200)
            throw new Exception("ErrorCode:" + status);
        HttpEntity entity = resp.getEntity();
        if (entity.getContentLength() == 0)
            return null;
        InputStream is = entity.getContent();
        ObjectInputStream ois = new ObjectInputStream(is);
        Object obj = ois.readObject();
        ois.close();
        is.close();
        client.getConnectionManager().shutdown();
        return obj;
    }

    /**
     * 发送对象
     *
     * @param url URL
     * @param object 发送的对象
     * @throws Exception
     */
    public static void sendObject(String url, Object object) throws Exception {
        HttpURLConnection conn
                = (HttpURLConnection) new URL(url).openConnection();
        conn.setConnectTimeout(TIMEOUT);
        conn.setDoOutput(true);
        conn.setRequestMethod("POST");
        conn.setRequestProperty("Content-Type", "application/octet-stream");
        OutputStream os = conn.getOutputStream();
        ObjectOutputStream oos = new ObjectOutputStream(os);
        oos.writeObject(object);
```

```
            oos.flush();
            oos.close();
            os.close();
            conn.getInputStream().close(); // 发送
            conn.disconnect();
        }
    }
```

上述代码中，post()方法以 POST 方式向指定的 url 提交数据，并返回响应中包含的对象；sendObject()方法向指定的 url 传输对象。

实践 7.G.3

在 Android 客户端，连接服务器完成登录验证。

分析

1. UserService 可使用 HttpUtils.post()方法向服务器提交用户编号和密码，并获取登录成功的 User 实例。
2. 用户第一次使用点餐系统时，需要录入服务器地址后再登录，再次使用时，登录界面应显示已保存的地址，并允许用户修改。因此，登录界面 LoginActivity 中需要添加输入服务器地址的 EditText，并在登录成功时保存用户录入的服务器地址。
3. AndroidMenifest.xml 文件中需要配置允许网络访问。

参考解决方案

1. 修改 flyrestaurant.ph07.service.UserService，代码如下：

```
public class UserService {
    App app;

    public UserService(Context context) {
        app = (App) context.getApplicationContext();
    }

    /**
     * 登录
     *
     * @param code 用户编号
     * @param password 密码
     * @return 用户对象
     * @throws Exception
     */
```

```
    public User login(String code, String password) throws Exception {
        String url = app.serverUrl + "/?to=login";
        Map<String, String> params = new HashMap<String, String>();
        params.put("code", code);
        params.put("password", password);
        User user = (User) HttpUtils.post(url, params);
        return user;
    }
}
```

上述代码中，在 login()方法中调用 HttpUtils.post()方法向服务器提交用户编号和密码，并返回了响应中的 User 实例。

2. 修改用户界面布局文件 login.xml，添加录入服务器地址的 EditText，代码如下：

```
<LinearLayout
    xmlns:android="http://schemas.android.com/apk/res/android"
    android:orientation="vertical"
    android:layout_width="fill_parent" android:layout_height="fill_parent">
    <TableLayout
        android:layout_width="fill_parent" android:layout_height="fill_parent"
        android:stretchColumns="1">
        <EditText
            android:id="@+id/serverUrlEdt" android:hint="请输入服务器地址"
            android:layout_width="fill_parent"
            android:layout_height="wrap_content"/>

        ...... 省略其他控件
    </TableLayout>
</LinearLayout>
```

3. 修改 flyrestaurant.ph07.ui.LoginActivity，代码如下：

```
public class LoginActivity extends BasicActivity {

    EditText serverUrlEdt;
    EditText codeEdt;
    EditText passwordEdt;
    Button loginBtn;
    Button cancelBtn;

    UserService userService;
    ConfigService configService;
    Properties config;
```

```
@Override
protected void onCreate(Bundle savedInstanceState) {
    super.onCreate(savedInstanceState);

    String title = getString(R.string.app_name) + " " + getName();
    setTitle(title);

    userService = new UserService(this);
    configService = new ConfigService(this);

    serverUrlEdt = (EditText) findViewById(R.id.serverUrlEdt);
    codeEdt = (EditText) findViewById(R.id.codeEdt);
    passwordEdt = (EditText) findViewById(R.id.passwordEdt);
    loginBtn = (Button) findViewById(R.id.loginBtn);
    cancelBtn = (Button) findViewById(R.id.cancelBtn);

    try {
        config = configService.read();
        serverUrlEdt.setText(config.getProperty("serverUrl"));
    } catch (IOException e) {
        e.printStackTrace();
        showMessageDialog("配置文件读取失败: "
                        + e.getMessage(), R.drawable.not, null);
        config = new Properties();
    }

    loginBtn.setOnClickListener(new OnClickListener() {
        @Override
        public void onClick(View v) {
            String serverUrl = serverUrlEdt.getText().toString();
            String code = codeEdt.getText().toString();
            String password = passwordEdt.getText().toString();
            if (serverUrl.length() == 0) {
                showMessageDialog("请输入服务器地址",
                        R.drawable.warning, null);
                return;
            }
            if (code.length() == 0 || password.length() == 0) {
                showMessageDialog("请输入登录名和密码",
                        R.drawable.warning, null);
                return;
            }
            config.put("serverUrl", serverUrl);
            App app = (App) getApplicationContext();
```

```
                app.serverUrl = serverUrl;
                try {
                    User user = userService.login(code, password);
                    if (user == null) {
                        showMessageDialog("登录名或密码错误",
                                R.drawable.warning, null);
                        return;
                    }
                    try {
                        configService.write(config);
                    } catch (IOException e) {
                        e.printStackTrace();
                        showMessageDialog("配置文件保存失败: " + e.getMessage(),
                                R.drawable.not, null);
                    }
                    app.user = user;
                    showActivity(LoginActivity.this, MainActivity.class);
                } catch (Exception e) {
                    e.printStackTrace();
                    showMessageDialog("登录失败: " + e.getMessage(),
                            R.drawable.not, null);
                }
            }
        });

        cancelBtn.setOnClickListener(new OnClickListener() {
            @Override
            public void onClick(View v) {
                LoginActivity.this.finish();
            }
        });
    }

    @Override
    protected int getLayoutId() {
        return R.layout.login;
    }

    @Override
    protected String getName() {
        return "登录";
    }
}
```

上述代码中，在 onCreate()方法内读取配置文件，显示保存的服务器地址，用户可以修改此地址；单击“登录”按钮时，使用界面的地址连接服务器，如果连接成功，则保存地址到配置文件中。

4. 修改 AndroidManifest.xml，配置允许网络访问，代码如下：

```
<?xml version="1.0" encoding="utf-8"?>
<manifest xmlns:android="http://schemas.android.com/apk/res/android"
    package="flyrestaurant.ph07.ui" android:versionCode="1"
    android:versionName="1.0">
    <application android:name="flyrestaurant.ph07.App"
        android:icon="@drawable/icon" android:label="@string/app_name">
        ......
    </application>
    <uses-permission android:name="android.permission.INTERNET">
    </uses-permission>
    <uses-sdk android:minSdkVersion="7" />
</manifest>
```

5. 运行服务器端项目 ph07web，然后运行客户端项目 ph07，第一次登录时需要输入服务器地址；如果未输入，则单击“登录”按钮时会显示提示对话框；录入正确的地址并登录成功后，再次登录将会显示上次登录成功时使用的地址。以上操作显示的界面如图 7.1 所示。

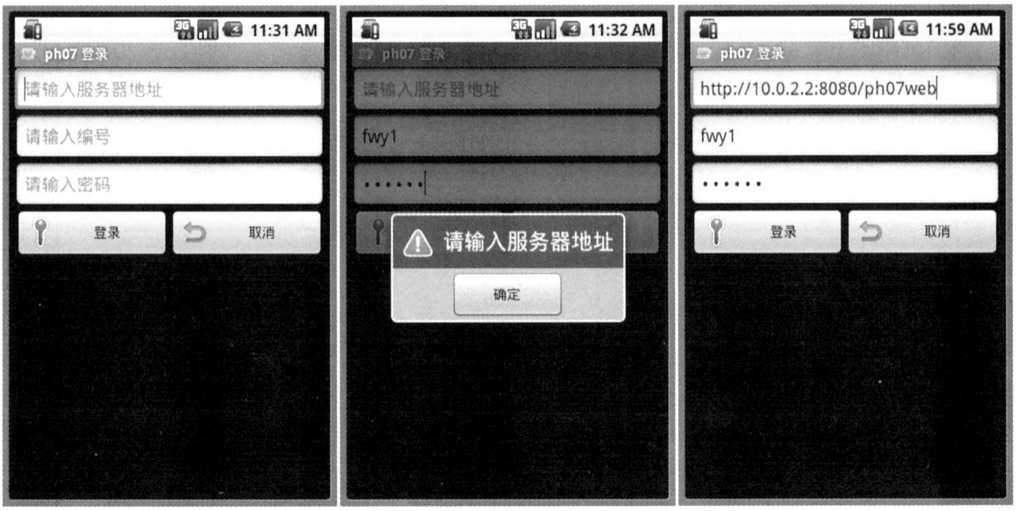

图 7.1

实践 7.G.4

在 Android 客户端，完善更新数据功能。

分析

修改更新数据的 UpdateDataService，连接服务器，下载数据并更新到本地数据库。

参考解决方案

1. 修改 flyrestaurant.ph07.service.UpdateDataService，代码如下：

```
public class UpdateDataService extends Service {

    ...... // 省略已有代码

    /**
     * 从服务器下载数据，并更新到本地数据库
     *
     * @throws Exception
     */
    @SuppressWarnings({ "rawtypes", "unchecked" })
    void updateData() throws Exception {
        App app = (App) getApplicationContext();
        DbHelper dbHelper = new DbHelper(app);
        // 删除已有数据
        dbHelper.deleteDb();

        // 从服务器获取数据
        String url = app.serverUrl + "/?to=update";
        List[] data = (List[]) HttpUtils.post(url, null);
        List<Food> foods = data[0];
        List<FoodType> foodTypes = data[1];
        List<Table> tables = data[2];

        // 插入到本地数据库
        ...... // 省略已有代码
    }
}
```

实践 7.G.5

在 Android 客户端，完成查桌功能。

分析

1. 顾客进入饭店时，服务员需要根据顾客人数查询可用的餐桌。查询时需要判断餐桌当前的就餐人数，这只能从服务器获取，因此，需要提供从服务器查询餐桌的功能。

2. 修改餐桌业务类 TableService，添加根据需要的座位数和是否空桌查询餐桌的方法。
3. 编写查桌界面 TableActivity，在主菜单界面单击查桌图标时，显示 TableActivity。
4. 查桌界面使用 ListView 显示查询结果，ListView 需要单独的布局文件。

参考解决方案

1. 修改 flyrestaurant.ph07.service.TableService，代码如下：

```
public class TableService {
    App app;
    DbHelper dbHelper; // 本地数据库操作工具类

    public TableService(Context context) {
        dbHelper = new DbHelper(context);
        app = (App) context.getApplicationContext();
    }

    /**
     * 查询餐桌。从服务器查询
     *
     * @param seats 最少需要的座位数
     * @param needEmpty 是否必须为空桌
     * @return 餐桌
     * @throws Exception
     */
    public List<Table> query(int seats, boolean needEmpty) throws Exception {
        String url = app.serverUrl + "/?to=queryTable";
        Map<String, String> params = new HashMap<String, String>();
        params.put("seats", seats + "");
        if (needEmpty)
            params.put("needEmpty", "true");
        @SuppressWarnings("unchecked")
        List<Table> tables = (List<Table>) HttpUtils.post(url, params);
        return tables;
    }

    /**
     * 获取所有的餐桌。本地查询，查询结果中的当前就餐人数不可用
     *
     * @return 餐桌
     */
    public List<Table> getTables() {
        ...... // 省略原有代码
```

```
    }
}
```

上述代码中，在 query()方法内连接服务器，调用 HttpUtils.post()方法提交了需要的座位数和是否空桌，并从服务器获取了查询结果。

2. 编写查桌界面布局文件 table.xml，代码如下：

```
<?xml version="1.0" encoding="utf-8"?>
<LinearLayout
    xmlns:android="http://schemas.android.com/apk/res/android"
    android:orientation="vertical"
    android:layout_width="fill_parent" android:layout_height="fill_parent">
    <TableLayout
        android:layout_width="fill_parent"
        android:layout_height="wrap_content"
        android:stretchColumns="0">
        <TableRow
            android:layout_width="fill_p arent">
            <EditText
                android:id="@+id/seatsEdt" android:singleLine="true"
                android:hint="需要座位数" android:numeric="integer"
                android:layout_width="fill_parent"
                android:layout_height="wrap_content"/>
            <CheckBox
                android:id="@+id/needEmptyCkb" android:text="空桌"
                android:checked="true" android:layout_gravity="right"
                android:layout_width="fill_parent"
                android:layout_height="wrap_content"/>
        </TableRow>
        <LinearLayout
            android:layout_width="fill_parent">
            <Button
                android:id="@+id/queryBtn"
                android:text="查询" android:drawableLeft="@drawable/search"
                android:layout_width="fill_parent"
                android:layout_height="wrap_content"
                android:layout_weight="1"/>
            <Button
                android:id="@+id/cancelBtn"
                android:text="取消" android:drawableLeft="@drawable/back"
                android:layout_width="fill_parent"
                android:layout_height="wrap_content"
                android:layout_weight="1"/>
```

```
        </LinearLayout>
    </TableLayout>
    <ListView
        android:id="@+id/tablesLtv"
        android:layout_width="wrap_content"
        android:layout_height="wrap_content"
        android:background="@drawable/bg1" android:visibility="gone"/>
</LinearLayout>
```

3. 编写查桌界面中显示查询结果的 ListView 使用的布局文件 tables.xml，代码如下：

```
<?xml version="1.0" encoding="utf-8"?>
<TableLayout xmlns:android="http://schemas.android.com/apk/res/android"
    android:layout_width="fill_parent" android:layout_height="wrap_content"
    android:stretchColumns="4">
    <TableRow
        android:layout_width="fill_parent" android:textColor="#80FFFF">
        <TextView
            android:id="@+id/noTxv" android:gravity="right"
            android:width="20dp" android:layout_height="wrap_content"/>
        <TextView
            android:id="@+id/codeTxv"  android:gravity="left"
            android:paddingLeft="10dp" android:width="100dp"
            android:layout_height="wrap_content"
            android:layout_width="wrap_content"
            android:textColor="#00FFFF"/>
        <TextView
            android:id="@+id/seatsTxv" android:gravity="right"
            android:paddingRight="3dp" android:width="40dp"
            android:layout_height="wrap_content" android:textColor="#A0FF42"/>
        <TextView
            android:id="@+id/customersTxv" android:gravity="left"
            android:paddingLeft="3dp" android:textColor="#FF8080"
            android:layout_height="wrap_content"
            android:layout_width="wrap_content" />
        <TextView
            android:id="@+id/descriptionTxv" android:gravity="right"
            android:paddingRight="5dp" android:textColor="#00FFFF"
            android:layout_height="wrap_content"
            android:layout_width="wrap_content" />
    </TableRow>
</TableLayout>
```

4. 编写查桌界面 flyrestaurant.ph07.ui.TableActivity，代码如下：

```
public class TableActivity extends BasicActivity {
```

```
EditText seatsEdt;
CheckBox needEmptyCkb;
Button queryBtn;
Button cancelBtn;
ListView tablesLtv;
// 查询结果列表
List<Map<String, Object>> tableList = new ArrayList<Map<String, Object>>();
String[] tablesLtvKeys = new String[] { "no", "code", "seats", "customers",
        "description" };
int[] tablesLtvIds = new int[] { R.id.noTxv, R.id.codeTxv, R.id.seatsTxv,
        R.id.customersTxv, R.id.descriptionTxv };

TableService tableService;

@Override
protected void onCreate(Bundle savedInstanceState) {
    super.onCreate(savedInstanceState);

    tableService = new TableService(this);

    seatsEdt = (EditText) findViewById(R.id.seatsEdt);
    needEmptyCkb = (CheckBox) findViewById(R.id.needEmptyCkb);
    queryBtn = (Button) findViewById(R.id.queryBtn);
    cancelBtn = (Button) findViewById(R.id.cancelBtn);
    tablesLtv = (ListView) findViewById(R.id.tablesLtv);

    initTablesLtv();

    queryBtn.setOnClickListener(new OnClickListener() {
        @Override
        public void onClick(View v) {
            int seats = 0;
            String s = seatsEdt.getText().toString();
            if (s.length() > 0)
                seats = Integer.parseInt(s);
            boolean needEmpty = needEmptyCkb.isChecked();
            List<Table> tables;
            try {
                tables = tableService.query(seats, needEmpty);
            } catch (Exception e) {
                e.printStackTrace();
                showMessageDialog(e.getMessage(), R.drawable.not, null);
                return;
            }
            tableList.clear();
```

```
            for (Table t : tables) {
                Map<String, Object> line = new HashMap<String, Object>();
                line.put("tableId", t.id);
                line.put("no", tableList.size() + 1);
                line.put("code", t.code);
                line.put("seats", t.seats + "座");
                if (t.customers == 0)
                    line.put("customers", "");
                else
                    line.put("customers", t.customers + "位就餐");
                line.put("description", t.description);
                tableList.add(line);
            }
            ((SimpleAdapter) tablesLtv.getAdapter())
                    .notifyDataSetChanged();
            if (tables.size() == 0)
                tablesLtv.setVisibility(View.GONE);
            else
                tablesLtv.setVisibility(View.VISIBLE);
        }
    });

    cancelBtn.setOnClickListener(new OnClickListener() {
        @Override
        public void onClick(View v) {
            TableActivity.this.finish();
        }
    });
}

void initTablesLtv() {
    SimpleAdapter sa = new SimpleAdapter(this, tableList, R.layout.tables,
            tablesLtvKeys, tablesLtvIds);
    tablesLtv.setAdapter(sa);
}

@Override
protected int getLayoutId() {
    return R.layout.table;
}

@Override
protected String getName() {
    return "查桌";
}
}
```

上述代码中，单击“查询”按钮时，调用 TableService 的 query()方法从服务器获取了餐桌数据，并显示在 ListView 中。

5. 修改 AndroidManifest.xml，配置 TableActivity，代码如下：

```
<?xml version="1.0" encoding="utf-8"?>
<manifest xmlns:android="http://schemas.android.com/apk/res/android"
    package="flyrestaurant.ph07.ui" android:versionCode="1"
    android:versionName="1.0">
    <application android:name="flyrestaurant.ph07.App"
        android:icon="@drawable/icon" android:label="@string/app_name">
        <activity android:name=".LoginActivity">
            <intent-filter>
                <action android:name="android.intent.action.MAIN" />
                <category android:name="android.intent.category.LAUNCHER" />
            </intent-filter>
        </activity>
        <activity android:name=".MainActivity"></activity>
        <activity android:name=".OrderActivity"></activity>
        <activity android:name=".PayActivity"></activity>
        <activity android:name=".ConfigActivity"></activity>
        <activity android:name=".TableActivity"></activity>

        <service android:name="flyrestaurant.ph07.service.UpdateDataService" />

    </application>
    <uses-permission android:name="android.permission.INTERNET">
    </uses-permission>
    <uses-sdk android:minSdkVersion="7" />
</manifest>
```

6. 修改主菜单界面 MainActivity，单击查桌图标时显示 TableActivity，代码如下：

```
public class MainActivity extends BasicActivity {
    ...... // 省略其他代码

    @Override
    public void onCreate(Bundle savedInstanceState) {
        super.onCreate(savedInstanceState);

        ...... // 省略其他代码
        gdv.setOnItemClickListener(new AdapterView.OnItemClickListener() {
            @Override
            public void onItemClick(AdapterView<?> arg0, View arg1, int idx,
                    long arg3) {
                switch (idx) {
```

```
                    case 0:
                        showActivity(MainActivity.this, OrderActivity.class);
                        break;
                    case 1:
                        showActivity(MainActivity.this, PayActivity.class);
                        break;
                    case 2:
                        showActivity(MainActivity.this, TableActivity.class);
                        break;
                    case 3:
                        updateData();
                        break;
                    case 4:
                        showActivity(MainActivity.this, ConfigActivity.class);
                        break;
                    }
                }
            });
        }
    }
```

7. 运行 ph07 项目，登录后在主菜单界面单击查桌图标，将显示查桌界面，录入需要的座位数以及是否必须为空桌后，可以查询对应的餐桌，如图 7.2 所示。

图 7.2

实践 7.G.6

在 Android 客户端，完成下单功能。

分析

在点餐界面单击“下单”按钮时，需要向服务器提交订单数据。

参考解决方案

1. 修改 flyrestaurant.ph07.service.OrderService，代码如下：

```
public class OrderService {

    App app;
    FoodService foodService;

    public OrderService(Context context) {
        foodService = new FoodService(context);
        app = (App) context.getApplicationContext();
    }

    /**
     * 添加订单
     *
     * @param order 订单
     * @throws Exception
     */
    public void addOrder(Order order) throws Exception {
        String url = app.serverUrl + "/?to=addOrder";
        HttpUtils.sendObject(url, order);
    }


    /**
     * Order 数据传输对象
     */
    public static class OrderDto {
        ...... // 省略
    }
}
```

2. 修改 flyrestaurant.ph07.ui.OrderActivity，代码如下：

```
public class OrderActivity extends BasicActivity {

    ...... // 省略已有代码
```

```
@Override
protected void onCreate(Bundle savedInstanceState) {
    super.onCreate(savedInstanceState);

    tableService = new TableService(this);
    foodService = new FoodService(this);
    orderService = new OrderService(this);

    ...... // 省略已有代码

    orderBtn.setOnClickListener(new OnClickListener() {
        @Override
        public void onClick(View v) {
            int customers = 0;
            String c = customersEdt.getText().toString();
            if (c.length() > 0)
                customers = Integer.parseInt(c);
            if (customers <= 0) {
                showMessageDialog("请输入顾客数量",
                        R.drawable.warning, null);
                return;
            }
            int sum = Integer.parseInt(sumTxv.getText().toString());
            if (sum <= 0) {
                showMessageDialog("尚未选择任何餐品",
                        R.drawable.warning, null);
                return;
            }

            Table table = (Table) tableSpn.getSelectedItem();

            Order order = new Order();
            User waiter = ((App) getApplication()).user;
            order.tableId = table.id;
            order.waiterId = waiter.id;
            order.customers = Integer.parseInt(customersEdt.getText()
                    .toString());
            order.description = descriptionEdt.getText().toString();
            order.orderDetails = new ArrayList<OrderDetail>();

            for (Map<String, Object> line : orderedList) {
                boolean checked = (Boolean) line.get("checked");
                if (!checked)
```

```
                    continue;
                OrderDetail od = new OrderDetail();
                od.foodId = (Integer) line.get("foodId");
                od.num = (Integer) line.get("num");
                od.description = (String) line.get("description");
                order.orderDetails.add(od);
            }

            try {
                orderService.addOrder(order);
            } catch (Exception e) {
                e.printStackTrace();
                showMessageDialog(e.getMessage(), R.drawable.not, null);
            }
            finish();
        }
    });
}
}
```

3. 运行 ph07 项目，进入点餐界面，点餐后单击“下单”按钮，将提交数据到服务器，如图 7.3 所示。

图 7.3

实践 7.G.7

在 Android 客户端，完成结账功能。

分析

结账时，需要从服务器查询某个编号的订单，用户确认后，向服务器提交结账信息。

参考解决方案

1. 修改 flyrestaurant.ph07.service.OrderService，添加查询订单方法 getOrder()和结账方法 pay()，代码如下：

```
public class OrderService {

    ...... // 省略已有代码

    /**
     * 根据 Code 获取订单
     *
     * @param code 订单 Code
     * @return 订单
     * @throws Exception
     */
    public OrderDto getOrder(String code) throws Exception {
        String url = app.serverUrl + "/?to=getOrder";
        Map<String, String> params = new HashMap<String, String>();
        params.put("code", code);
        Order order = (Order) HttpUtils.post(url, params);
        if (order == null)
            return null;

        OrderDto dto = new OrderDto();
        dto.order = order;

        for (OrderDetail od : order.orderDetails) {
            Food food = foodService.getFood(od.foodId);
            Map<String, Object> line = new HashMap<String, Object>();
            line.put("no", dto.orderedList.size() + 1);
            line.put("name", food.name);
            line.put("description", od.description);
            line.put("num", od.num);
            line.put("price", food.price);
            dto.orderedList.add(line);
            dto.sum += od.num * food.price;
        }
        return dto;
    }
```

```
    /**
     * 结账
     *
     * @param ordered 对应订单 ID
     * @throws Exception
     */
    public void pay(int orderId) throws Exception {
        String url = app.serverUrl + "/?to=pay";
        Map<String, String> params = new HashMap<String, String>();
        params.put("orderId", orderId + "");
        HttpUtils.post(url, params);
    }
}
```

2. 运行 ph07 项目，登录后在主菜单单击结账图标，进入结账界面，输入订单编号后单击“查询”按钮，将显示对应订单的详细信息，如图 7.4 所示。
3. 单击“结账”按钮，将完成结账操作。在结账界面再次查询此订单，将显示已结账，如图 7.5 所示。

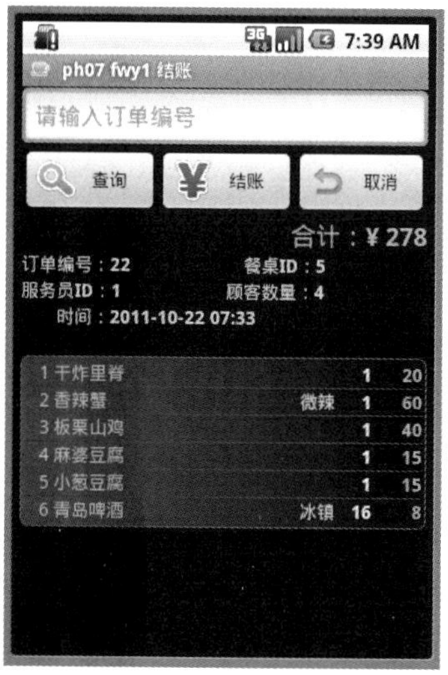

图 7.4

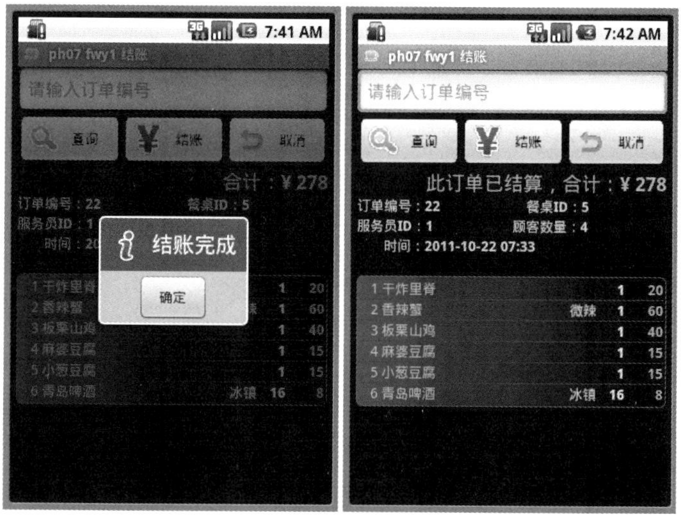

图 7.5

知识拓展

1. Wi-Fi 简介

Wi-Fi 的全称是 Wireless Fidelity，是一种无线网络通信技术，具有传输速度高和有效距离长的优点，并与各种 802.11DSSS 设备兼容。在 android.net.wifi 包下，Android 提供了许多用于操作 Wi-Fi 的类，主要有以下四个。

- ScanResult：用于描述已检测到的接入点，包括接入点的地址、名称、身份认证、频率、信号强度等；
- WifiConfiguration：Wi-Fi 网络的配置，包括安全配置等；
- WifiInfo：Wi-Fi 无线连接描述，包括接入点、连接状态、隐藏的接入点、IP 地址、连接速度、MAC 地址、网络 ID、信号强度等；
- WifiManager：Wi-Fi 连接的大部分管理功能都由 WifiManager 提供，其常用方法如表 7.1 所示。

表 7.1　WifiManager 常用方法

方法	说明
addNetwork()	添加已配制的网络连接
calculateSignalLevel()	计算信号强度
compareSignalLevel()	比较信号强度
createWifiLock()	创建 WiFi 锁
disableNetwork()	取消一个已配制的网络
disconnect()	断开接入点
enableNetwork()	启用网络
getConfiguredNetworks()	得到客户端所有已配制的网络列表
getConnectionInfo()	得到正在使用的连接信息
getDhcpInfo()	得到最后一次成功的 DHCP 请求的地址
getScanResults()	得到扫描的接入点
getWifiState()	得到可用 WiFi 状态
pingSupplicant()	检查客户端对请求的反应
reassociate()	从当前接入点重新连接
removeNetwork()	从已配制的网络列表中删除指定 ID 的网络
saveConfiguration()	保存配置好的网络列表
setWifiEnabled()	设置 WiFi 是否可用
startScan()	开始扫描存在的接入点
updateNetwork()	更新配置好的网络

2.　蓝牙

蓝牙是一种短距离（一般为 10m）的无线通信技术标准，能在包括移动电话、PDA、无线耳机、笔记本电脑等众多设备之间传输数据。利用蓝牙技术，可以有效地简化移动设备之间、移动设备与 Internet 之间的通信过程。Android 支持针对蓝牙进行编程。与蓝牙有关的类位于 android.bluetooth 包下，主要的类及功能如表 7.2 所示。

表 7.2　涉及蓝牙的主要类

类	说明
BluetoothAdapter	本地蓝牙适配器
BluetoothClass	蓝牙类
BluetoothClass.Device	蓝牙设备
BluetoothClass.Device.Major	蓝牙设备管理
BluetoothClass.Service	蓝牙服务
BluetoothDevice	远程蓝牙设备
BluetoothSocket	蓝牙服务器端 Socket
BluetoothServerSocket	蓝牙 Socket

BluetoothAdapter 是最重要的一个类，其常用方法如表 7.3 所示。

表 7.3　BluetoothAdapter 常用方法

类	说明
cancelDiscovery()	取消当前搜索过程
checkBluetoothAddress()	检查蓝牙地址是否正确
disable()	关闭蓝牙适配器
enable()	打开蓝牙适配器
getAddress()	取得本地蓝牙的硬件适配器地址
getDefaultAdapter()	得到默认的蓝牙适配器
getName()	得到蓝牙名称
getRemoteDevice()	得到指定地址的 BluetoothDevice 对象
getScanMode()	得到扫描模式
getState()	得到状态
isDiscovering()	是否允许被搜索
isEnabled()	是否打开
setName()	设置名称
startDiscovery()	开始搜索

注意　Android 模拟器不支持 Wi-Fi 和蓝牙，必须连接实际的终端才可以编程测试。

拓展练习

练习 7.E.1

修改实践 7.G.2，将 HttpUtils.sendObject()方法改为使用 HttpClient 实现。

附录 A　Widget 列表

本附录中列出了 android.widget 包下的所有 Widget，即所有的 UI 组件。

类	说明
AbsListView	各种列表控件的抽象父类
AbsoluteLayout	已废弃
AbsSeekBar	拖动条的抽象父类
AbsSpinner	下拉菜单的抽象父类
AdapterView<T extends Adapter>	代表一个视图，其子视图由 Adapter 决定
AdapterViewAnimator	当 AdapterView 的子视图切换时提供动画
AlphabetIndexer	为实现 SectionIndexer 接口的 adapter 提供的帮助类
AnalogClock	表状时钟
ArrayAdapter<T>	数组适配器
AutoCompleteTextView	具有自动完成功能的 TextView
BaseAdapter	可用于 ListView 和 Spinner 通用的适配器父类
BaseExpandableListAdapter	ExpandableListView 的适配器父类
Button	按钮
CheckBox	多选框
CheckedTextView	实现 Checkable 接口的 TextView
Chronometer	一个简单的定时器
CompoundButton	具有选中和未选中状态的按钮
CursorAdapter	可将 Cursor 数据绑定到 ListView 的适配器
CursorTreeAdapter	可将多个 Cursor 数据绑定到 ExpandableListView 的适配器
DatePicker	日期选择控件
DialerFilter	用于支持各种电话键盘
DigitalClock	数字时钟
EditText	可编辑的文本框
ExpandableListView	二级列表视图
Filter	用于过滤数据
FrameLayout	帧布局，用于显示堆叠在一起的多个视图
Gallery	画廊控件，用于显示水平滚动的多个项目
GridView	表格视图
HeaderViewListAdapter	用于具有表头的 ListView 的适配器
HorizontalScrollView	水平滚动视图
ImageButton	图片按钮
ImageSwitcher	图片切换控件
ImageView	图片视图
LinearLayout	线性布局

（续表）

类	说明
ListView	列表视图
MediaController	针对 MediaPlayer 的控制器
MultiAutoCompleteTextView	可连续提示的自动完成文本框
PopupWindow	弹出窗口
ProgressBar	进度条
QuickContactBadge	联系人快捷图标
RadioButton	单选按钮
RadioGroup	单选按钮组
RatingBar	评级控件
RelativeLayout	相对布局
RemoteViews	远程（跨进程）视图
ResourceCursorAdapter	根据 XML 文件创建视图的适配器
ResourceCursorTreeAdapter	根据 XML 文件创建视图的适配器，适合 ExpandableListView
Scroller	用于封装滚动操作
ScrollView	可滚动视图
SeekBar	可拖动的进度条
SimpleAdapter	简单适配器，可将静态数据映射到视图
SimpleCursorAdapter	用于将 Cursor 数据映射到视图
SimpleCursorTreeAdapter	用于将 Cursor 数据映射到视图，并支持 ExpandableListView
SimpleExpandableListAdapter	用于将静态数据映射到 ExpandableListView
SlidingDrawer	可以将内容隐藏，并提供一个可拖回屏幕显示的把手
Spinner	下拉菜单
TabHost	选项卡视图容器
TableLayout	表格布局
TableRow	表格布局中的行
TabWidget	用于显示选项卡列表
TextSwitcher	专用于 TextView 的 ViewSwitcher
TextView	文本框
TimePicker	时间选择控件
Toast	用于提示简短的信息
ToggleButton	具有选中和未选中状态的按钮，带有亮度提示
TwoLineListItem	用于 ListView，有两个子视图
VideoView	用于显示视频的视图
ViewAnimator	FrameLayout 的父类，用于在变换视图时显示动画效果
ViewFlipper	用于在添加到该类的多个视图之间显示动画
ViewSwitcher	用于切换视图
ZoomButton	缩放按钮
ZoomButtonsController	缩放按钮控制器
ZoomControls	用于控制缩放的控件